新版 電気機械学

工学博士 猪 狩 武 尚 著

コロナ社

新版の序

　昭和45年に本書の初版が発行されてから30年余の歳月が流れた。その間，電気機器の分野でもパワーエレクトロニクスの急速な発展を含めて不断の技術革新が行われ本書の内容に不十分な点や時代に合わない面が多くなったことを痛感してきた。数年前に中央大学の役員を退いて多少の自由時間が取れるようになったので，改訂作業を始めることにしたのであるが，やはり学内・学外の各種業務に追われ，原稿完成は大幅に遅れた。しかし，その遅れのおかげで，平成12年中に改訂された電気学会の直流機，誘導機のJEC規格等の内容のうちの必要なものをこの新版に取り入れることができたことは予期せぬ幸運であったと思う。

　今回の改訂のおもな目的は，新しい機器，技術，運転制御方式の説明を追加し，古くなった機種の説明を削除することであるが，初版からの大きな変更点は旧版の7章「電力用電子装置」を全面削除したことと，新しい7章として「交流回転機の解析理論の基礎」を追加し，三相対称座標法，三相二相変換，dq変換等の基礎をやや詳しく説明したことである。これは「パワーエレクトロニクス」が「電気機器」から独立した講義科目として扱われるようになり，パワーエレクトロニクスに関するすぐれた教科書，参考書が数多く出版されていることと，実務面では交流機の非対称運転と過渡現象の理解が必要であることを考慮した結果である。その他の章では，各機種の理論の説明の順序および説明方法の改善をも図り，また，各機種の最も基本的な事項に関する計算問題を例題として追加した。

　本書を読む際にあらかじめ知っておいていただきたいことはつぎのとおりである。

　用語については，約20年前の学術用語集の改訂で，「渦電流」，「深溝かご形」，

「滑り」,「遮へい」の「渦」,「溝」,「滑」,「遮」を漢字で書くことになったので,それに合わせた。JEC規格では,例えば,「絶縁の種類」が「絶縁の耐熱クラス」に,「基準周囲温度」が「冷媒温度」に修正されたので,それらの用語に改めた。また,長年使い慣れてきた毎分回転数の単位記号 rpm は JIS および JEC 規格で $\min^{-1}$ と書くことになったので,それに従った。

平成9年から平成11年にかけて JIS の「電気用図記号」が大幅に改正されたので,回路図にはできるだけそれを取り入れた。

新版の各章の記述における初版からの変更点はつぎのとおりである。

1章では,章名「緒論」を「電気機器の基礎事項」に改め,また,近年,回転機における重要性が高まってきた永久磁石に関する記述を追加した。

2章（直流機）では,現在,工場等における直流機の新設は著しく少なくなってきたので,一部記述の簡略化を行った。

3章（変圧器）は,特殊変圧器の項を圧縮したこと以外は初版とほぼ同じである。電圧変動率の項における「百分率抵抗降下」等の用語は,JEC の新しい用語が教科書には使いにくいので,教科書等で慣用されている用語を使った。

4章（誘導機）では,一通りの基礎事項は簡易等価回路に基づいてまとめ,実務上必要になる精密な等価回路による理論は三相誘導機の記述の最後にまとめた。「JEC-2137-2000　誘導機」では,特性算定法中の円線図法を廃止し,新しい等価回路法と動力計法が採用されたので,本書では円線図法を削除し,新しく採用された方法を説明した。誘導機の等価回路としては,従来種々の変化形が提案されてきたので,JEC-2137 の等価回路を含めて各種等価回路の導出を説明した。また,パワーエレクトロニクスによる誘導電動機の速度制御の説明を追加した。

5章（同期機）では,一通りの基礎事項は円筒界磁形（非突極形）同期機の理論に基づいて記述し,突極形同期機の理論はそのあとにまとめた。また,同期機の同期リアクタンスが運転条件ごとに異なる値になるという重要な基礎事実の説明を追加した。

6章では,章名「制御用電気機器」を「小形モータおよび特殊機器」に改め,

小形モータおよびリニアモータの説明を追加し，現在は製造されなくなった増幅発電機等を削除した．

　本書にはまだ不十分な点もあるとは思うが，電気機器の本質的な理解のための解説としては，初版に比べてかなり改善されたものと思っている．若い人たちのお役に立つことができれば幸せである．本書の初版の発刊に際して序文を書いてくださった恩師 大山松次郎先生，種々お世話になった当時のコロナ社 会長 藤田末治氏がすでに故人となられ，新版を見ていただけないことが残念である．

　本書の初版に対し，多くの読者から内容の不備の点についてご指摘をいただいたことに厚くお礼を申し上げたい．新版に際して有益な資料のご提供およびご教示・ご助言をいただいた実務関係者にも厚くお礼を申し上げる．この新版の原稿の作成は LaTeX を使用し，組版の仕上がりを確認しながら行った．LaTeX があまり知られていない時代にその利用を著者に勧め，今回もたびたび相談に乗ってくれた 中央大学 白井　宏教授に謝意を表する．最後に，この新版の出版にご理解・ご協力をいただいたコロナ社の方々に深謝する．

2001 年 2 月

著　　者

目　　次

1.　電気機器の基礎事項

1.1　エネルギー変換の意義 1
1.2　電気機器の種類 2
1.3　電気機械エネルギー変換の原理 3
　　1.3.1　電磁誘導 .... 3　　1.3.4　電気機械エネルギー変換 5
　　1.3.2　変圧器起電力と速度起電力の区別 .4　　1.3.5　電気機械の可逆性 6
　　1.3.3　レンツの法則と起磁力の平衡 ..... 5　　1.3.6　回転機のエネルギー変換 7
1.4　回転機の構造 9
　　1.4.1　主要構成部分 .... 9　　1.4.4　電機子 12
　　1.4.2　軸受 .... 10　　1.4.5　整流子 15
　　1.4.3　界磁 10
1.5　電気機器の磁気材料 16
1.6　電機子巻線法の概要 21
1.7　損失・効率・温度・定格 24
　　1.7.1　損失 .... 24　　1.7.3　絶縁の耐熱クラスと温度上昇 ..26
　　1.7.2　効率 .... 25　　1.7.4　定格 27
　　章末問題 28

2.　直流機

2.1　直流機の構造 30
2.2　直流機の誘導起電力とトルク 33
　　2.2.1　誘導起電力 .... 33　　2.2.3　まとめ 35
　　2.2.2　電磁トルク 35
2.3　電機子反作用と整流 36
　　2.3.1　電機子反作用 .... 36　　2.3.2　整流 38
2.4　直流発電機 40
　　2.4.1　直流発電機の種類 .... 40　　2.4.5　直流複巻発電機 46
　　2.4.2　他励直流発電機および特性曲線 .41　　2.4.6　電圧変動率 47
　　2.4.3　直流分巻発電機および自己励磁 ..43　　2.4.7　発電機の並行運転 47
　　2.4.4　直流直巻発電機 .... 45　　2.4.8　電圧調整 49
2.5　直流電動機 49
　　2.5.1　直流電動機の種類 .... 49　　2.5.4　直巻電動機 53
　　2.5.2　直流電動機の特性曲線 .... 50　　2.5.5　複巻電動機 55
　　2.5.3　他励電動機および分巻電動機 ...51　　2.5.6　速度変動率 55
2.6　直流電動機の運転 55
　　2.6.1　始動 .... 55　　2.6.3　逆転および制動 63
　　2.6.2　速度制御 58
2.7　直流機の損失，効率および試験 65

3. 変 圧 器

- 2.7.1 直流機の損失と効率 65
- 2.7.2 直流機の試験 66
- 2.8 直流電気動力計 68
- 章末問題 69

3. 変 圧 器

- 3.1 変圧器の原理 71
  - 3.1.1 リアクトル 71
  - 3.1.2 理想変圧器 72
  - 3.1.3 波形の伝達 74
- 3.2 変圧器の等価回路 (瞬時値) 75
  - 3.2.1 等価回路の理論 75
  - 3.2.2 巻数比による換算 77
- 3.3 変圧器の構造 79
  - 3.3.1 概　　　説 79
  - 3.3.2 鉄　　　心 79
  - 3.3.3 巻　　　線 81
  - 3.3.4 絶縁と冷却 83
  - 3.3.5 変圧器油およびコンサベータ 85
  - 3.3.6 ブッシング 86
  - 3.3.7 タップ切換 87
  - 3.3.8 三相変圧器 89
  - 3.3.9 三巻線変圧器 90
  - 3.3.10 遮へい付変圧器と段絶縁 91
- 3.4 変圧器の等価回路 (実効値) 91
  - 3.4.1 交流の定常状態に対する等価回路 91
  - 3.4.2 励磁電流 93
  - 3.4.3 誘導起電力 94
  - 3.4.4 等価回路定数の決定 95
- 3.5 変圧器の特性 97
  - 3.5.1 定　　　格 97
  - 3.5.2 電圧変動率 98
  - 3.5.3 損失と効率 101
  - 3.5.4 最 大 効 率 104
- 3.6 変圧器の並行運転と結線 107
  - 3.6.1 変圧器の極性 107
  - 3.6.2 変圧器の並行運転 108
  - 3.6.3 変圧器の三相結線 110
  - 3.6.4 三相結線の比較 115
  - 3.6.5 相数の変換 117
  - 3.6.6 単巻変圧器 119
  - 3.6.7 単巻変圧器の三相結線 121
- 3.7 特殊変圧器 122
  - 3.7.1 計器用変成器 122
  - 3.7.2 磁気回路の等価電気回路 124
  - 3.7.3 磁気漏れ変圧器 127
  - 3.7.4 単巻磁気漏れ変圧器 129
  - 章末問題 130

4. 誘 導 機

- 4.1 誘導電動機の原理 132
  - 4.1.1 回転磁石と導体円筒 132
  - 4.1.2 回転磁界の発生と同期速度 133
  - 4.1.3 誘導電動機の原理的構造 137
  - 4.1.4 滑りと摩擦クラッチ 138
- 4.2 電機子巻線の起磁力と誘導起電力 139
- 4.3 誘導電動機の種類と構造 144
- 4.4 三相誘導電動機の等価回路 147
  - 4.4.1 漏れリアクタンスと励磁リアクタンス 147
  - 4.4.2 普通かご形誘導電動機の等価回路 148
  - 4.4.3 特殊かご形誘導電動機の等価回路 153
  - 4.4.4 簡易等価回路 154
  - 4.4.5 簡易等価回路による特性計算の基礎 155
  - 4.4.6 簡易等価回路の定数の決定法 ..158

4.5 三相誘導電動機の特性 160
- 4.5.1 速度特性曲線と出力特性曲線 .. 160
- 4.5.2 比例推移 161
- 4.5.3 一般用三相誘導電動機の特性 .. 162

4.6 三相誘導電動機の始動，逆転および制動 162
- 4.6.1 始動電流と始動トルク 162
- 4.6.2 かご形電動機の始動 164
- 4.6.3 巻線形電動機の始動 166
- 4.6.4 逆　　　　転 167
- 4.6.5 制　　　　動 167
- 4.6.6 誘導ブレーキ 168

4.7 三相誘導電動機の速度制御 169
- 4.7.1 一次周波数制御 169
- 4.7.2 一次電圧制御 169
- 4.7.3 極数切換電動機 169
- 4.7.4 二次抵抗制御 170
- 4.7.5 セルビウス方式 170
- 4.7.6 クレーマ方式 171
- 4.7.7 同期運転 171

4.8 半導体電力変換装置による速度制御 172
- 4.8.1 インバータによる一次周波数制御 172
- 4.8.2 誘導電動機のベクトル制御 174
- 4.8.3 静止セルビウス方式 177
- 4.8.4 二次励磁制御の理論 178
- 4.8.5 超同期セルビウス方式 179
- 4.8.6 可変速発電電動機 180

4.9 三相誘導電動機の運転特性の決定方法 181
- 4.9.1 概　　　　説 181
- 4.9.2 普通かご形電動機の等価回路定数の決定方法 182
- 4.9.3 特殊かご形誘導電動機の等価回路定数の決定方法 185
- 4.9.4 JEC-2137 の等価回路法 187
- 4.9.5 ブレーキ法または動力計法 .. 188
- 4.9.6 漂遊負荷損の試験法と規約値 .. 189
- 4.9.7 三相誘導電動機の等価回路の変換 191

4.10 単相誘導電動機 196
- 4.10.1 概　　　　説 196
- 4.10.2 主巻線だけによる定常運転 ... 196
- 4.10.3 分相始動誘導電動機 198
- 4.10.4 コンデンサモータ 199
- 4.10.5 くま取リコイル形誘導電動機 201
- 4.10.6 単相誘導電動機の理論 201

4.11 その他の誘導機 207
- 4.11.1 誘導電圧調整器 207
- 4.11.2 誘導発電機 208

章末問題 209

5. 同期機

5.1 同期機の原理 211
- 5.1.1 交流起電力の発生 211
- 5.1.2 発電機と電動機 212
- 5.1.3 誘導起電力 213

5.2 同期機の種類と構造 215
- 5.2.1 概　　　　説 215
- 5.2.2 同期発電機 216
- 5.2.3 励磁装置 220
- 5.2.4 同期電動機 222

5.3 円筒界磁形同期機の理論 225
- 5.3.1 円筒界磁形同期機の等価回路 .. 225
- 5.3.2 円筒界磁形同期発電機のフェーザ線図 228
- 5.3.3 負　荷　角 229
- 5.3.4 出力およびトルク 231

5.4 同期機の基本的な特性 234
- 5.4.1 同期機の特性曲線 234
- 5.4.2 電圧変動率 238

- 5.4.3 単位法 238
- 5.4.4 短絡比 240
- 5.4.5 同期発電機の並行運転 241
- 5.4.6 界磁電流算定法 244
- 5.5 突極形同期機の理論 247
  - 5.5.1 二反作用理論 247
  - 5.5.2 突極形同期発電機のフェーザ線図 249
  - 5.5.3 突極形同期機の出力とトルク .. 250
  - 5.5.4 横軸同期リアクタンス X_q の測定法 252
- 5.6 同期機運転上の諸現象 254
  - 5.6.1 自己励磁現象 254
  - 5.6.2 同期機の運動方程式 255
  - 5.6.3 負荷の急変に伴う現象 256
  - 5.6.4 同期機の負荷角の振動現象 ... 257
  - 5.6.5 同期電動機の同期引込み 259
- 5.7 特殊同期機 260
  - 5.7.1 単相同期発電機 260
  - 5.7.2 正弦波発電機 261
  - 章末問題 261

6. 小形モータ・特殊機器

- 6.1 小形モータ 264
- 6.2 DCモータ 265
  - 6.2.1 ブラシ付きDCモータ 265
  - 6.2.2 ブラシレスDCモータ 266
- 6.3 ACモータ 267
- 6.4 ステッピングモータ 269
- 6.5 サーボモータ 271
  - 6.5.1 概説 271
  - 6.5.2 DCサーボモータ 272
  - 6.5.3 ACサーボモータ 272
  - 6.5.4 回転速度および回転角度の検出 273
- 6.6 シンクロ 274
- 6.7 リニアモータ 276

7. 交流回転機の解析理論の基礎

- 7.1 三相対称座標法 278
  - 7.1.1 誘導機への適用 278
  - 7.1.2 同期機への適用 282
- 7.2 三相二相変換 284
- 7.3 二軸理論（dq変換） 287
  - 7.3.1 三相巻線のdq変換 287
  - 7.3.2 同期発電機の基礎微分方程式 .. 290
  - 7.3.3 同期発電機の突発三相短絡電流 292
  - 7.3.4 二相巻線のdq変換 293
- 7.4 瞬時値対称座標法 294
  - 7.4.1 変数変換式と誘導電動機の基礎微分方程式 294
  - 7.4.2 誘導電動機の始動時の過渡電流 297
- 7.5 空間ベクトル法 298

章末問題の答 301
索 引 303

1

電気機器の基礎事項

1.1 エネルギー変換の意義

　われわれの文明社会は，自然界にある諸物質および諸現象を高度に利用しようとする技術の発達によってささえられて発展し続けている。

　工学の分野では，機械・器具・衣服・住居などの物の素材としての物質の利用，機械エネルギー・熱エネルギーなどを得るためのエネルギー資源の利用とエネルギー変換現象の利用，情報の伝達・処理のための物質および現象の利用の技術が研究される。

　エネルギーについては，人類は西暦紀元前すでに水車や牛馬による機械エネルギーを利用していたし，その後の多数の人々の努力によっていろいろな種類のエネルギーがよりたくみに利用できるようになってきた。

　われわれの利用する実用的なエネルギー源は，つぎのようなエネルギー資源である。

　　(1) 水力・風力・潮力
　　(2) 植物性燃料
　　(3) 化石燃料（石炭・石油・天然ガス）
　　(4) 太陽熱・地熱
　　(5) 原子力

　このうち，(1) からは機械エネルギーが得られるが，それ以外の資源からは熱エネルギーしか得られない。それゆえ，エネルギー資源から得たエネルギーを他の形のエネルギーに変換することが必要になる。

　電気エネルギーは最も使いやすい形態のエネルギーであって，容易にかつ経済的に他の形のエネルギーに変えることができる。例えば，つぎのような変換

装置がある。

  電熱器・電気炉（電気⟶ 熱）

  電動機・継電器（電気⟶ 機械）

  変圧器・整流器（電気⟶ 電気）

  電解そう・蓄電池（電気⟶ 化学）

  白熱電球（電気⟶ 熱⟶ 放射）

  けい光灯（電気⟶ 放射⟶ 放射 [波長変更]）

それで，現在では大規模な火力発電所・原子力発電所・水力発電所などで資源から得たエネルギーを電気エネルギーに変換し，これを送電線によって輸送し，各需用家に供給する方式が一般化した。

発電所においては，水車またはタービンの供給する機械エネルギーを発電機によって電気エネルギーに変換している。また，発電された全電気エネルギーの半分以上は各種工場・鉄道・事業所・家庭などで電動機によって機械エネルギーに変換され，作業用動力として利用されている。したがって，発電機・電動機はわれわれの社会にとってきわめて重要な存在意義を持つものである。

1.2　電気機器の種類

電気機器 (electric machinery) ということばは電気機械器具の略称であって，一般社会では電気エネルギーが主役を演じるようなすべての機械器具の総称として用いることもあるが，電気工学の分野では，通常はエネルギーとしての電気を取り扱うための機械および器具を意味する。

 この狭い意味の電気機器では

  発電機　　動力を受けて電力を発生する機械

  電動機　　電力を受けて動力を発生する機械

  変圧器　　交流電力の電圧を変えるための器具

  電力変換装置　　電力の電圧，周波数などを変換する装置

が主要なものであり，そのほかにリアクトル・電力用コンデンサ・開閉器・遮

断器・避雷器・配電盤・電池などがある。

通常の発電機や電動機のように，主要部分が回転運動をしながら動作するものを総称して回転電気機械といい，略して**回転機**と呼んでいる。これに対して，変圧器，整流装置，インバータなどは**静止器**と呼ばれる。

回転機はつぎの 4 種類に区別される。

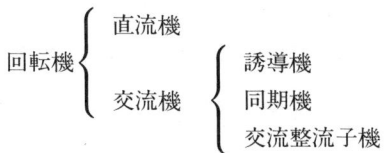

1.3　電気機械エネルギー変換の原理

1.3.1　電 磁 誘 導

電気機械エネルギー変換は 1831 年にファラデー（Michael Faraday）が発見した電磁誘導現象に伴って起こる。

w 回巻のコイルに磁束 φ 〔Wb〕が鎖交しているとき，そのコイルの磁束鎖交数 $\lambda = w\varphi$ が時間的に変化すると

$$e_i = -\frac{d\lambda}{dt} = -w\frac{d\varphi}{dt} \quad \text{〔V〕} \tag{1.1}$$

なる起電力がコイル中に発生する。上式を電磁誘導に関するノイマンの公式という。右辺の負号はレンツの法則を示す。

コイルが座標原点から見て x 方向に運動しているとすれば，φ は一般には時間 t と位置 x との関数で

$$e_i = -w\frac{d\varphi}{dt} = -w\left(\frac{\partial \varphi}{\partial t} + \frac{\partial \varphi}{\partial x}\frac{dx}{dt}\right) \quad \text{〔V〕} \tag{1.2}$$

となる。右辺第一項はコイルが静止しているときにも発生する電圧で，これを**変圧器起電力**（transformer electromotive force）という。第二項はコイルが速度 $v = dx/dt$ で運動しているために発生する電圧で，これを**速度起電力**（speed electromotive force）という。　図 **1.1** においては回路の正方向を時計

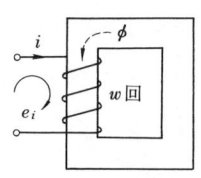
図 1.1 変圧器起電力

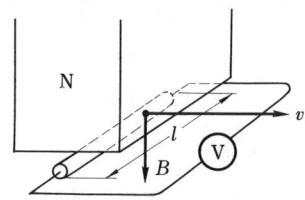
図 1.2 速度起電力

回りに定めてある。電流 i によって磁束 φ が（右ねじの法則を満足する向きに）生じる。このとき回路の正方向に作用する誘導起電力は

$$e_i = -w\frac{d\varphi}{dt} = -w\frac{\partial\varphi}{\partial t} \quad [\text{V}] \tag{1.3}$$

であり，いまはコイルの運動はないから速度起電力はない。つぎに**図 1.2** のように長さ l [m] の導体が，一様な磁束密度 B [T] の磁界中に磁界と直角に置かれ，磁界および導体と直角の方向に速度 v [m/s] で運動している場合を考える。導体と電圧計とで図のような閉回路を作る。この回路が速度 v の方向に Δx だけ移動したときの磁束鎖交数の変化（減少）は

$$\Delta\lambda = \Delta\varphi = -Bl\Delta x$$

である。ここで，B は時間的に変化しないものとすると

$$e_i = -\frac{\partial\varphi}{\partial x}\frac{dx}{dt} = vBl \quad [\text{V}] \tag{1.4}$$

となる。この起電力は速度起電力である。

1.3.2 変圧器起電力と速度起電力の区別

図 1.3 は図 1.2 と同じような装置であるが，回路が静止していて磁界が速度 v で運動しているものとする。

回路に鎖交する磁束は

$$\phi = \phi_0 - Blvt$$

となる。ただし，ϕ_0 は $t=0$ のときに回路と鎖交する磁束である。この場合は導体の運動はないから発生する起電力はすべて変圧器起電力であり

$$e_i = -\frac{\partial\phi}{\partial t} = Blv \quad [\text{V}] \tag{1.5}$$

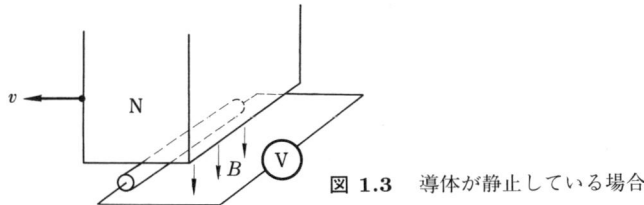

図 1.3　導体が静止している場合

となる。この結果は式 (1.4) と同じである。

この例からもわかるように，変圧器起電力と速度起電力との区別は絶対的なものではなく，導体が静止しているとして現象を観察するか，磁束が静止しているとして現象を観察するかによって定まってくるものである。

1.3.3　レンツの法則と起磁力の平衡

電磁気学においては，レンツの法則は，「電磁誘導によって発生する起電力の方向は，その発生の原因となった磁束の変化を妨げるような電流を発生させる方向である。」と説明されている。

電気機器の学習においては，レンツの法則の表現を変えて，「誘導起電力によってある巻線に流れる電流の方向は，その原因となった巻線の電流と**起磁力の平衡を保つ**ような方向である」という形で理解しておくことがしばしば有益である。ここで，「起磁力の平衡を保つような方向」とは，両巻線の起磁力がたがいに打ち消し合おうとするような方向である。

1.3.4　電気機械エネルギー変換

図 1.2 について考察しよう。導体が速度 v で運動しており，同一場所の磁束密度 B が時間的に変化していないとすれば，導体内に発生する誘導起電力は式 (1.4) により

$$e_i = vBl \quad [\text{V}]$$

であり，この起電力によって起電力と同方向に電流 i〔A〕が流れているとすれば，この導体中には

$$P_v = vBli \quad [\text{W}] \tag{1.6}$$

の電力が発生していることになる。一方，この電流によって導体には速度 v と逆方向に

$$f_m = iBl \quad [\text{N}]$$

の電磁力が働くので，導体を速度 v [m/s] で動かし続けるためには外部から

$$P_m = f_m v = iBlv \quad [\text{W}] \tag{1.7}$$

の動力を供給しなければならない。式 (1.6) と式 (1.7) を比較すれば，**加えた動力 (P_m) はちょうど速度起電力による発生電力 (P_v) と等しい**ことがわかる。これが発電機の原理である。磁界の磁束密度 (B) が媒介となって機械系に電磁力が発生し，電気系に速度起電力が発生して，機械エネルギーから電気エネルギーへのエネルギー変換が行われている。なお，同一場所の磁束密度 B が時間的に変化する場合は変圧器起電力も発生するが，それによる電力はもともと機械的な運動に関係のない電圧であるので，電気機械エネルギー変換には（少なくとも直接には）役立たない。

つぎに図 1.2 において外部から電圧を加えたために電流 i が速度起電力と逆方向に流れ込んだとすれば，速度起電力のところで $P_v = vBli$ [W] なる電力が吸収される。このとき，電磁力の方向は前と逆方向，すなわち，v と同方向になるから，電磁力によって $P_m = f_m v = iBlv$ [W] の動力が発生していることになる。すなわち，**速度起電力によって吸収された電力 (P_v) は発生動力 (P_m) に等しい**。これが電動機の原理である。

以上は 1 本の導体についての考察ではあるが，複雑な電気機械においても，その巻線は上記のような単一導体の集まりにすぎないから，以上のエネルギー変換の関係はどのような電気機械に対しても成り立つ。

1.3.5 電気機械の可逆性

現在実用されている電気機械はすべて前述の原理によるエネルギー変換を行うものである。したがって，ギャップに磁束が存在している場合に，ある機械が発電機として動作するか，電動機として動作するかは上述のような電気系お

よび機械系の制約条件だけで定まり，原理的には，すべての発電機は電動機として動作させることができ，すべての電動機は発電機として動作させることができる．

1.3.6　回転機のエネルギー変換

ポンプ・送風機をはじめとして，作業機械の大部分は回転機械であるので電気機械も回転機械の形に作られている．

図 **1.4** のように，回転軸の中心から r 〔m〕のところにある長さ l 〔m〕の導体が角速度 ω_m 〔rad/s〕で回転しているとき，磁界がつねに半径方向を向いているならば，速度起電力は

$$e = vBl = r\omega_m Bl \quad 〔V〕$$

であり，この導体に電流 i 〔A〕が流れているときの電磁トルクは

$$T = rf_m = riBl \quad 〔N·m〕$$

である[†]．

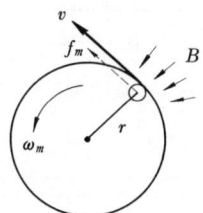

図 **1.4**　トルクの定義

したがって，速度起電力によって発生し，または吸収される**電力** (electric power) は

$$P_v = ei = r\omega_m Bli \quad 〔W〕 \tag{1.8}$$

であり，電磁力によって吸収され，または発生する**動力** (mechanical power) は

$$P_m = f_m v = \omega_m T = \omega_m riBl \quad 〔W〕 \tag{1.9}$$

[†] トルクは物体に回転を起こさせようとする作用の大きさを表す量で，軸の中心から力の作用点までの距離 (r) と力の接線方向の成分（今の場合は f_m）との積として定義される．以前は回転力と呼んでいた．

であるから，つぎの関係が成り立っている．

$$P_v = P_m \tag{1.10}$$

なお，式 (1.9) の $P_m = \omega_m T$ は，回転運動の動力の基本式である．

実務面ではトルクを kgm の単位[†]で，速度を毎分回転数の単位（記号は $\min^{-1}$ または r/min）[††]で表すことが多い．これらを τ および N と書けば

$$P = \omega_m T = 2\pi \frac{N}{60} \times 9.80665\,\tau \quad \text{[W]} \tag{1.11}$$

したがって

$$\left. \begin{array}{l} P = 1.027 N\tau \quad \text{[W]} \\ \tau = 0.974 P/N \quad \text{[kgm]} \end{array} \right\} \tag{1.12}$$

となる．ただし，τ および N は JIS の標準の記号ではない．

例題 1.1 電動機が $1\,500\ \min^{-1}$ で 1 kgm のトルクを発生している．このときの出力は何 kW か．

【解答】 式 (1.11) より
出力 $P = 1.027 \times 1\,500 \times 1 = 1\,540$ W $= 1.54$ kW ◇

例題 1.2 70 PS[†††]，$5\,000$ r/min のエンジンの出力トルクは何 kgm か．

【解答】 1 PS は 735.5 W であるから

$$\tau = \frac{70 \times 735.5}{1.027 \times 5\,000} = 10\ \text{kgm} \qquad \diamondsuit$$

---

† 正確には kgf·m と書くべきである．ここに，f は force の意味．
†† 毎分回転数 (revolutions per minute) の単位記号として以前は rpm が使われていた．
††† 動力の単位は W が標準であるが，一部でメートル馬力 PS が使われている．アメリカで電動機の出力の単位として使われている馬力 HP はほぼ 746 W に等しい．

1.4 回転機の構造

1.4.1 主要構成部分

回転機は機械的には図 1.5 の概念図に示すように，つぎの主要部分からなっている。

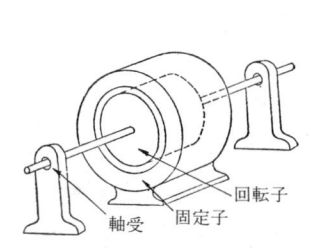 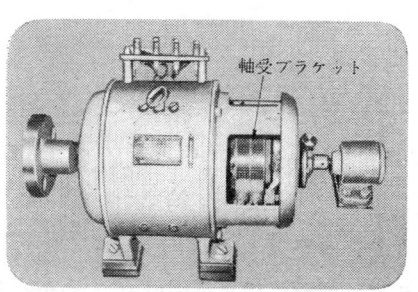

図 1.5　機械的構成　　　　図 1.6　ブラケット形直流機

(1) **回転子**（rotor）：回転機の回転部分。軸も含まれる。

(2) **固定子**（stator）：回転子と対向している静止部分。ただし，軸受部は含まない。回転子と固定子との間にはわずかのすき間が設けられているが，これを**ギャップ**（air gap）という。

(3) **軸受**（bearing）：回転子の軸を正しい位置に保ち，回転部分にかかる半径方向の力やスラスト（軸方向に加わる力）をささえ，かつ軸の回転に対する摩擦をなるべく少なくするための装置。

(4) **軸受台**（bearing pedestal）または**軸受ブラケット**（bearing bracket）：軸受を支持するもの（図 1.6）。

また電気的にみた場合の主要部分はつぎのとおりである。

(1) **界磁**（field system）：回転機内部に動作に必要な磁束を作ることを本来の目的とする部分。原理的には永久磁石または電磁石である。

(2) **電機子**（armature）：磁界との相対回転運動によって誘導起電力を発生する巻線を持つ部分。

(3) **整流子**（commutator）または**スリップリング**（collector ring, slip

ring）：回転子軸上に取り付け，ブラシとすり接触をさせて回転部分と静止部分との間の電流通路とする装置。

　(4)　**ブラシ** (brush) および**ブラシ保持器** (brush holder)：これらは固定子に設けられる。ブラシは電気黒鉛質および金属黒鉛質のものが多く用いられる。ブラシ保持器はブラシを正しい位置に保ち，かつばねによってブラシを整流子またはスリップリングの表面に押し付ける。

1.4.2　軸　　　受

　軸受メタルで回転部分をささえる方式のものを**滑り軸受**といい，玉やころを使用したものを**ころがり軸受**という。また，軸の半径方向の荷重をささえるものを**ラジアル軸受**といい，軸方向に推す力，すなわちスラストをささえるものを**スラスト軸受**という。横形機では通常はラジアル軸受でよいが，立て形機ではスラスト軸受が必要である。

　玉軸受（ball bearing）は内輪，玉，玉の保持板，外輪からなり，内輪は軸にはめ込んで固定され，保持板は玉の円周方向の配列を正しく保つとともに玉が飛び出すのを防ぎ，外輪は機械の静止部分にはめ込む。玉の強度の点から軽荷重に適し，小形機に用いられる。深溝形玉軸受はある程度までスラストにも耐えるのでよく使用される。

　ころ軸受は玉軸受の玉の代わりにころを用いたもので，玉軸受よりも強度が大きく，中形機にも用いられる。

　横形機における滑り軸受は円筒状の軸受メタルで軸を取り囲んだ形のもので円筒軸受または平軸受と呼ばれ，荷重を面で受けるので大きな荷重に耐え，また，振動も少ないので大形機に使われる。

1.4.3　界　　　磁

　界磁は磁気回路に起磁力を与えるための**界磁巻線**（field winding）と，磁束を通りやすくするための強磁性体構造物とからなっている。

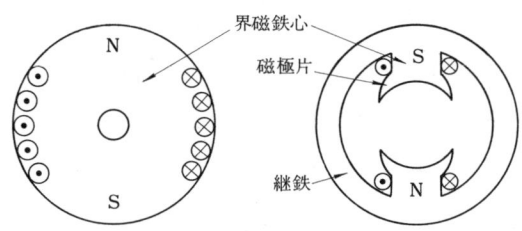

図 1.7 界磁の形状

界磁には**図 1.7** のように円筒形と突極形とがある。いずれの場合も界磁コイルで取り囲まれている強磁性体部分を**界磁鉄心**（field core）という。界磁電流回路を形成するいくつかの界磁コイルの集まりが界磁巻線である。突極形界磁の場合は，界磁の構成部分はつぎのように分けられる。

$$
\text{界 磁}\begin{cases}\text{継 鉄}\\[2pt]\text{界磁極}\begin{cases}\text{界磁鉄心}\\ \text{界磁巻線}\\ \text{磁 極 片}\end{cases}\end{cases}
$$

磁極片（pole piece）は電機子に面する部分であって，界磁鉄心より幅が広く，ギャップにおける磁束分布を所要の形に近づける役目をする。**継鉄**（yoke）は N 極と S 極とを磁気的に連結するための部分である。

普通は界磁鉄心と磁極片は一体にして軟鋼板から**図 1.8** のような形に打ち抜

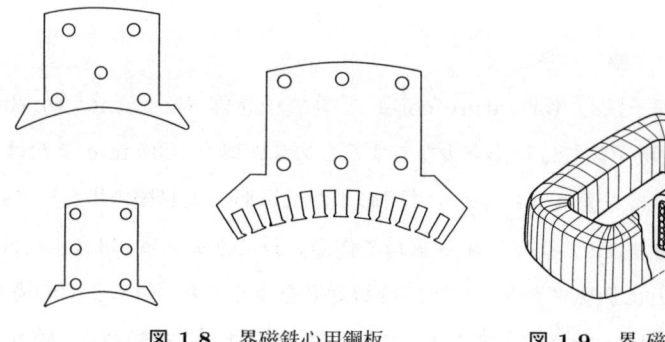

図 1.8 界磁鉄心用鋼板   図 1.9 界磁巻線

き，これを積み重ねてボルト締めして**界磁極**（field pole）とする．界磁極はボルトまたはダブテールの部分によって継鉄に取り付ける．軟鋼板の厚さは直流機では 0.8 mm または 1.6 mm，同期機では 1.6 mm ないし 8 mm である．

界磁コイルは丸銅線または平角銅線を巻いて作る．一般には巻型を使用して巻き，巻型からはずして**図 1.9** のように絶縁を施したものを界磁鉄心にはめて使用するが，鋼板製の巻わく上に絶縁を施して銅線を巻き，巻わくごと界磁鉄心にはめるものもある．

図 1.7 においては界磁極は N 極と S 極各 1 個で合計 2 個である，これを**二極機**という．しかし，実用されている回転機では極数が 4 以上のものが非常に多い．**図 1.10** は六極機の界磁を示す．極数 4 以上の機械を総称して**多極機**という．なお，極数 $2p$ の機械では機械的な角の p 倍を電気角という．

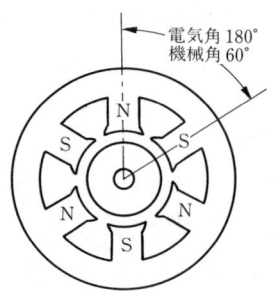

図 1.10 多極機の界磁と電気角

電機子巻線は界磁と同じ極数の磁界を発生するように巻くことが絶対的に必要で，多極機の電機子コイルは電気角でおよそ 180° の幅のものを使う．

1.4.4 電 機 子

電機子は電機子鉄心（armature core）と電機子巻線（armature winding）とからなる．電機子鉄心は鉄損を少なくするために，厚さ 0.35 mm または 0.5 mm のけい素鋼帯を**図 1.11** のように円形または扇形（大形機の場合）に打ち抜き，これを**図 1.12** のように積み重ねて作る．鉄心が軸方向に長い場合は積厚約 50mm ごとに通風ダクトを設けて冷却効果をよくする．鉄心表面の溝の部分を**スロット**（slot）といい，その中に電機子巻線のコイルを納める．隣り合っ

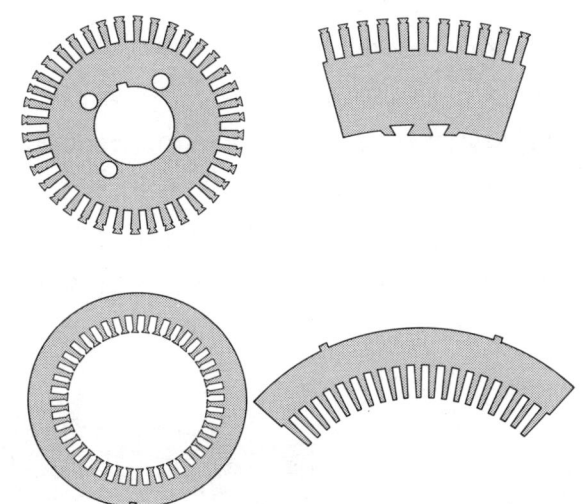

図 1.11　電機子鉄板

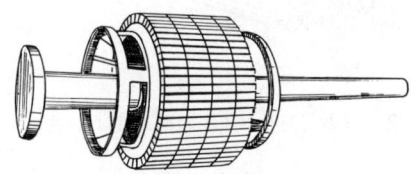

(a)　小形直流機

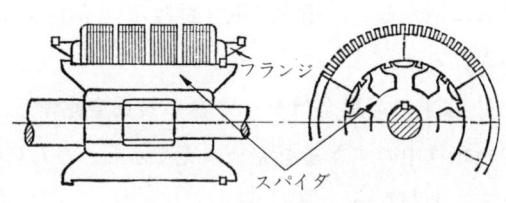

(b)　大形直流機

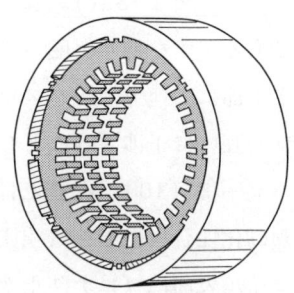

(c)　誘導機

図 1.12　電機子鉄心の組み立て

たスロットにはさまれた鉄心部分を **歯**（tooth）という。

半閉スロットは，スロット開口部（ギャップに面する部分）の幅がスロット

の幅よりも狭いもので，小形の低圧機に使用される。コイルの銅線は１本ずつスロット開口部からスロットの中に入れて巻線を作る。

開放スロットは，スロット開口部の幅がスロットの幅と同じであるもので，中・大形機，特に高圧機に使われる。開放スロットの場合は型巻コイル（formed coil）を使う。これは例えば**図 1.13** (a) のような巻型に銅線を巻き，型からはずしてワニス処理をし，絶縁テープを巻き，その頭部を押えたまま両辺をこれと直角方向に引っ張って図 (c) のような形にし，さらに加熱乾燥，ワニス処理およびテープ巻きを何回か繰り返したものである。

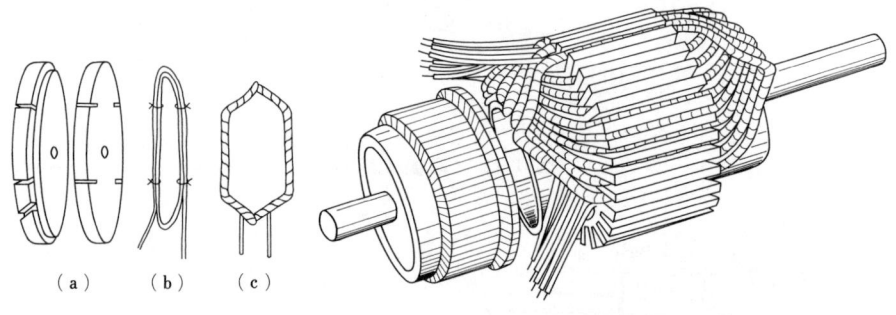

図 1.13　型巻コイル　　　　図 1.14　型巻コイルの取り付け

また，図 1.13 (c) のような形に成形するのは鉄心への装着に都合がよいからである。すなわち，**図 1.14** のように，成形されたコイルの一方の辺をスロット上部に，他方の辺をスロット下部に納めると，順次に取り付けるコイルの頭部が互いに干渉することなく並べられる。

高圧機（3 000 V または 6 000 V 以上）の場合はテープ巻の後真空乾燥し，熱硬化性合成樹脂を真空注入して絶縁物中のすきまを完全に充てんし，さらにコイル表面にコロナ防止塗料を塗ることが多い。

電機子コイルのスロット内にある部分を**コイル辺**（coil side）といい，スロット外にある部分を**コイル端**（end winding）または端巻線という。一つのスロットの上下方向に二つのコイル辺が納められる巻線方式を**二層巻**（double-layer winding）といい，現在実用されている巻線はほとんどすべて二層巻である。

コイルをスロット内に固定するために，また，回転電機子形機の場合にはコイルが遠心力で飛び出さないようにするためにもスロット開口部に**くさび**（slot wedge）を挿入する。くさびは，コイルが磁気的に遮へいされた状態にならないように，木，竹，バルカンファイバ，ベークライトなどの非磁性体で作るが，誘導電動機の励磁電流を小さくするため，または同期発電機の磁極表面の鉄損を減らすために，表面を非磁性体で包んだ磁性体を使うこともある。

コイル端の遠心力による変形を防ぐためにコイル端の上に**バインド線**（binding wire）またはバインドテープを巻いて固定する。バインド線はピアノ線または非磁性のステンレス鋼線である。

1.4.5 整流子

整流子は**図 1.15** (a) のようなくさび形断面の硬引銅で作った整流子片と良質のマイカ板とを交互に重ねて円筒形に組み立てたものである。整流子片は図 (b) のように，マイカ板製の胴絶縁およびV形絶縁を介して，整流子胴およびV形締付環によって固く締め付けられ，整流子胴は軸にはめて固定する。

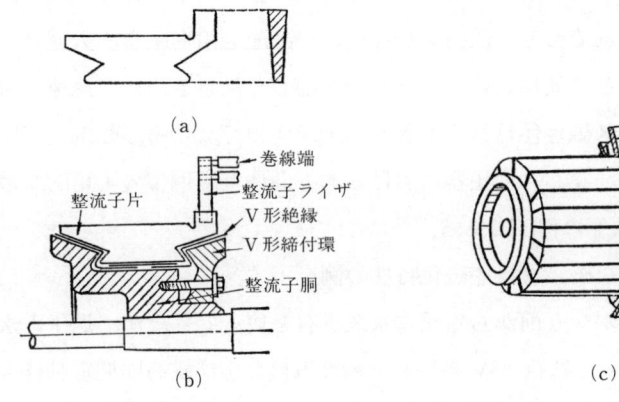

図 1.15 整流子

電機子コイルの端末は各整流子片の耳に接続される。整流子の表面は旋盤で真円筒に仕上げ，マイカは 0.5 ないし 1.5 mm 切り下げるのが普通である。

1.5 電気機器の磁気材料

直流機・同期機の継鉄・界磁鉄心のように磁化の方向が一定で，磁束の時間的変化がない部分は厚さ 0.5 ～ 4.5 mm の**軟鋼板**で作る。小形機の継鉄は**鋳鋼**で作ることが多い。変圧器鉄心および各種回転機の電機子鉄心では，磁化の方向が周期的に変化するので，鉄損を少なくするために，厚さ 0.3 ～ 0.65 mm の薄鋼板を積層して作る。薄鋼板としては鉄に 1 ～ 3.5 ％ 程度のけい素 (Si) を添加した**けい素鋼板**が広く用いられる。けい素鋼は磁化特性がよく，ヒステリシス損が少ない。薄板にするのは主として渦電流損を減らすためで，そのために薄鋼板の表面に絶縁皮膜を付けてある。素材としての薄鋼板は長い薄鋼板をロール状に巻いた形で提供され，電磁鋼帯またはけい素鋼帯と呼ばれる。わが国の電磁鋼帯は JIS で**表 1.1** のように標準化されている。

けい素含有量の多いけい素鋼は，鉄損は少ないが機械的にもろいので，主として変圧器に使用され，回転機用としてはけい素が少なくて鉄損が 3.00 W/kg 以上の加工しやすい材質のものが使用される。**方向性けい素鋼帯**は圧延方向の磁化特性が特にすぐれており，鉄損も少ないので，配電用変圧器，大形タービン発電機の電機子などに使用される。また，溶融した鉄をきわめて急速に冷却して作る**アモルファス磁性体**は鉄損が著しく少ないので高効率形配電用変圧器に使われ始めている。なお，変圧器における無方向性電磁鋼帯の実用的な最大磁束密度は 1.5 T 以下の程度である。

図 1.16 に代表的な磁気材料の磁化特性の例を示す。

小形モータでは，かなり前から界磁に永久磁石を使ってきたが，近年の**永久磁石材料**の進歩に伴い，数百 kW の磁石同期発電機および磁石同期電動機も製造されるようになった。永久磁石材料の標準は JIS C 2502 で規定されているが，金属磁石・酸化物磁石・希土類磁石に区分され，さらに素材（金属）と磁

1.5 電気機器の磁気材料

表 1.1 電磁鋼帯の種類

名　称	厚さ [mm]	種　類	磁束密度 [T]
無方向性電磁鋼帯 (JIS C 2552)	0.35	35A230, 35A250, 35A270, 35A300, 35A360, 35A440	種類により $B_{50}=1.60$ 以上ないし $B_{50}=1.69$ 以上
	0.50	50A270, 50A290, 50A310, 50A350, 50A400, 50A470, 50A600, 50A700, 50A800, 50A1000, 50A1300	
	0.65	65A800, 65A1000, 65A1300, 65A1600	
方向性けい素鋼帯 (JIS C 2553)	0.27	27P100, 27P110, 27G120, 27G130, 27G140	種類により $B_8=1.75$ 以上ないし $B_8=1.85$ 以上
	0.30	30P110, 30P120, 30G130, 30P140, 30G150	
	0.35	35P125, 35P135, 35G145, 35G155, 35G165	

備考
1. 無方向性電磁鋼帯の種類の 35A230 の 35 は厚さ 0.35 mm を示し，A は無方向性材質を示し，230 は周波数 50 Hz，最大磁束密度 1.5 T における鉄損 ($W_{15/50}$) が 2.30 W/kg 以下であることを示す．その他の種類についても同様である．方向性けい素鋼帯の種類の 27P100 の 27 は厚さ 0.27 mm を示し，P は高配向性材質を示し，100 は周波数 50 Hz，最大磁束密度 1.7 T における鉄損 ($W_{17/50}$) が 1.00 W/kg 以下であることを示す．その他の種類についても同様であるが，記号 G は方向性材質であることを示す．
2. 無方向性電磁鋼帯の B_{50} は磁化力 5000 A/m における磁束密度を示し，方向性けい素鋼帯の B_8 は磁化力 800 A/m における磁束密度を示す．
3. 鋼帯の材料としての密度は 7.60 ～ 7.85 kg/dm^3 程度である．

気特性によって細かく分類されている．

　金属磁石の代表的なものはアルニコ (Al, Ni, Co その他の合金) と鉄クロムコバルトであり，酸化物磁石はフェライト磁石 ($BaFe_{12}O_{19}$ と $SrFe_{12}O_{19}$) であり，希土類磁石の代表的なものはサマリウムコバルト磁石 ($SmCo_5$ 系と Sm_2Co_{17} 系がある) とネオジウム鉄ほう素磁石 ($Nd_2Fe_{14}B$ に数種類の金属元素を添加したもの) である．これらの特性の概略を**表 1.2** に示す．なお，酸化

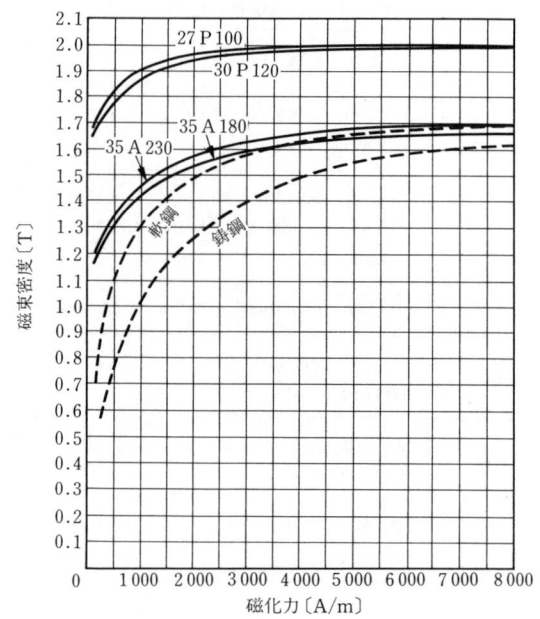

図 1.16　磁気材料の磁化特性

物磁石と希土類磁石は素材を微粉末にし，加圧成形して焼結したものである。

　永久磁石では，飽和磁束密度の状態から磁界の強さを単調に変化させて得られる磁気ヒステリシス曲線の第2象限の部分を **減磁曲線** という。減磁曲線上の磁束密度と磁界の強さとの積の最大値 $(BH)_{\max}$ を最大エネルギー積（単位は J/m^3）と呼び，永久磁石材料の性能の良さの尺度として用いている。減磁曲線において磁界の強さが零のときの磁束密度を残留磁束密度といい，磁束密度が零となる磁界の強さを B 保持力という。減磁曲線上の最大エネルギー積の点の磁界の強さを H_d とし，その点から磁界の強さを弱めて磁界を零にしたときの磁束密度の増加分を $B_{\rm rec}$ とするとき

$$\mu_0 \mu_{\rm rec} = \frac{B_{\rm rec}}{H_d} \tag{1.13}$$

をリコイル透磁率といい，$\mu_{\rm rec}$ をリコイル比透磁率という。ここに，μ_0 は真空の透磁率（$4\pi \times 10^{-7}$ H/m）である。強力な永久磁石材料のリコイル比透磁率

1.5 電気機器の磁気材料

表 1.2 永久磁石材料の特性の概要

材料の種類	最大エネルギー積 $(BH)_{\max}$ 〔kJ/m^3〕	残留磁束密度 B_r 〔T〕	B 保持力 H_{cB} 〔kA/m〕	リコイル比透磁率 μ_{rec}
アルニコ	9.5 ~ 68.0	0.50 ~ 1.40	37 ~ 175	2 ~ 6
鉄クロムコバルト	8.0 ~ 60.0	0.65 ~ 1.45	26 ~ 56	3 ~ 5.5
ストロンチウムフェライト	19.0 ~ 38.0	0.33 ~ 0.45	145 ~ 310	1.05 ~ 1.1
バリウムフェライト	6.0 ~ 33.5	0.20 ~ 0.43	125 ~ 210	1.1 ~ 1.2
サマリウムコバルト	80 ~ 265	0.65 ~ 1.20	320 ~ 800	1.05
ネオジウム鉄ほう素	220 ~ 310	1.0 ~ 1.3	760 ~ 910	1.05

(注) ネオジウム鉄ほう素以外の材料の特性は JIS C 2502 (1975) による。ただし，例えばアルニコの最大エネルギー積 37 ~ 175 kJ/m^3 は，JIS に規定されたアルニコのいくつかの品種の特性の最小値と最大値を示すもので，アルニコの特定の品種の特性の範囲を示すものではない。その他の欄についても同様である。

が軟質磁性材料に比べてきわめて 1 に近い（真空の比透磁率に近い）ことは興味ある事実である。

図 1.17 にネオジウム鉄ほう素磁石の減磁曲線の一例を示す。ネオジウム鉄ほう素磁石は特性がすぐれていて，しかも原料が安価なので，磁石発電機および磁石電動機の大形化に寄与している。ただし，他の焼結磁石と同様に，常温付近で温度によって特性が変化することに注意する必要がある。なお，十分大きい磁化力を与えて着磁したものはほとんどヒステリシスを示さない。

図中の直線 OF を負荷曲線といい，永久磁石を磁気回路に組み込んだときの動作点は OF と減磁曲線との交点 P で与えられる。

【永久磁石の動作点の説明】 1 極分の永久磁石の断面積を S, 長さを l とし，1 極分の

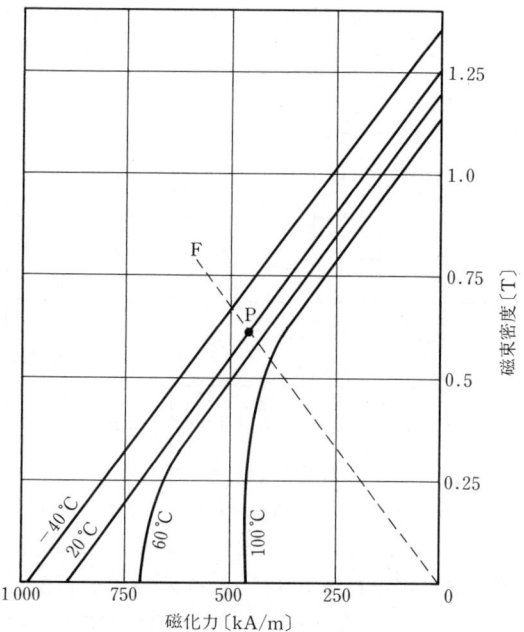

図 1.17 ネオジウム鉄ほう素磁石の減磁曲線の例

ギャップの断面積を S_g,ギャップの長さは円周方向に対して一様であるものとし,その長さを l_g とする。磁気回路の継鉄部の磁気抵抗および継鉄と永久磁石との接合部の残留ギャップによる磁気抵抗の存在を考慮して等価的なギャップの長さが l_g の f 倍になるものとして取り扱う。f はリラクタンス係数と呼ばれ,通常 1.05 ないし 1.1 程度である。永久磁石中の磁界の強さを H,ギャップ中の磁界の強さを H_g とすると,アンペアの周回路の法則により

$$H_g(fl_g) + Hl = 0 \tag{1.14}$$

が成り立つ。永久磁石中の磁束密度を B,ギャップ中の磁束密度を B_g とし,永久磁石の発生した磁束の一部が界磁漏れ磁束となって電機子に到達しないことを考慮して,磁石から見た等価的なギャップの断面積が実際の断面積の σ 倍になるものとして取り扱う。σ は漏れ係数と呼ばれ,通常 1.1 以上である。そうすると,磁束の連続性から

$$B_g(\sigma S_g) = BS \tag{1.15}$$

が成り立つ。上 2 式から

$$B = -\frac{\mu_0 \sigma S_g l}{S f l_g} H \tag{1.16}$$

が得られる。上式右辺の H の係数が OF の勾配である。

1.6　電機子巻線法の概要

現在実用されている回転機では，その電機子巻線はコイルを鉄心表面にだけ多数配列した形になっている。このような巻き方を**鼓状巻**（drum winding）といい，これはコイルどうしの接続の仕方によって**重ね巻**（lap winding），**波巻**（wave winding），**鎖巻**（chain winding）に分かれる。

重ね巻は図 1.18 のように，一つのコイルと接続されるつぎのコイルが少しだけずれた位置を占め，以下同様に進行してゆく巻き方である。

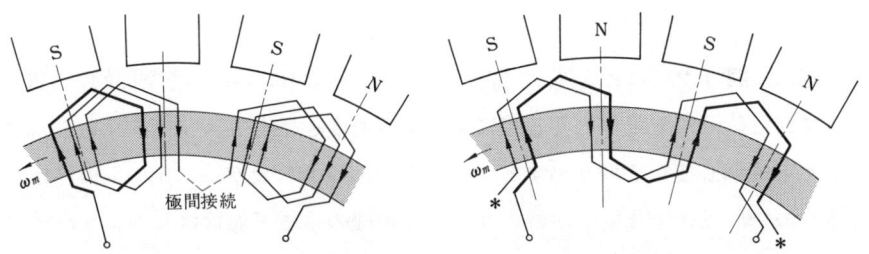

図 1.18　重ね巻の原理　　　　図 1.19　波巻の原理

波巻は図 1.19 のように，一つのコイルと接続されるつぎのコイルがほぼ 2 磁極ピッチ（磁極ピッチは隣り合った磁極の中心線間の距離）離れた位置を占め，以下同様に進行してゆく巻き方である。

コイルの幅は通常はほぼ 1 磁極ピッチに近く作られるので，以上の図からもわかるように，重ね巻でも波巻でも，各コイル辺の起電力は順次加わり合って巻線端子間に高い電圧を得ることができる。ただし，重ね巻においては図 1.18 の左側のコイル群のような巻き方をそのまま進行させると，N 極の下に左側コイル辺を持つようなコイルも直列に接続されて起電力が打ち消される。交流機の巻線ではこれを避けるために 1 極対ごとにコイル群を設け，図のような極間接続によって連結する。

図 1.20 の二極機で 1-1′, 2-2′, ⋯, 6-6′ の 6 個のコイルを以上のように接続したとすれば，スリップリングから外部に取り出される電圧は 1 個のコイルに

発生する電圧の約 6 倍である[†]．ただし，その大きさと方向は電機子の回転に伴って変化するので，得られた電圧は単相交流電圧である．単相機の場合，電機子の全周にコイルを設けても，コイル数の割に電圧が高くはならないので，通常は電機子周辺の約 2/3 の範囲だけにコイルを設ける．

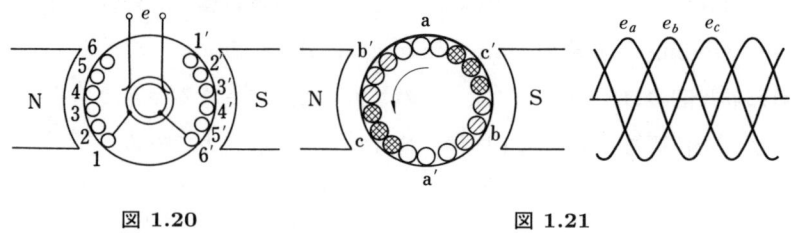

図 1.20　　　　　　　　　図 1.21

つぎに，図 1.21 のように，3 個の巻線 (a-a′, b-b′, c-c′) を空間的に 120°ずつずれた位置に配置し，各巻線に発生する速度起電力をスリップリング（少なくとも 3 個必要）で取り出すと，各巻線の起電力はたがいに 120°の位相差を持つので，三相交流電圧が得られる．三相機の電機子巻線はこのような構造であって，電機子鉄心表面の全部を有効に利用できる．図 1.22 はこの巻線の展開図である．

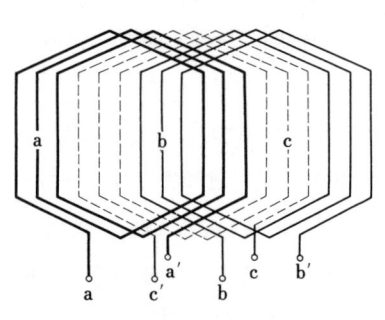

図 1.22　三相巻線

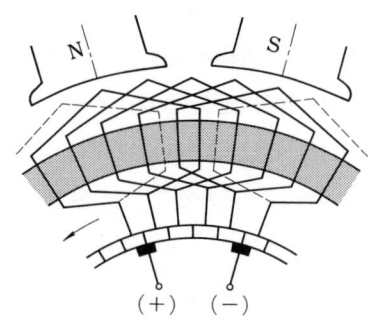

図 1.23　整流子巻線（単層巻）

つぎに，電機子周辺に等間隔に多数のコイルを配列し，それらを全部直列にして閉回路を作ったとしよう．この場合に，速度起電力によって電機子巻線に

[†]　各コイルの交番起電力はおたがいに位置の差に相当するだけの時間的位相差があるので，合成電圧は 6 倍よりも少し小さくなる．

短絡電流が流れることはない。なぜなら，その閉回路中で N 極の下で発生する全起電力と S 極の下で発生する全起電力とは大きさが等しく，方向が反対だからである。そこでこの巻線の各コイルの端末を**図 1.23** のようにそれぞれ整流子片に接続したとすれば，電機子（および整流子）が回転していても，静止したブラシ間につながるコイル辺の起電力の方向はつねに同一であるから，ブラシ間には直流起電力が得られる。これが直流機の電機子巻線の原理で，**図 1.24** はその展開図の例である。整流子に接続された電機子巻線を整流子巻線といい，交流整流子機にも使用される。

鎖巻は単層巻に属し，スロット内の層間絶縁が不要で，高圧機にとって有利であるが，多種類の形のコイルが必要なので，あまり多くは使われない。

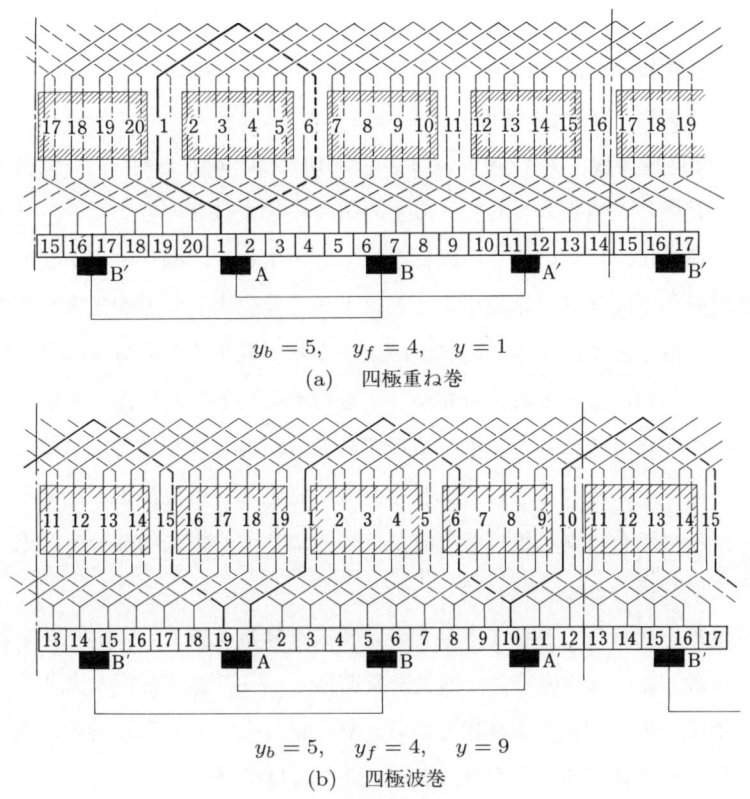

図 1.24 整流子巻線の展開図

1.7 損失・効率・温度・定格

1.7.1 損　　失

機械または装置の運転中に有効に利用されずに失われる電力・動力などを**損失** (losses) という。このエネルギーは通常熱に変わる。回転機の損失にはつぎの4種類がある。

(1) **鉄損** (core loss, iron loss)　　磁気回路中で，磁束が時間とともに変化するときに発生する。**磁気ヒステリシス損**と**渦電流損**からなる。

(2) **機械損** (mechanical loss)　　軸受およびブラシにおける**摩擦損**と，回転部分と周囲の空気との摩擦，および回転に伴って起こる通風作用に基づく**風損**とからなる。

(3) **抵抗損** (resistance loss, I^2R loss)　　巻線中で I^2R の形で発生する損失で**銅損** (copper loss) ということが多い。

(4) **漂遊負荷損**　(stray load loss, additional load loss)　　負荷をかけたために発生した損失のうちで，以上の損失に含まれないもの。

漂遊負荷損は，いろいろな原因によって発生するが，漏れ磁束が巻線の導体および周囲の金属部分に鎖交することによって発生するものが代表的な成分であり，回転機ではこれに空間高調波磁束によって発生する成分が加わり，さらに電機子反作用によって磁束分布がひずむために増加した鉄損，整流を受けるコイル中の短絡電流に基づく抵抗損などの成分がある。なお，電気機器の試験においては交流の流れる巻線の抵抗を直流で測定して抵抗損を算出することが多いが，その場合は交流抵抗と直流抵抗の差に基づく損失増加分も漂遊負荷損に含めて取り扱われる。

電気機器を無負荷で運転する場合の全損失を**無負荷損**といい，負荷をかけたために増加（または減少）した損失を**負荷損**という。無負荷損の大部分は無負荷時の鉄損・界磁銅損と機械損である。負荷損は主として負荷時の電機子回路の抵抗損と漂遊負荷損からなり，負荷電流のほぼ2乗に比例する。

鉄心材料の鉄損は通常交番磁化の場合の値が示されるが，回転機鉄心におい

ては**図 1.25** (a) のように回転磁化（磁化の強さが一定で磁化方向だけが変わる）が起こる。この場合のヒステリシス損を回転磁化ヒステリシス損といって，図 (b) のように交番磁化の場合とは異なった性質のものである。ただし，電機子歯の部分は交番磁化を受けると考えてよい。

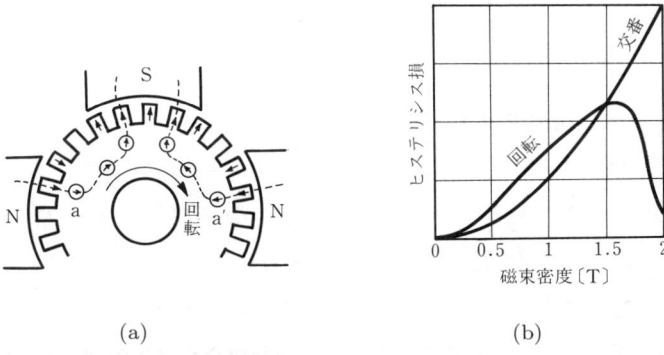

(a) (b)

→ は歯の磁束の方向と大きさを示す（交番磁化）。
⊖ は電機子鉄心内部の磁化の方向を示す。
a 点の磁化の方向は a′ 点まで回転する間に 1 回転する（回転磁化）。

図 1.25 回転磁化ヒステリシス損

1.7.2 効 率

電気機器に入る電力または動力を**入力** (input) といい，電気機器から取り出される電力または動力を**出力** (output) という。この出力と入力との比を**効率** (efficiency) といい，通常は百分率で表す。すなわち

$$\text{効率} \quad \eta = \frac{\text{出力}}{\text{入力}} \times 100 \quad [\%] \tag{1.17}$$

なお，ここでいう電力は皮相電力ではなくて，有効電力である。定格出力のときの効率を全負荷効率といい，2 台以上の機器の組合せからなる装置（例えばインバータとかご形誘導電動機の組合せ）の全体としての効率を総合効率という。機器に実際に負荷をかけて入力および出力を直接測定して求めた効率を**実測効率**といい，ある出力に対する各種損失を測定または算定して次式から求めた効率を**損失の和による効率** (efficiency by summation of losses) という。

$$\eta = \frac{\text{入力}-\text{損失}}{\text{入力}} \times 100 \ \ (\%), \quad \eta = \frac{\text{出力}}{\text{出力}+\text{損失}} \times 100 \ \ (\%) \quad (1.18)$$

上記の損失を規格などで定められた方法によって求めて算定した効率を**規約効率**（conventional efficiency）という．規約効率は実負荷をかけることなく，しかも相当正確に効率を算定できるので，電気機器の取引きの場合にはこれを使用するのが普通である．わが国では規約効率の算定方法はJEC（電気学会電気規格調査会）規格によることが多い．

1.7.3　絶縁の耐熱クラスと温度上昇

電気機器を使用すると，各種損失のためしだいに機器の温度が上昇し，やがて表面からの熱放散とつり合いのとれたところで一定の温度に落ちつく．この温度が高すぎると，巻線の絶縁物が急速に変質劣化して機器の寿命が短くなる．規格では機器が実用上十分な寿命（普通の使い方で20～30年）を持つように，電気製品における絶縁を耐熱性に応じて区分し，**各耐熱クラス**[†]（class of insulation）ごとに**表 1.3**の「温度」の欄に示すように**許容最高温度**（permissible hottest-point temperature）を定めている．

一般に絶縁物の寿命は，**図 1.26**のように，許容最高温度を8ないし12 °C超えるごとに半減すると考えられている．機器が全負荷で運転しているときの機器各部の温度は，夏は高く，冬は低い．そこで，温帯地域の屋内の最も条件の厳しい場合として，空気冷却の電気機器は冷媒温度が40 °C（水冷の場合は冷媒温度が25 °C）の場合に使用しても，機器の最高温度の部分の温度が表 1.3の許容最高温度を超えることがないように作られている．**冷媒温度**（temperature of coolant）とは機器の周囲の冷却媒体の温度であり，機器の試験にあたっては規格によって定められた方法で決定される．運転時の機器各部の測定温度と冷媒温度との差を**温度上昇**（temperature rise）という．

[†] 以前は耐熱クラスを絶縁の種類と呼んでいた．

表 1.3 電気絶縁の耐熱クラスと許容最高温度

耐熱クラス	温度 (°C)	絶縁の例 (参考)	材料の例 (参考)
Y	90	木綿・絹・紙などの材料で構成され，ワニス類を含浸せず，または油中に浸さないもの	綿テープ・マニラ紙・クラフト紙・レッドロープ紙・ファイバ
A	105	耐熱クラスYの絶縁材料で構成され，ワニス類を含浸し，または油中に浸したもの	ワニスクロス・ベークライト・ホルマール線・ワニスを塗布した綿巻線
E	120	木粉素材の成形絶縁物・綿繊維積層紙などにメラミン樹脂，フェノール樹脂系のワニスを含浸したもの	ポリエチレンテレフタレートフィルム（マイラ）・エポキシ線
B	130	マイカ・石綿・ガラス繊維などの材料を接着材料とともに用いて構成したもの	マイカナイト・マイカナイト紙・アルキッドワニスを塗布したガラス巻線
F	155	マイカ・石綿・ガラス繊維などの材料をシリコーンアルキッド樹脂などの接着材料とともに用いて構成したもの	ワニスガラスクロス・ワニスアスベスト・耐熱クラスFのエナメル線
H	180	マイカ・石綿・ガラス繊維などの材料をけい素樹脂などの接着材料とともに用いたもの。ゴム状・固体状のけい素樹脂または同等の性質を持った材料を単独で用いたもの	シリコーンゴムテープ・ポリエステル線・シリコーンワニスを塗布したガラス巻線
200	200	マイカ・石綿・磁器などを単独で用いたもの。またはガラス・セメントのような無機質接着剤，熱安定性のよい合成樹脂とともに用いたもの	
220	220		
250	250		

(注) 絶縁材料の熱的性能はその変種によって変わり，使用環境や用途によって変わる。
JEC-6147「電気絶縁の耐熱クラス及び耐熱性評価」では，耐熱クラスは機器に施された絶縁システムに関する分類であるとして，各耐熱クラス別の絶縁の例および材料の例を示していない。

規格では，普通の電気機器に対しては，絶縁の耐熱クラス別に，機器の各部の温度上昇の許容される最高限度，すなわち，機器各部の**温度上昇限度** (limit of temperature rise) を規定している。これは，空冷形機器についていえば

$$（許容最高温度）= 40\ °C +（温度上昇限度\ °C）+（余裕\ °C） \quad (1.19)$$

という考え方によるものであり，上式の「余裕」は機器内部の最高温度の点の温度が外部から測定できる温度よりも高いことを考慮するものであって，埋込温度計法および抵抗法で温度を測定する場合は0ないし15°C程度であるが，棒状温度計による場合はさらに大きい余裕を取っている。

1.7.4 定　　　格

機器の製造者が保証する出力の限度を**定格出力** (rated output) という。定

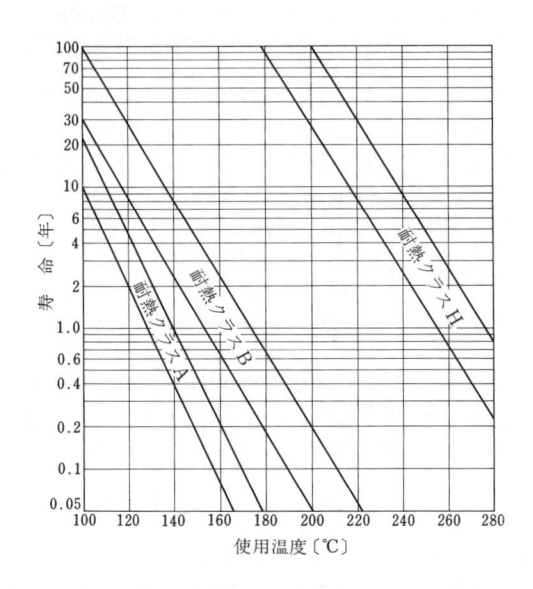

図 1.26　絶縁の温度と寿命

　格出力と製造者が指定する電圧・電流・回転速度・周波数・力率などの値を総称して**定格**（rating）という。これらの指定値は**定格電圧・定格電流・定格速度**などと呼ばれる。これらの数値を記載した**銘板**（rating plate, nameplate）は機体の見やすい部分に取り付けてある。

　出力の定格には連続定格・短時間定格・反復定格の3種類がある。**連続定格**（maximum continuous rating）は長時間にわたって連続して出すことのできる一定出力である。**短時間定格**（short-time rating）は，例えば1時間定格は冷状態から始めて1時間だけ継続して出すことのできる一定出力である。**反復定格**（periodic duty type rating）は負荷が周期的に変化する場合（1周期の標準は10分）に対する負荷時の出力である。

章　末　問　題

(1)　定格出力 2.2 kW，定格回転速度 $1\,500\,\text{min}^{-1}$ の電動機がある。この電動機の

定格運転時のトルクはいくらか。
(2) 回転電気機械における界磁と電機子はそれぞれどのような機能を持つ部分であるかを説明せよ。
(3) 回転電気機械の損失はその発生原因から4種類に分類される。それらの分類名称を述べ，各損失が運転条件によってどのように変化する性質のものであるかを説明せよ。
(4) 電気機器の絶縁の許容最高温度はどのような考え方で定められたものか。

2 直流機

　交流電源と整流装置によって直流電力が容易に得られるようになった現在，直流発電機は極めて特殊な場合にしか使われなくなった。直流電動機は広範囲の速度制御ができ，精密な速度制御も容易であるという利点から工場等で広く使われてきたが，近年はインバータとかご形誘導電動機の組み合わせに置き換えられて，製造台数は著しく少なくなった。しかしながら，多数の直流電動機が現在も運転中であり，また，交流の発電機や電動機を学ぶ基礎としても，直流機の基礎理論を理解しておく必要性がある。

2.1　直流機の構造

　直流機（direct-cuurent machine）は整流子を必要とすることから，すべて**回転電機子形**（回転子が電機子であり，固定子が界磁である形式）に作られる（図 2.1）。

　直流機の固定子わくは鋳鋼または軟鋼板で作られ，機械的構造部分であるとともに継鉄としても利用される。このわくを磁気わくという。

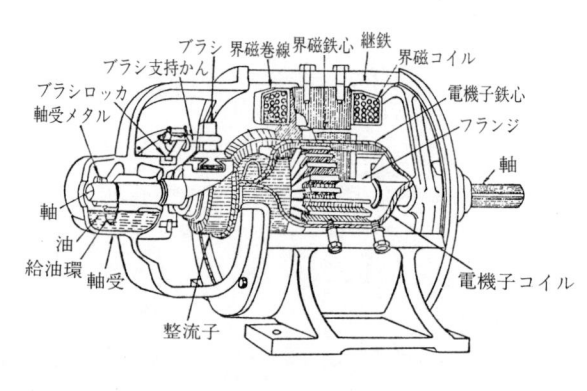

図 2.1　直　流　機

2.1 直流機の構造

　負荷の急変する用途の直流機では界磁電流変化に対する磁束変化をすみやかにするために，継鉄部を薄鋼板の積層構造とすることがある。

　整流子片とブラシは，1秒間に数千回の回路切換を行う電気接点に相当するもので，各整流子片とブラシとの接触開始時および開離時に大きな火花が発生すると，整流子片もブラシも運転中に急速に消耗して長期間の使用に耐えなくなる。その対策として，整流子表面を真円筒形に仕上げ，適切な材質のブラシを選定することも大切であるが，根本的には補極および必要に応じて補償巻線を設置することによって改善される（図 2.2）。

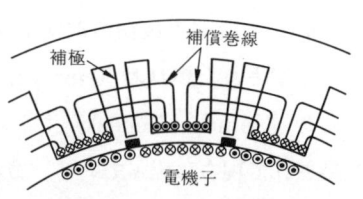

1：補償巻線，　　2：主界磁巻線，
3：主磁極，　　　4：補極巻線，
5：補極，　　　　6：継鉄，
6，7：磁極取付ボルト

図 2.2　補極と補償巻線

　補極（commutating pole）は隣り合った主磁極の中間に設けられる幅の狭い磁極であって，補極巻線には電機子電流を流す。補極巻線起磁力は極間中央部における電機子起磁力を打ち消す方向になるようにしてある。補極鉄心も通常は軟鋼で作るが，負荷の急変する用途の場合は負荷電流変化に対する補極磁束変化の遅れを少なくするために，薄鋼板の積層構造にすることもある。

　補償巻線（compensating winding）は主磁極の磁極片部に多数のスロットを作っておいてその中に納めた巻線であり，やはり電機子電流をこれに通じ，電機子起磁力を打ち消す向きに起磁力を発生させる。それによって主磁極下の（負荷時の）磁束分布のひずみが改善され，整流子片間の電圧の局部的増加を解消

して整流状態の改善を図る．補償巻線を設けると機械が高価になるので，大形機，運転条件が厳しい機械など，整流状態が不良になりやすい場合に採用される．補償巻線を設けた場合はその分だけ補極巻線の巻数を減らす．

補極巻線も補償巻線も電機子電流を通じるので，これらは図 2.3 のように電機子と直列に接続される．これらの巻線は静止部分にあるので起電力は発生せず，回路的には抵抗（r_i および r_c）として作用する．

電機子鉄心は回転中 N 極，S 極の下を交互に通過するので，渦電流損およびヒステリシス損を減らすために厚さ 0.35 mm または 0.5 mm のけい素鋼板を軸方向に積み重ねて作る．電機子巻線は整流子巻線（1.6 節参照）で，大電流機では重ね巻が多く，高圧小電流機では波巻とする．

実用的な直流機の最初の電機子巻線は 1869 年にグラム（Z.T.Gramme）によって考案された**環状巻**（ring winding）であったが，1872 年にヘフネルアルテネック（Hefner-Alteneck）によって 1.6 節で述べた鼓状巻（drum winding）に改良されて現在に至っている．環状巻は現在は実用されていないが，直流機の理論においては理解を助けるためにしばしば役立つので，簡単に説明しておく．

環状巻は円環状（ドーナツ形）の鉄心上に銅線をつるまき状に巻き付け，その巻始めと巻終わりを接続して全体として閉じた電気回路とした電機子巻線である．この巻線の円周方向の等間隔の多数の点から接続線を出して整流子の各整流子片につなぐ．この電機子を N，S 2 個の磁極を持つ界磁の中に置き，整

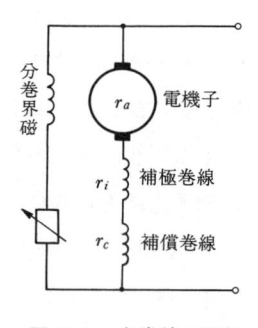

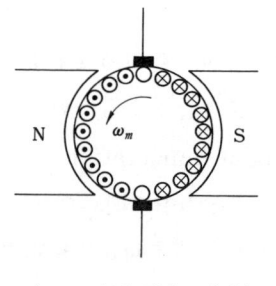

図 2.3　各巻線の接続　　　　図 2.4　電機子の略図

流子上の磁極と直角の位置に正および負のブラシを置く。この電機子を回転させると，N 極の下の導体の誘導起電力がすべて加わり合って正負のブラシ間に現れ，S 極の下の導体の誘導起電力もすべて加わり合ってブラシ間に現れる。

図 2.4 は環状巻のブラシを整流子上に置く代わりに直接電機子巻線上に置き，つるまき状の各導体の（界磁に面した部分の）誘導起電力の方向を・および × で表した略図と見ることができる。ところで，鼓状巻においても N 極の下にある各導体中の誘導起電力の方向はすべて同じであり，S 極の下についても同様であるから，導体の接続関係を考慮の外に置けば，この略図はまた鼓状巻の各導体の起電力の分布を表しているとみることができる。発電機では電機子の導体中の電流の方向はすべて誘導起電力と同方向であり，電動機では電流の方向はすべて誘導起電力と逆方向であるから，鼓状巻の電機子導体の電流分布もこのような略図を使って表すことができる。それゆえ，重ね巻きまたは波巻の直流機の内部の電磁現象を図 2.4 の略図を使って考えることができる。ただし，この略図は鼓状巻の電機子の導体相互間の接続関係を考え得るものではない。

なお，図 2.4 においてはブラシの位置は磁極間の中央であるが，実際の（鼓状巻の）直流機における整流子上のブラシ位置は図 1.23 からわかるように，磁極中心線上にある。

2.2 直流機の誘導起電力とトルク

2.2.1 誘導起電力

直流機では磁極片の形をギャップが一様になるように作るので，電機子周辺に沿っての磁束分布は図 2.5 (a) のように台形波に近い形になる。このような磁束分布の下で，電機子が一定速度で回転していると，電機子の 1 本の導体中に発生する速度起電力 $e_1 (= vBl)$ の時間的波形は図 (b) のようになる。しかし，ブラシ間に現れる電圧は，負電圧の部分が整流子の作用で反転されて寄与するので，図 (c) のようになる。実際の電機子ではブラシ間に多数の導体が直列につながっていて，それらの各導体の起電力の位相が少しずつ異なるので，

2. 直流機

(a)

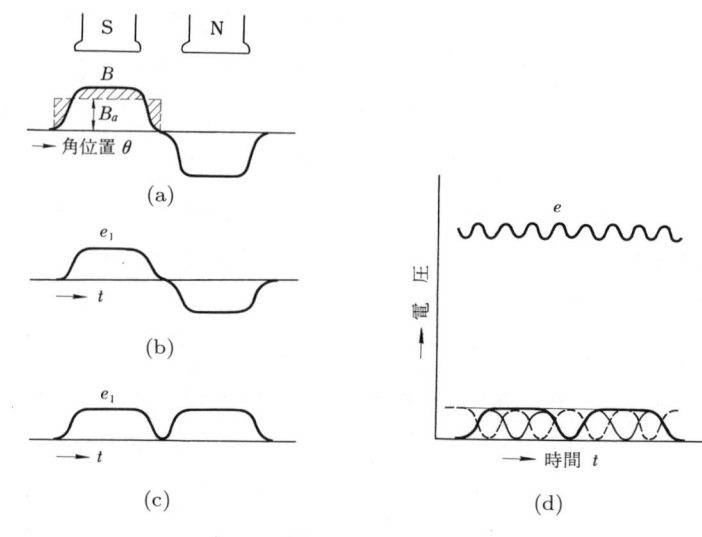

(b)

(c)

(d)

図 2.5

ブラシ間に現われる合成起電力は図 (d) の曲線 e のようになる。

直流機において必要なのは直流起電力，すなわち e の平均値であるので，つぎにこれを求めよう。

電機子半径を r〔m〕，電機子鉄心の（軸方向の）有効長さを l〔m〕，ギャップにおける平均磁束密度を B_a〔T〕とし，電機子が一定角速度 ω_m〔rad/s〕で回転しているとすれば，1 本の導体から得られる起電力の平均値 $\overline{e_1}$ は

$$\overline{e_1} = r\omega_m B_a l \quad \text{〔V〕} \tag{2.1}$$

ここで，極数を $2p$，磁極ピッチを τ_p〔m〕とし，1 極の磁束を Φ〔Wb〕とすれば

$$\Phi = B_a \tau_p l = B_a \frac{2\pi r}{2p} l, \quad \therefore \quad \overline{e_1} = \frac{p}{\pi}\Phi\omega_m$$

電機子導体総数を Z 本とし，正負ブラシ間の並列回路数を $2a$ とすれば，正負ブラシ間の直列導体数は $Z/(2a)$ 本で，ブラシ間の起電力の平均値 E は

$$E = \frac{Z}{2a}\overline{e_1} = \frac{pZ}{2\pi a}\Phi\omega_m \quad \text{〔V〕} \tag{2.2}$$

となる。$2a$ は重ね巻では $2p$ に等しく，波巻ではつねに 2 である。

2.2.2 電磁トルク

前述の起電力 E に逆らってブラシから電流 I_a 〔A〕が流れ込んだとすれば（これは電動機の場合を意味する），電機子内部では EI_a 〔W〕の電力が吸収されていることになる。したがって発生トルクを T とすれば，式 (1.8) ないし式 (1.10) により

$$T = \frac{EI_a}{\omega_m} = \frac{pZ}{2\pi a}\Phi I_a \quad 〔\text{N·m}〕 \tag{2.3}$$

発電機の場合は EI_a なる電力を発生するために，発電機軸に加えるべきトルクが上式によって与えられる。

2.2.3 ま と め

以上の 2.2.1，2.2.2 項の結果をまとめると

$$\left.\begin{array}{l} E = K\Phi\omega_m \quad 〔\text{V}〕 \\ T = K\Phi I_a \quad 〔\text{N·m}〕 \\ K = \dfrac{pZ}{2\pi a} \end{array}\right\} \tag{2.4}$$

となる。K は直流機の設計の段階で定まり，運転中には変化することのない定数である。直流機の理論的解析には上式が簡単で便利であるが，実務上は回転の速さを ω_m の代わりに毎分回転数 N 〔min^{-1}〕で，トルクを kgm の単位で測った τ で表すことが多い。その場合，上式はつぎのように変わる。

$$E = k_e \Phi N \quad 〔\text{V}〕, \quad k_e = \frac{pZ}{60a} \tag{2.5}$$

$$\tau = k_t \Phi I_a \quad 〔\text{kgm}〕, \quad k_t = \frac{1}{9.8}\frac{pZ}{2\pi a} \tag{2.6}$$

例題 2.1 電機子導体総数 420，6 極，重ね巻の直流電動機がある。この電動機が $1500\ \text{min}^{-1}$ で回転しているときの誘導起電力を求めよ。また，電機子電流が 50 A のときの発生トルクを求めよ。ただし，毎極の磁束は 0.02 Wb とし，電機子反作用はないものとする。

【解答】 内部回路数 $2a$ と極数 $2p$ の間にはつぎの関係がある。

波巻　　$2a = 2$

重ね巻　$2a = 2p$

いまは重ね巻であるから

$$k_e = \frac{pZ}{60a} = \frac{420}{60} = 7, \qquad K = \frac{pZ}{2\pi a} = \frac{420}{2\pi} = \frac{210}{\pi}$$

$$E = k_e \Phi N = 7 \times 0.02 \times 1\,500 = 210 \text{ V}$$

$$T = K \Phi I_a = \frac{210}{\pi} \times 0.02 \times 50 = 66.9 \text{ N·m} \qquad \diamondsuit$$

2.3　電機子反作用と整流

2.3.1　電機子反作用

電機子電流の起磁力によってギャップに磁束が生じることを，**電機子反作用** (armature reaction) という。

図 2.4 の機械を発電機とすれば 図中の・および×は起電力の方向であると同時に電流の方向でもある。その場合の電機子起磁力は磁極中間軸の方向で最大であり，磁極中心軸の方向では零である。

電機子周辺における電機子起磁力の分布は三角波になるが，極間の部分ではギャップが広いために，電機子電流による磁束は**図 2.6** の B_a のように頭のくぼんだ三角波になる。電動機の場合は電機子電流の方向が逆になるから B_a の正負が反転するだけである。

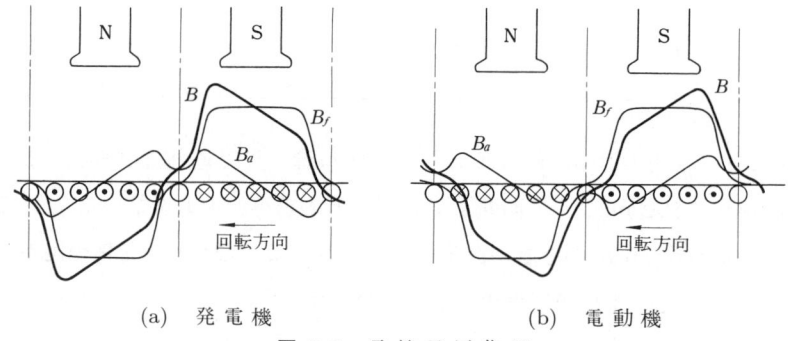

(a) 発電機　　　(b) 電動機

図 **2.6** 電機子反作用

界磁磁束分布 B_f とこの B_a を重ね合わせたものが図の曲線 B で，これが負荷時のギャップ磁束分布波形である。

隣り合った主磁極間の中央の位置は，無負荷で回転しているときに最大の起電力が得られるブラシ位置であって，この位置と回転子中心とを結ぶ方向を直流機の**機械的中性軸**（mechanical neutral）という。

直流機の電機子反作用はつぎの二つの好ましくない現象をもたらす。

(1) 機械的中性軸付近に磁束を発生させる。その結果として整流状態を悪化させる（次項参照）。

(2) 主磁極下の片側において磁束密度を大きくし，他の片側においては磁束密度を小さくする。その結果として，整流状態を悪化させ，また，電機子電流が大きい範囲で主磁束を減少させる。

主磁極下の磁束分布は，図 **2.7** のように作図的に決定できる。図中，$w_f I_f$ は界磁の起磁力，$w_a I_a$ は電機子起磁力である。また，斜線を施した部分は電機子起磁力による磁束の増減を示し，増加分よりも減少分のほうが大きい。すなわち，電機子反作用の結果として主磁束が減少する。この現象を交差磁化作用による主磁束の減少と呼んでいる。

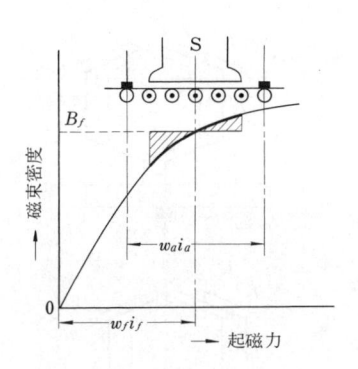

図 **2.7** 交差磁化作用による主磁束の減少

2.3.2 整　　　流

　ブラシで短絡されたコイル中の電流の方向が，その短絡期間中に反転することを（整流子機の）**整流**（commutation）という。

　直流機の電機子が回転すると，隣り合った二つの整流子片がブラシで短絡される状態が生じる。隣り合った二つの整流子片の間には，重ね巻の場合には一つのコイルの両端が接続されているから，このコイルがブラシで短絡されることになる。

　一つのコイルがブラシで短絡されるのは，そのコイルがブラシ位置すなわち中性軸を通り過ぎるときであって，その期間を境として，そのコイルはN極下の領域からS極下の領域へ（またはその逆に）移るので，電流の方向が反転させられる。

　図 2.8 は重ね巻の整流を示すもので，ブラシが固定され，電機子が図 (a) から図 (b) のように左へ移動すると，太線で示したコイル中の電流が反転する。波巻の場合は，中性軸にあるコイル辺の何本か直列になったものがブラシで短絡されるだけで，整流現象は本質的には重ね巻と同じである。

　一つのコイルがブラシによって短絡されている期間を**整流周期**といい，整流

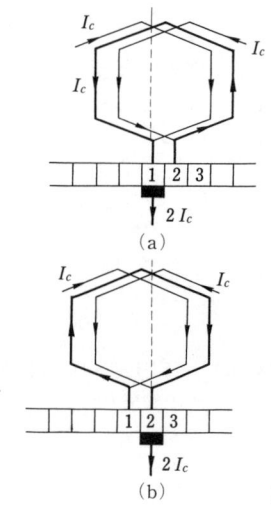

図 2.8　整　　　流

2.3 電機子反作用と整流

周期中のコイル電流の変化を表わす曲線を**整流曲線**という。

　この電流変化がブラシと整流子片との接触抵抗によって規定される場合を**抵抗整流**といい，接触抵抗が十分大きく，かつブラシと整流子片との接触面積に比例すると考えた仮想的な場合には，電流変化は図 2.9 の曲線 a のように直線になる。これを**直線整流**という。

　曲線 b のように電流変化がこれより遅れる場合を**不足整流**といい，曲線 c のように電流変化がこれよりも速い場合を**過整流**という。

　コイルにはインダクタンスがあり，これが電流の急変を妨げる作用をするので，適当な手段を講じない限り不足整流の状態が起こる。

　2.1 節で述べたようにブラシと整流子との間に接触・開離に伴う大きな火花が発生すると，ブラシも整流子も急速に消耗して長期間の使用に耐えない。したがって，直流機では設計時にも保守時にも有害な火花の発生の少ない良好な整流状態が得られるように配慮される。

　図 2.9 の曲線 b の場合はブラシ後端で火花が出やすく，曲線 c ではブラシ前端で火花が出やすい。総合的には直線整流より少し進みぎみの曲線 d が望ましい。

　図 2.6 から，電機子反作用磁束 (B_a) によって中性軸にきたコイル中に発生する速度起電力は，発電機の場合も電動機の場合も整流中の電流変化を妨げる向きであることがわかる（フレミングの右手の法則を適用せよ）。

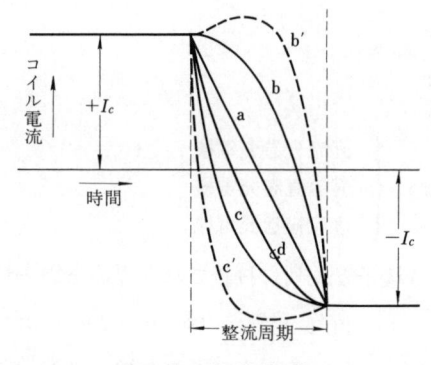

図 2.9　整流曲線　　　　図 2.10　補極の作用

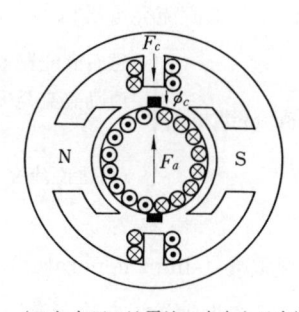

（●および×は電流の方向を示す）

また，コイルのインダクタンスによる磁気エネルギーが電流の急変を妨げる向きに電圧を生じる。この電圧はリアクタンス電圧と呼ばれている。

以上のように，電機子反作用もリアクタンス電圧も整流を妨げるので，ごく小形の機械を除いて，図 2.10 のように補極を設け，補極巻線で起磁力を与えて，中性軸における電機子反作用を打ち消してさらに整流磁束 ϕ_c を発生させ，ϕ_c によって短絡コイル中に発生する速度起電力を利用して整流を促進させる。このような整流方法を**電圧整流** (voltage commutation) という。

このほかに整流対策としては均圧結線と 1.2 節で述べた補償巻線がある。均圧結線 (armature winding equalizer) は重ね巻において，電機子巻線の本来等電位にあるべき点 (2 磁極ピッチ離れた点) を連結する低抵抗の導線で，整流子側または反整流子側に多数設けられる。

2.4 直 流 発 電 機

2.4.1 直流発電機の種類

直流電力を発生する発電機を**直流発電機** (direct-current generator) という。回転機が自己の発生した電流によって励磁されることを**自己励磁** (self excitation) といい，回転機と別個の電源によって励磁されることを**他励磁** (separate excitation) という。また，ごく小形の機械では永久磁石によって励磁することが多い。これを**磁石励磁** (permanent-magnet excitation) という。以上の励磁方式によって直流発電機はつぎのように分類される。

$$
\text{直流発電機} \begin{cases} \text{磁石直流発電機} \\ \text{他励直流発電機} \\ (\text{自励直流発電機}) \begin{cases} \text{直流分巻発電機} \\ \text{直流直巻発電機} \\ \text{直流複巻発電機} \end{cases} \end{cases}
$$

分巻発電機 (shunt generator) は電機子と並列に接続された界磁巻線を持つもので，その界磁巻線を分巻巻線という。直巻発電機 (series generator) は電機子と直列に接続された界磁巻線を持つもので，その界磁巻線を直巻巻線と

いう。複巻発電機（compound generator）は分巻巻線と直巻巻線の両方を持つものである。なお，自励直流発電機という用語は分類上の用語であって，実際面で使われることはあまりない。各種励磁方式の結線を図 2.11 に示す。

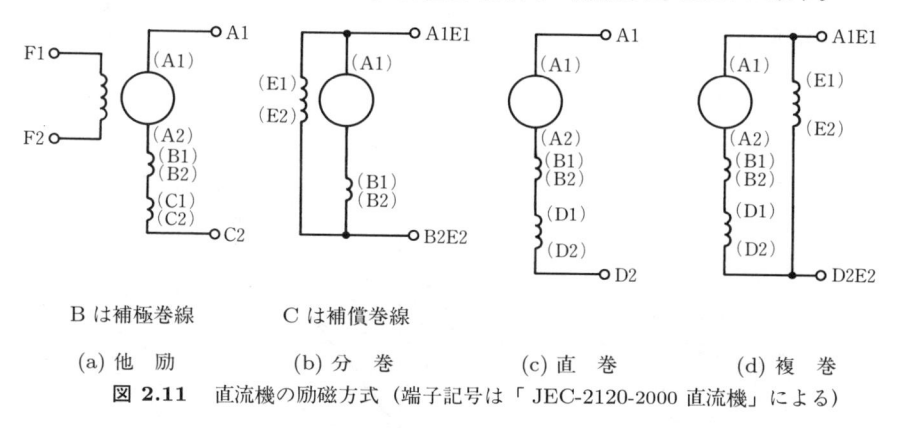

```
    F1 ○─┐                  ○ A1              ○ A1E1                 ○ A1                  ○ A1E1
         │    (A1)             (A1)               (A1)                   (A1)
         │                                        (E1)                                      (E1)
    F2 ○─┘                                        (E2)                                      (E2)
              (A2)             (A2)               (A2)                   (A2)
              (B1)             (B1)               (B1)                   (B1)
              (B2)             (B2)               (B2)                   (B2)
              (C1)
              (C2)○ C2         ○ B2E2             (D1)                   (D1)
                                                  (D2)○ D2               (D2)○ D2E2
```

　　　B は補極巻線　　　C は補償巻線

　(a) 他　励　　　　(b) 分　巻　　　　(c) 直　巻　　　　(d) 複　巻

図 2.11　直流機の励磁方式（端子記号は「JEC-2120-2000 直流機」による）

2.4.2　他励直流発電機および特性曲線

図 2.12 の他励直流発電機（separately excited d-c generator）において，電機子電流 I_a を零とし，一定回転速度のもとで他励巻線に流れる界磁電流 I_f を変化させると誘導起電力 E が変化する。このときの I_f と E の関係を示す曲線を**無負荷飽和曲線**（no-load characteristic curve）（または無負荷特性曲線）という。この曲線は一般に図 2.13 のような飽和特性を示す。磁気ヒステリシスのために I_f 増加のときと，I_f 減少のときとでは E の値が異なるが，簡単のために両者の平均をとって1本の曲線で表すことが多い。

$E = K\Phi\omega_m$ の式からわかるように，ω_m が一定ならば Φ は E に比例する。したがって，図 2.13 はまた I_f に対する毎極磁束 Φ の変化を示す曲線と考えることができる。原点を通り，無負荷飽和曲線の直線部分とほぼ一致するような直線を**ギャップ線**（air-gap line）という。

指定された運転状態において，その端子電圧を負荷電流（出力電流）の関数として表した曲線を**外部特性曲線**（external characteristic curve）という。普通は定格回転速度，定格負荷電流のときに定格電圧を出すように界磁電流を調

整し，界磁回路はそのままの状態にして負荷電流（I）と端子電圧（V）との関係を測定する．基礎理論としては，無負荷時の誘導起電力を E, 負荷時の電機子電流および端子電圧を I_a, V とし，電機子抵抗を R_a とすれば，外部特性曲線は次式で表される．

$$V = E - R_a I_a \quad \text{〔V〕} \tag{2.7}$$

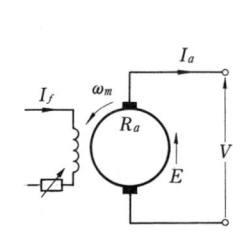

図 2.12 他励直流発電機　　**図 2.13** 無負荷飽和曲線

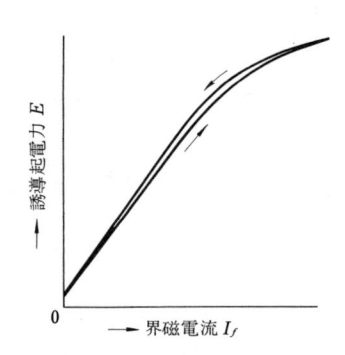

より精密に取り扱う場合は，つぎのようにする．無負荷時の一極当りの磁束を Φ_0, 負荷時のそれを Φ とすれば

$$\Phi = \Phi_0 - \phi_{da}$$

である．ただし，ϕ_{da} は電機子反作用による主磁束の減少分である．

したがって無負荷時の誘導起電力を E_0, 負荷時のそれを E とすれば

$$E = K(\Phi_0 - \phi_{da})\omega_m = E_0 - e_a, \qquad e_a = K\phi_{da}\omega_m$$

であって，e_a は電機子反作用に基づく誘導起電力の減少分である．

そこで，正負1対のブラシの電圧降下を v_b とすると，図 2.12 の回路の電圧方程式は

$$V = E - R_a I_a - v_b = E_0 - e_a - R_a I_a - v_b \quad \text{〔V〕} \tag{2.7'}$$

となる．これが他励直流発電機の外部特性を表わす式であって，外部特性曲線は図 2.14 の曲線 V のようになる．ただし，R_a を単に電機子抵抗と呼ぶこと

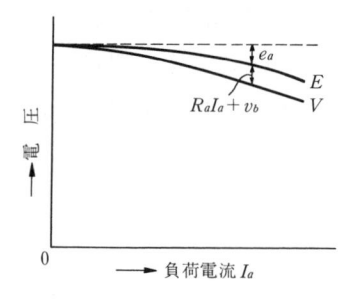

図 2.14 外部特性曲線 (V)

が多いが，正確には電機子巻線，補極巻線および補償巻線の抵抗の総和（図 2.3 における r_a, r_i, r_c の総和）であって電機子回路の内部抵抗と呼ぶほうがよい。

ブラシの電圧降下 v_b はブラシと整流子との間の接触抵抗による電圧降下であって，運転中においては広い電流範囲にわたってほぼ一定であり，その値は正負 2 個の合計で，黒鉛ブラシの場合は約 2 V，金属黒鉛ブラシの場合は 0.5 ないし 1 V である。

金属黒鉛ブラシは黒鉛粉に金属粉（銅または銀）を混合したものを成形・焼結して作ったもので，整流の容易な低電圧機に使われる。

2.4.3　直流分巻発電機および自己励磁

分巻発電機は図 **2.15** のような接続で使用され，自己の電機子に発生した電圧で界磁巻線に電流を流す。

図 **2.16** で O′M はこの発電機の無負荷飽和曲線（測定は他励磁にして行う）とし，OF は界磁電流 I_f と分巻界磁回路の端子電圧との関係を示す直線とする。この直線は**界磁抵抗線**と呼ばれ，その傾斜は界磁回路の全抵抗 R_f が大きいほど急になる。いま，図 2.16 において発電機の起電力がある瞬間に E_1 であったとすると，E_1 は抵抗降下 $R_f I_{f1}$ より大きい。電機子抵抗における電圧降下を無視すると，その電圧の差は界磁巻線インダクタンス L によって受け持たれる必要があり

$$L\frac{dI_f}{dt} = E_1 - R_f I_{f1} > 0 \tag{2.8}$$

であるから，このとき界磁電流 I_f は増加し続けている。したがって I_f はしだいに増加し，O′M と OF との交点 P に達して安定する。このように電圧がしだいに上昇してゆく現象を自己励磁による**電圧確立** (build-up of voltage) という。

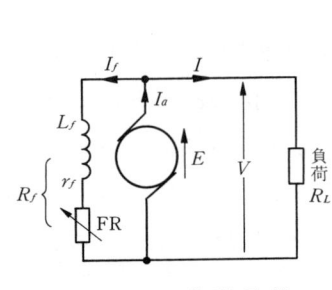

図 2.15 分巻発電機

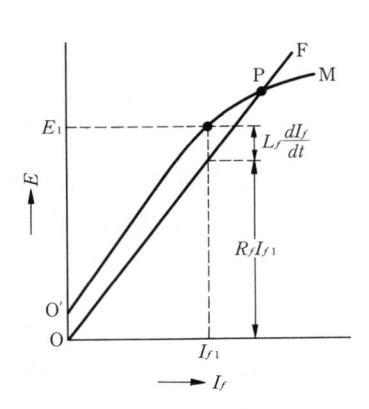

図 2.16 自己励磁の過渡現象

電圧確立が起こるためには，つぎの三つの条件が同時に満足されていることが必要である。

(1) 残留磁気に基づく残留電圧（図 2.16 の OO′）が存在すること。
(2) 界磁巻線の接続の極性が正しいこと。すなわち，残留電圧によって界磁巻線に流れる電流が，その残留電圧を強める向きであること。もし分巻巻線の接続が逆であると，界磁電流は残留磁気を打ち消す向きになるので電圧の上昇は起こらない†。
(3) 界磁巻線回路の抵抗が臨界抵抗よりも小さいこと。

この最後の条件は図 2.17 から了解できる。R_f が小さいと界磁抵抗線は OF_1 のようになり，無負荷飽和曲線との交点 P_1 に相当する高い電圧を発生する。R_f が大きくなって界磁抵抗線が OF_2 のように無負荷飽和曲線とほぼ接するよ

---

† 発電機の回転方向が正規の方向と逆である場合には界磁巻線の極性が正しくても電圧の上昇は起こらない。

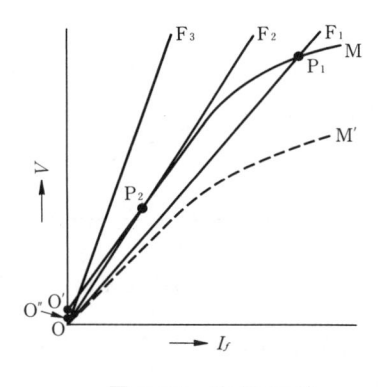

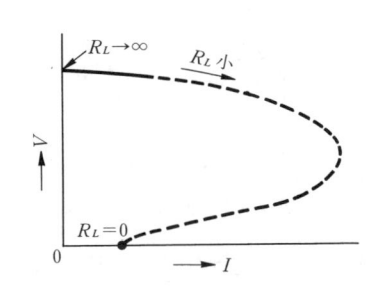

図 2.17　臨界抵抗　　　　図 2.18　分巻発電機の外部特性曲線

うになると，交点 P_2 の位置は不明確になり，端子電圧はわずかの抵抗または回転速度の変動で大幅に変わる。R_f がさらに大きくなると界磁抵抗線は OF_3 となり，$O'M$ と低い点で交わり，発電機電圧はこれ以上に増加しない。OF_2 に対応する界磁回路の抵抗を（自己励磁の）**臨界抵抗**（critical resistance）という。なお，分巻発電機で界磁回路の抵抗によって安定に電圧を調整できるのは，臨界抵抗以下の範囲（図の点 P_2 より右）だけである。

分巻発電機の外部特性は，負荷電流の小さい範囲では他励発電機と似ているが端子電圧の低下に伴う界磁電流の減少が起きるため，電圧の低下は他励発電機より大きい。

負荷電流が著しく大きい場合は，界磁電流の減少が著しく，電圧は急激に低下し，図 2.18 のように，ある点からは負荷抵抗を減らすと負荷電流がかえって減少するようになる。最後に出力端子を短絡すると界磁電流は零になり，電機子巻線には残留電圧による短絡電流 I_s が流れる。I_s は定格電流前後の大きさである。なお，通常の使用範囲は図の実線部分のような範囲である。

2.4.4　直流直巻発電機

図 2.19 は直巻発電機の回路図である。直巻発電機では $I_a = I_f = I$ であって，無負荷では発電しない。無負荷飽和曲線は直巻巻線を電機子から切り離し

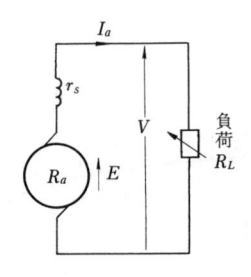

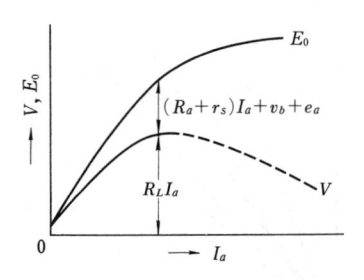

図 2.19 直巻発電機   **図 2.20** 外部特性曲線

て他励磁にして測定する。**図 2.20** の曲線 E_0 はこのようにして求めた無負荷飽和曲線である。直巻巻線抵抗を r_s とすると，図 2.19 から

$$V = E - (R_a + r_s)I - v_b = E_0 - e_a - (R_a + r_s)I - v_b \tag{2.9}$$

となるから外部特性曲線は図 2.20 の曲線 V のようになる。ただし破線の部分は電流が大きすぎて実用できない。また，負荷抵抗がある値より大きい場合は，自己励磁による電圧確立は起こらない。さらに実用範囲では外部特性が上昇特性であるので，定電圧電源と安定に並行運転することはできない。

2.4.5　直流複巻発電機

分巻巻線の起磁力と直巻巻線の起磁力が加わり合う場合は和動複巻発電機と

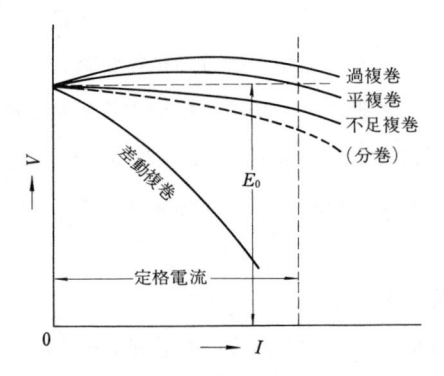

図 2.21 複巻発電機の外部特性曲線

呼ばれ，両起磁力が互いに逆方向に働くものを差動複巻発電機という。和動複巻発電機では，負荷電流が流れると磁束が増加するので，分巻発電機に比べて負荷時の電圧の低下が少ない。全負荷電圧が無負荷電圧と等しくなるようにしたものを平複巻発電機，直巻巻線起磁力がそれより大きいものおよび小さいものをそれぞれ過複巻発電機および不足複巻発電機という（**図 2.21**）。

差動複巻発電機で直巻巻線起磁力の大きいものは，負荷電流の増加に伴って出力電圧は著しく低下する。このような特性を垂下特性という。

2.4.6 電圧変動率

負荷による発電機の電圧変化の程度を表わすのに**電圧変動率**（voltage regulation）を用いる。定格負荷状態における発電機の端子電圧を V_n とし，界磁回路を調整することなく無負荷にしたときの電圧を V_0 とすれば

$$\text{電圧変動率} \quad \epsilon = \frac{V_0 - V_n}{V_n} \times 100 \quad [\%] \tag{2.10}$$

である。他励発電機および分巻発電機の電圧変動率は 3～10 % 程度であり，大形機ほど小さい。

2.4.7 発電機の並行運転

2 台以上の発電機の出力端子を並列に接続して，共通の負荷に電力を供給することを発電機の**並行運転**（parallel operation, parallel running）という。

並行運転が可能であるためには，各発電機の定格電圧が等しいことが必要である。

各発電機の容量に比例して負荷が分担されるためには，横軸を定格電流の百分率で表した場合の各発電機の外部特性曲線が一致することが必要である。

その理由は，2 台の発電機の外部特性が**図 2.22** の A, B のように異なっていると，負荷に対する供給電流の大きさが変わるたびに，各発電機の負荷電流 I_A, I_B の比率が変わるので。負荷が変化するたびに各機の界磁電流を調整することが必要になって不便だからである。

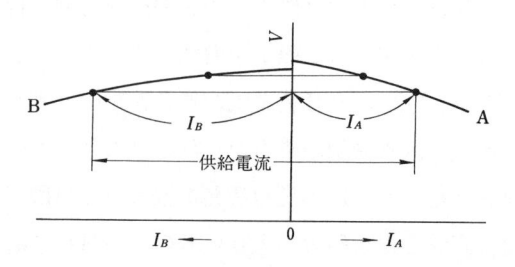

図 2.22 並行運転の負荷分担

また，直巻発電機では外部特性が上昇特性であるために，一方の発電機の電流が増すと，起電力が増加して，さらにその発電機の電流が増加しようとするので，そのままでは安定な並行運転はできない。これを避けるには，**図 2.23** (a) のように均圧母線と呼ばれる低抵抗導線を使用して界磁電流を均分させるか，または図 (b) のように界磁交差接続にする。

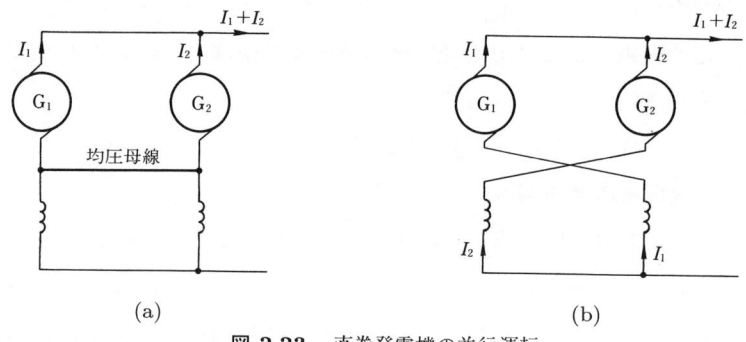

図 2.23 直巻発電機の並行運転

平複巻や過複巻の発電機の場合にも均圧母線が必要である。

例題 2.2 2台の直流発電機を並行運転して 100 A を供給している。各発電機の誘起起電力および内部抵抗はそれぞれ 110 V, 0.04 Ω および 112 V, 0.06 Ω である。この場合各発電機に流れる電流および端子電圧を求めよ（電験昭和 24 年 3 種）。

【解答】 各発電機の誘導起電力・内部抵抗・電機子電流をそれぞれ E_1, R_{a1}, I_{a1} および E_2, R_{a2}, I_{a2} とすれば

$$V = E_1 - R_{a1}I_{a1} = E_2 - R_{a2}I_{a2}$$
$$\therefore \quad R_{a1}I_{a1} - R_{a2}I_{a2} = E_1 - E_2 = -2$$

また題意により

$$I_{a1} + I_{a2} = 100$$

以上の2式から電流を求めれば

$$I_{a1} = \frac{\begin{vmatrix} -2 & -R_{a2} \\ 100 & 1 \end{vmatrix}}{\begin{vmatrix} R_{a1} & -R_{a2} \\ 1 & 1 \end{vmatrix}} = \frac{100R_{a2} - 2}{R_{a1} + R_{a2}} = \frac{100 \times 0.06 - 2}{0.04 + 0.06} = 40 \text{ A}$$

$$I_{a2} = \frac{100R_{a1} + 2}{R_{a1} + R_{a2}} = \frac{100 \times 0.04 + 2}{0.04 + 0.06} = 60 \text{ A} \qquad \diamond$$

2.4.8 電圧調整

負荷に供給する電圧を所定の値に保つことを電圧調整という。発電機は一定またはほぼ一定の速度で運転されるので，電圧調整を行うには，他励または分巻巻線と直列に可変抵抗器を入れて界磁電流を変える。このための抵抗器を**界磁調整器**または**界磁抵抗器** (field rheostat) という。

出力電圧を自動的に一定に保つための装置を**自動電圧調整器** (automatic voltage regulator, AVR) という。エレクトロニクスが発達する前は機械的な方法で界磁抵抗器の抵抗値を自動的に変化させる方式が使われたが，今日ではIC，トランジスタ・サイリスタなどを使用して界磁電流を自動的に調整する自動電圧調整器が使われる。

2.5 直流電動機

2.5.1 直流電動機の種類

直流電力を受けて動力を発生する機械を**直流電動機** (direct current motor,

d.c. motor) という。発電機と同様に励磁方式によってつぎのような種類がある。

$$\text{直流電動機} \begin{cases} \text{磁石直流電動機} \\ \text{他励直流電動機} \\ (\text{自励直流電動機}) \begin{cases} \text{直流分巻電動機} \\ \text{直流直巻電動機} \\ \text{直流複巻電動機} \end{cases} \end{cases}$$

ただし，自励直流電動機とは，界磁電流が電機子と同一の電源から供給される直流電動機に対する分類上の名称であって，この用語が実際面で使われることはほとんどない。

各機種の界磁巻線の接続はそれぞれ対応する発電機の場合と同じである。ただし，複巻機の場合は直巻巻線電流が逆になるため，和動複巻発電機をそのまま電動機にすると差動複巻電動機になる。

2.5.2 直流電動機の特性曲線

基本的な特性曲線としてはつぎの二つのものがある。

(1) **速度特性曲線** (speed characteristic curve)　入力電圧を一定に保った場合の負荷電流と回転速度との関係を示す曲線。

(2) **トルク特性曲線** (torque characteristic curve)　入力電圧を一定に保った場合の負荷電流と軸トルクとの関係を示す曲線。

ここに，負荷電流というのは負荷をかけたために流れる電流のことで，負荷時の入力電流から無負荷電流を差し引いたものである。

無負荷電流とは出力零のときの入力電流である。

電動機では無負荷時にもわずかの電機子電流 I_{a0} が流れる。これは直流電動機では機械損と鉄損を供給するための電流である。したがって入力電流を I_1 とし，分巻巻線のある場合はその電流を I_f とすれば

$$\text{無負荷電流} \quad I_0 = I_{a0} + I_f \tag{2.11}$$

$$\text{負荷電流} \quad I = I_1 - I_0 = (I_a + I_f) - I_0 = I_a - I_{a0} \tag{2.12}$$

I_a の小さい部分以外では $I \fallingdotseq I_a$ であるから，トルク特性曲線および速度特

性曲線の横軸を I_a に取ることが多い.

つぎに,トルクについては発生トルク T と軸トルク(負荷に与えられるトルク)T_m を区別する必要がある.

$$T = K\Phi I_a \quad [\mathrm{N \cdot m}] \tag{2.13}$$

$$T_m = K\Phi(I_a - I_{a0}) \quad [\mathrm{N \cdot m}] \tag{2.14}$$

であって,その差 $K\Phi I_{a0}$ は電動機の機械損と鉄損のために消費されるトルクである.

実際に測定または利用できるのは T_m であるから,トルク特性曲線におけるトルクとしては T_m を使うのが普通である.この場合,上式からわかるようにトルク特性曲線は原点を通らない.

2.5.3 他励電動機および分巻電動機

図 **2.24** は他励電動機 (separately excited d.c. motor) と分巻電動機 (d.c. shunt motor) の回路図である.基礎理論として,他励発電機の式 (2.7) に対応する電機子回路の電圧方程式を立てると

$$V = E + R_a I_a = K\Phi\omega_m + R_a I_a = k_e\Phi n + R_a I_a \quad [\mathrm{V}] \tag{2.15}$$

となる.ここに n は毎分回転数である.上式を ω_m, n について解けば

$$\omega_m = \frac{V - R_a I_a}{K\Phi} \quad [\mathrm{rad/s}] \tag{2.16}$$

$$n = \frac{V - R_a I_a}{k_e\Phi} \quad [\mathrm{min}^{-1}] \tag{2.16'}$$

となる.より精密な取り扱いが必要な場合は,電圧方程式を

$$V = E + R_a I_a + v_b = K\Phi_0\omega_m - e_a + R_a I_a + v_b$$

とする.ただし Φ_0 は $I_a = 0$ のときの 1 極当りの磁束,e_a は電機子反作用に基づく誘導起電力の減少分,v_b はブラシの電圧降下 (2.4.2 項参照) である.上式を ω_m について解けば

$$\omega_m = \frac{V - R_a I_a - v_b + e_a}{K\Phi_0} \quad [\mathrm{rad/s}] \tag{2.16''}$$

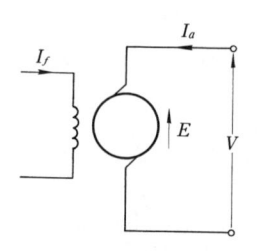

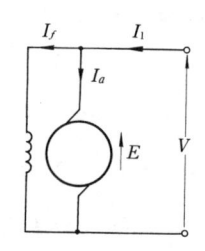

(a) 他励電動機 (b) 分巻電動機

図 2.24

　これが他励電動機および分巻電動機の速度特性を与える基本式である．他励電動機では励磁回路を一定に保てば I_f は一定であり，分巻電動機では端子電圧 V を一定に保てば I_f は一定である．

　電機子電流 I_a の増加とともに速度は少しずつ低下するので，速度特性は図 2.25 のようになる．このような特性を分巻特性という．ただし，e_a が大きい場合は，図の曲線の右端のように負荷の増加とともにかえって速度が上昇することがあり，その結果として運転が不安定になることがある．これを避けるためにわずかの直巻巻線を追加することがあり，その場合の分巻電動機を安定分巻電動機という．

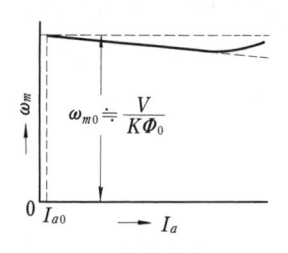

図 2.25　他励電動機および分巻電動機の速度特性

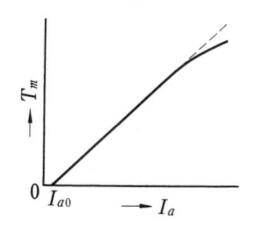

図 2.26　トルク特性

他励電動機および分巻電動機のトルク特性は

$$T_m = K\Phi I = k\Phi(I_a - I_{a0}) \tag{2.17}$$

によって与えられ，図 2.26 のようになる．この特性はほぼ直線となるが，電流の大きいところでは電機子反作用による主磁束の減少分 ϕ_{da} に相当する分だ

けトルクが低下する。

　他励電動機と分巻電動機の特性は以上のように同じであるが,他励電動機は電機子供給電圧を界磁電流とは無関係に変化できることが特長で,電動機の実用上の意義には大きな違いがある (2.6.2 項参照)。

例題 2.3　直流分巻電動機が 200 V の電源に接続され,電機子電流 50 A で 1500 min^{-1} で回転している。負荷が軽くなったために電機子電流が 30 A になったとすれば,この電動機の回転速度はいくらになるか。ただし,電機子抵抗は 0.2 Ω であり,電源電圧および界磁電流は不変であるものとし,ブラシの電圧降下および電機子反作用の影響は無視できるものとする。

【解答】　電機子電流 $I_a = 50$ A のときの誘導起電力を E [V],回転速度を n [min^{-1}] とし,電機子電流 $I_a = 30$ A のときのそれらを E' [V],n' [min^{-1}] とする。界磁の磁束が不変であるから

$$E = k_e \Phi n, \quad E' = k_e \Phi n'$$

が成り立つ。また

$$E = V - R_a I_a = 200 - 0.2 \times 50 = 190 \quad \text{V},$$
$$E' = V - R_a I_a' = 200 - 0.2 \times 30 = 194 \quad \text{V}$$

であるから

$$n' = \frac{E'}{E} n = \frac{194}{190} \times 1500 = 1532 \; \text{min}^{-1} \qquad \diamond$$

2.5.4　直巻電動機

　直巻電動機 (d.c. series motor) (図 **2.27**) では励磁電流は電機子電流に等しいから,負荷によって界磁の磁束が変わる。

　I_a の小さい範囲では磁気飽和はなく,Φ は I_a にほぼ比例するから

$$\omega_m = \frac{V - (R_a + r_s) I_a}{K \Phi} = \frac{V - (R_a + r_s) I_a}{K' I_a}$$
$$= \frac{V}{K' I_a} - \frac{(R_a + r_s)}{K'} \tag{2.18}$$

54　　2. 直 流 機

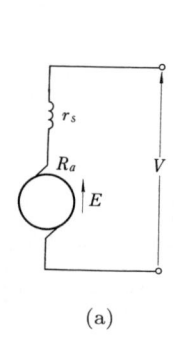

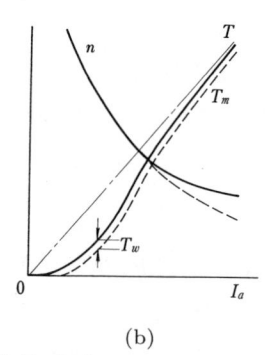

図 2.27 直 巻 電 動 機

したがって速度は I_a にほぼ反比例し，速度特性は双曲線になる。

I_a が十分大きい範囲では磁気飽和のために磁束はほぼ一定値 Φ_s になると考えれば

$$\omega_m \fallingdotseq \frac{V-(R_a+r_s)I_a}{K\Phi_s} \tag{2.19}$$

となり，分巻電動機の場合と同様に速度は直線的に変化する。したがって速度特性曲線は図 2.27 (b) の曲線 n のようになる。このように負荷によって速度が著しく変わる特性を**直巻特性**という。軽負荷または無負荷では I_a が小さくなるので，式 (2.18) からわかるように速度は非常に高くなって危険である。このため，直巻電動機は著しい軽負荷で運転してはならないし，また，ベルト掛運転はベルトがはずれたときに電動機が無負荷となって危険であるので，負荷と直結するか，歯車または鎖で負荷と連結しなければならない。

つぎにトルク特性を考える。まず，発生トルクについて考えると，I_a の小さい範囲では

$$T = K\Phi I_a = K'I_a{}^2 \tag{2.20}$$

となるから放物線となり，また，I_a が大きくて磁束が一定とみなせる範囲では

$$T = K\Phi_s I_a \tag{2.21}$$

となって，分巻電動機と同様に直線になる。図 2.27 (b) の曲線 T は発生トルクである。曲線 T_m は軸トルクで，T から機械損および鉄損に基づく損失トル

ク T_w を差し引いたものである。

直巻電動機は始動トルクの大きいこと，および軽負荷になるにつれて速度が上昇することが特長で，電気車の運転に広く用いられてきた。

2.5.5 複巻電動機

和動複巻電動機は分巻電動機と直巻電動機の中間的な特性になる。分巻電動機よりは低速時（始動時）のトルクが大きく，かつ無負荷速度もある程度しか高くならないことが特長である。

差動複巻電動機はトルク速度特性が上昇特性であるため運転が不安定になりやすいので，実用されない。

2.5.6 速度変動率

電動機の負荷による速度変化の程度を表すのに**速度変動率**（speed regulation）を用いる。定格電圧のもとで定格出力を出しているときの速度を n_n とし，励磁回路を調整することなく無負荷にしたときの速度を n_0 とするとき

$$\text{速度変動率} \quad \epsilon = \frac{n_0 - n_n}{n_n} \times 100 \quad [\%] \tag{2.22}$$

である。

分巻電動機の速度変動率は $2 \sim 10\ \%$ 程度である。

2.6 直流電動機の運転

2.6.1 始動

回転機を静止状態から運転状態まで加速することを**始動**（starting）という。直流電動機の始動方法はつぎの 3 種類に分類できる。

〔1〕 **全電圧始動**（full-voltage starting）　特に始動のための装置を使用せず，電動機を直接電源に接続して始動させることである。直巻巻線がある場合はその抵抗を r_s とすると，電機子電流は一般に

$$I_a = \frac{V - K\Phi\omega_m}{R_a + r_s}$$

で与えられるが，始動の最初においては $\omega_m = 0$ であるから

$$I_a = \frac{V}{R_a + r_s}$$

となり，全電圧始動の場合には I_a が非常に大きくなる．その値は出力 1 kW のもので定格電流の 20 倍前後であり，大容量機では定格電流の 60 倍にも達する．このような大電流が流れることはつぎの三つの理由から具合が悪い．

(a) 整流子およびブラシが損傷する．
(b) 電源に大きな衝撃を与える．
(c) 異常に大きなトルクが発生するので，電動機およびそれに連結された作業機械が破損するおそれがある．

以上の理由から直流電動機では全電圧始動は出力が 0.5 kW 程度以下の場合にしか採用されない．

〔2〕 **抵抗始動** (rheostatic starting) 　直流電動機の最も一般的な始動方法で，図 **2.28** (a) のように電機子と直列に可変抵抗器を入れ，その抵抗値を最大にして始動を開始し，電機子が加速するにつれて抵抗値を減らし，最後に抵抗を全部短絡して運転状態に入る．この抵抗器を始動抵抗器といい，始動抵抗器と抵抗加減装置を組み合わせたものを始動器という．

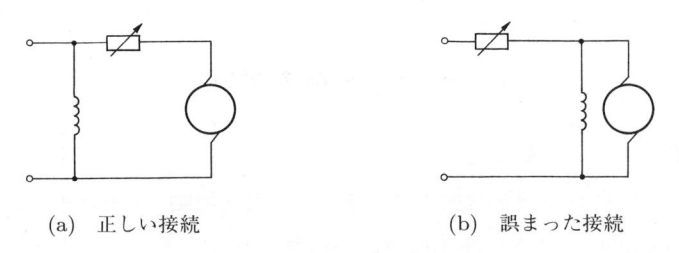

　　　　(a) 正しい接続　　　　　　　(b) 誤まった接続

図 **2.28**　始動抵抗の接続位置

分巻電動機および複巻電動機の場合，始動抵抗を図 (b) のように分巻巻線の前につないではいけない．なぜなら図 (b) の場合は分巻巻線の端子電圧が低くなって界磁電流が小さく，したがって発生トルクが小さくて始動が不可能であっ

たり，始動時間が著しく長びいたりするからである。

始動電流や始動トルクを適当な大きさに保ちながら電動機を始動させるための装置を**始動器** (starter) という。直流電動機用の始動器は始動抵抗器と抵抗を変化させるための開閉器からなっている。始動器には**図 2.29** のような手動始動器と，ノッチ進めを自動的に行う自動始動器とがある。

図 2.29 実験室用表面形始動器

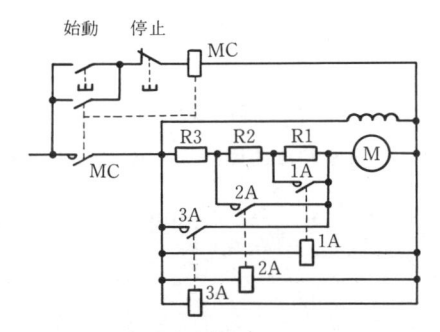

図 2.30 自 動 始 動 器

MC：主電磁接触器
1A，2A，3A：加速用電磁接触器

自動始動器は継電器で制御される電磁接触器群と始動抵抗器からなり，つぎの 3 種類がある。

(1) 限流形：電流が所定の値に減少するたびに始動抵抗を減らすもの。
(2) 限時形：電流とは無関係に一定時間ごとに抵抗を減らしていくもの。
(3) 逆起電力形：電機子端子電圧の上昇につれて抵抗を減らしていくもの。

図 **2.30** は逆起電力形の例である。

〔3〕 **低減電圧始動** (reduced-voltage stating)　　始動時の電源電圧を下げて，始動電流を制限する方法で，ワード・レオナード方式や直流チョッパ装置による電動機運転のように電圧を零からしだいに上げて始動する場合には始動抵抗は不要である。

また，電気鉄道で使われている主電動機の直並列制御は，始動の前半は 2 台の電動機を直列にして電源に接続し，後半は各電動機を並列にして全電圧を加

える方法である．これは始動の最初において電動機 1 台当りの電圧が全電圧の 1/2 であるので，低減電圧始動の一種であるが，この場合は始動抵抗をも併用する必要がある．

この始動法では始動の前半において電源から取る電流は最初から並列で始動する場合の 1/2 ですみ，また，全始動期間中の（抵抗中の）電力損も約 1/2 になることが利点である．

2.6.2 速度制御

〔1〕 **速度制御の原理** 直流電動機の速度は，すでに述べたように

$$n = \frac{V - R_a I_a}{k_e \Phi} \quad [\min^{-1}] \tag{2.23}$$

で与えられる．ここに，R_a は電機子回路の全抵抗である．

I_a は負荷によって定まるので，速度を変える手段としては V または Φ，あるいは R_a を変えるという三通りしかない．

(1) **界磁制御** (field control)　　1 極当りの界磁磁束 Φ を変えて速度制御を行う方法で，そのためには界磁電流を変化させる．この方法は磁束を減らして速度を上昇させる場合に使う．

(2) **抵抗制御** (armature-series-resistance control)　　電機子回路の抵抗 R_a を変えて速度制御を行う方法で，電機子に直列に可変抵抗器を接続する．この方法は速度を低下させる場合に使う．

(3) **電圧制御** (armature-voltage control)　　電源電圧 V を変えて速度制御を行う方法である．この方法は，電圧を上げると寿命を短縮するおそれがあるため，電機子電圧を下げて速度を低下させる場合に使う．

〔2〕 **界磁制御と抵抗制御** 分巻電動機の界磁制御と抵抗制御の特性を図 2.31 と図 2.32 に示す．

分巻電動機では磁束を $1/c$ にすれば速度は c 倍になるが，速度特性曲線の傾斜は不変である．直巻電動機では直巻巻線に並列に抵抗器（分流可減器）をつなぐか，直巻巻線にいくつかのタップを設けておいて界磁制御を行う．

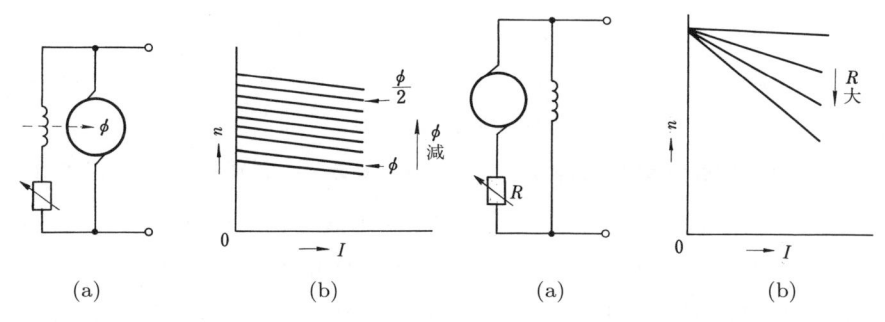

図 2.31 分巻電動機の界磁制御　　　図 2.32 分巻電動機の抵抗制御

　界磁制御の利点は，簡単な装置で速度を広範囲に制御でき，効率が高いこと，さらに分巻電動機および他励電動機の場合には分巻特性が保たれることである。

　抵抗制御は低速度を得る方法としては最も簡単な方法であるが，速度変動率が大きくなること，主回路に抵抗を入れるために抵抗中の電力損が大きいこと，軽負荷時には速度が少ししか変わらないことがその欠点である。

〔3〕　**電圧制御方式の種類**　　電圧制御にはつぎのような方式がある。これらはいずれも近代工業において重要な役割を果たしてきた運転方式であるが，今日ではインバータによるかご形誘導電動機の駆動に移行しており，新たに設置されることは少ない。

　(1)　**ワード・レオナード方式** (Ward-Leonard system)　　直流電動機の電源として，専用の電動発電機を設け，その発電機から可変の直流電圧を供給して直流電動磯の速度制御を行う方式。

　(2)　**静止レオナード方式** (static Leonard system)　　ワード・レオナード方式における電動発電機を，サイリスタ変換装置などの静止器で置き換えたもの。

　(3)　**昇圧機方式** (booster system)　　直流電源と直流電動機との間に昇圧機を直列にそう入し，昇圧機の発生電圧を変えて直流電動機の速度制御を行う方式。

　(4)　**イルグナ方式** (Ilgner system)　　ワード・レオナード方式において，電動発電機にはずみ車を取り付けて直流発電機駆動用電動機の入力変動を少な

くし，電力系統の電圧変動を防ぐようにした運転方式。

(5) **直流チョッパによる制御**　　直流電源から直流チョッパを介して直流電動機に可変の直流電圧を供給する制御方式。

〔4〕　**電圧制御の各方式の特性**　　**ワード・レオナード方式**の結線を図 2.33 に示す。M は他励直流電動機，M_d-G は**電動発電機**（motor-generator set）で，M_d は同期電動機または誘導電動機，G は他励直流発電機である。

発電機側界磁調整器 FR_G で G の界磁電流を加減すれば G の発生電圧が変化して M の速度が変わる。界磁回路の切換スイッチ S を逆方向に切り換えれば M は逆転する。電圧制御における最高電圧に達したときの回転速度を**基底速度**（base speed）という。さらに高い速度を得るには電動機側界磁調整器 FR_M を調整して界磁制御を行う。

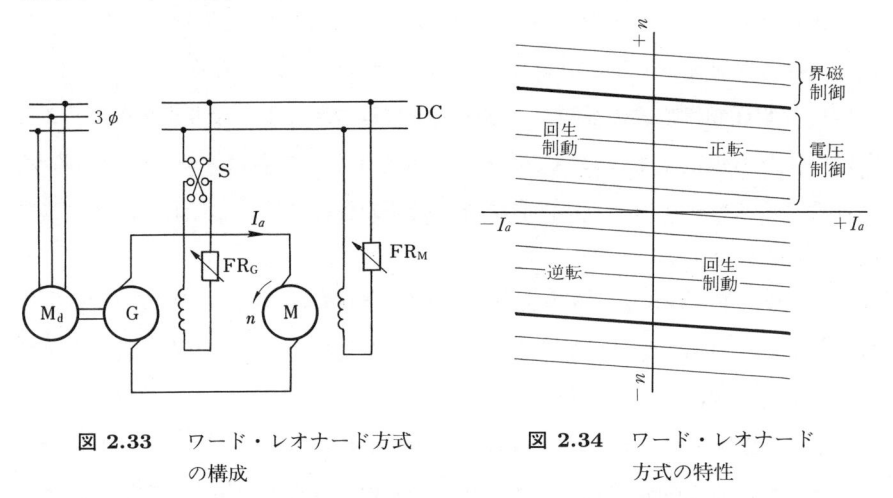

図 2.33　ワード・レオナード方式の構成

図 2.34　ワード・レオナード方式の特性

負荷によって M が加速されて M の誘導起電力が G の誘導起電力よりも大きくなると，電機子電流の方向が逆になり，G が電動機となり，M_d が発電機となって交流電源にエネルギーが返還される。すなわち回生制動の状態となる。このため M が重力負荷などによって，異常な高速にまで加速される危険が防げる。ワード・レオナード方式の運転特性は図 2.34 のようになる。この方式の特長はつぎのようである。

(i) 正負広範囲の速度にわたって連続的な速度制御ができる。

(ii) つねに分巻特性である（速度変動率が小さい）。

(iii) 負荷によって電動機が加速されるような場合には自動的に回生制動がかかる。

ワード・レオナード方式は電動機の速度制御法のうちで最もすぐれた方式であったので，1900年に発表されて以来、広範囲の速度制御と精密な運転が要求される場合に広く採用された。しかし、電源部分に2台の回転機を使用するため，設備費が高価になり，保守の手数がかかり，設備全体の効率がやや低下するという問題点があり，サイリスタの発達に伴って静止レオナード方式によって置き換えられた。

その静止レオナード方式も整流子およびブラシの保守の問題があるため、近年はインバータ駆動の誘導電動機等によって置き換えられているが、これらの新しい制御方式はすべてワード・レオナード方式のすぐれた制御性能を静止器で実現することを目標として技術開発が進められてきたものであり、ワード・レオナード方式のもつ歴史的意義はきわめて大きい。

静止レオナード方式の基本的な構成を図 **2.35** (a) に示す。サイリスタの位相制御によって可変の直流電圧を得て直流電動機の速度制御を行う。半導体電力変換装置（整流装置）の出力電圧のリプルは直流発電機に比べて大きいので，直流回路にリアクトルを入れて電流を平滑化する。ただし，変換装置は一方向にしか電流を通さないので，このままでは逆転も回生制動もできない。

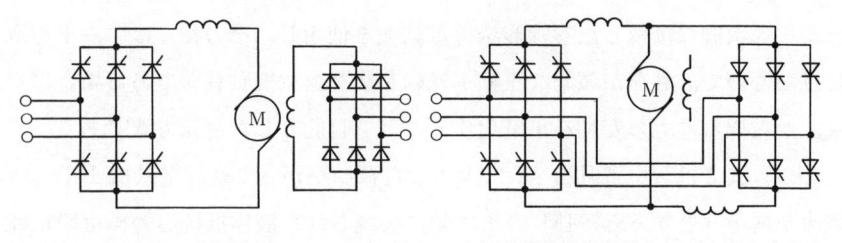

(a) 基本構成　　　　　(b) 逆並列接続静止レオナード方式

図 **2.35**　静止レオナード方式

図 2.35 (a) の構成で，変換装置をインバータとして動作させ，切換開閉器を用いて電機子巻線または界磁巻線の極性を切り換えると，電動機の誘導起電力の方向が反転して変換装置の通流方向と一致するので，回生制動ができる。また，このとき変換装置を整流装置として動作させれば，電機子電流または界磁電流の反転によってトルクが逆方向になるので，電動機は逆転する。界磁巻線はインダクタンスが大きくて制御の遅れが大きくなるので，普通は電機子巻線を切り換える。

図 2.35 (b) のように，もう1台の変換装置を逆極性に接続した方式を**逆並列接続静止レオナード方式**という。2台の変換装置はつねにどちらか一方だけが動作するように制御する。この方式は装置が高価になるが，切換開閉器を用いる方式に比べて正・逆転の切換，正方向回転中および逆方向回転中の回生制動への移行をより高速度で行うことができる。この移行をより滑らかに行うために2台の変換装置をつねに動作させておき，無負荷時にも変換装置間にわずかの循環電流が流れるように制御する方式もある。

昇圧機方式は，回路に直列に可変電圧の発電機を入れて回路の電圧を調整して電動機の速度制御を行う方式である。この直列発電機を昇圧機という。例えば電源電圧が 200 V で昇圧機の最大電圧が 100 V であれば，電動機の端子電圧は 100 ～ 300 V の間で連続的に変えられる。主直流電源がすでに設置されていて速度制御範囲が狭くてよい場合にはワード・レオナード方式よりも経済的で，ワード・レオナード方式と同じような運転特性が得られる。

イルグナ方式はワード・レオナード方式の電動発電機の電動機として液体抵抗器を二次側に接続した巻線形誘導電動機を使用し，その軸にはずみ車を取り付けたもので，負荷が頻繁な正転・逆転を繰り返す変動負荷である場合に交流電源から取る電力の変動を平滑化することを目的とした運転方式である。

この方式では，主電動機 M に大きな負荷がかかって誘導電動機 IM の入力電流が増そうとすると，IM の二次側に接続された液体抵抗器の極板間距離がサーボモータ M_s によって自動的に広げられ，IM の二次抵抗を大きくして IM の入力電流の増加を抑えようとする。IM の二次抵抗が大きくなると IM の速

度が低下するので，はずみ車 FW の運動エネルギーが放出され，このエネルギーは G および M を通って機械的負荷に供給される．逆に M が軽負荷または無負荷になると IM の速度は上り，はずみ車は加速されて運動エネルギーを蓄える．これによって，M に一周期が数秒以内の著しい変動負荷がかかった場合に，IM の入力電流の変動はきわめて小さくなる．

イルグナ方式は製鉄所の分塊圧延機の駆動に重用された運転方式であったが，静止レオナード方式の発達に伴って新設されることはなくなった．

例題 2.4 200V，5kW の直流分巻電動機があり，電機子抵抗は 0.20 である．この電動機が定トルク負荷を負って 20 A の電流を取り $1\,000\,\mathrm{min}^{-1}$ で回転している．同一負荷に対して電機子に直列抵抗を入れることにより速度を $800\,\mathrm{min}^{-1}$ に調整したい．必要な直列抵抗の値はいくらか．

【解答】 負荷トルクが一定であるから，$T = K\Phi I_a$ の式から電流 I_a は不変である．$1\,000\,\mathrm{min}^{-1}$ および $800\,\mathrm{min}^{-1}$ に相当する速度をそれぞれ n，n' とする．また，直列抵抗を R とすれば

$$n = \frac{V - R_a I_a}{k_e \Phi}$$

$$n' = \frac{V - (R_a + R) I_a}{k_e \Phi}$$

上2式から

$$\frac{n'}{n} = \frac{800}{1000} = \frac{V - R_a I_a - R I_a}{V - R_a I_a}$$

$$\therefore\quad R = \frac{0.2(V - R_a I_a)}{I_a} = \frac{0.2(200 - 0.2 \times 20)}{20} = 1.96\ \Omega \qquad \diamond$$

2.6.3 逆転および制動

〔1〕**逆　　転**　直流電動機を逆転（reversing）させるには，電機子巻線と界磁巻線のどちらか一方だけを逆極性に切り換える．両方を同時に逆極性に切り換えたのではトルクの方向は元と同方向になり，逆転しない．界磁巻線はインダクタンスが大きいので，通常は電機子巻線を切り換える．

〔2〕 **制　　　動**　　制動 (braking) とは回転機（一般には運動部分）を停止させるために減速トルクを加えること（停止制動），または回転機の速度を適当な値に調節するために減速トルクを加えること（運転制動）である。

制動方法として最も簡単なのは回転部分にブレーキ片を押し付けて行う**摩擦制動**で，このための装置は**摩擦ブレーキ** (friction brake) と呼ばれる。これに対して，制動トルクを電気的に発生させる制動方式を**電気制動** (electric braking) といい，直流電動機の場合はつぎの 3 種類がある。

(1)　**発電制動** (dynamic braking)　　電動機を抵抗に電力を与える発電機として動作させて行う電気制動である。回転部分の運動エネルギーは抵抗器中で熱になる。分巻電動機では**図 2.36** のように，分巻巻線を電源に残したままで電機子端子を抵抗器につなぐ。直巻電動機では**図 2.37** のように自励発電機として発電制動を行わせる。このとき，直巻巻線の極性を切り換えないと，直巻巻線電流が逆向きに変わるために残留磁気が打ち消されて発電しない。また，界磁巻線を低電圧電源に接続して他励発電機として動作させることもある。

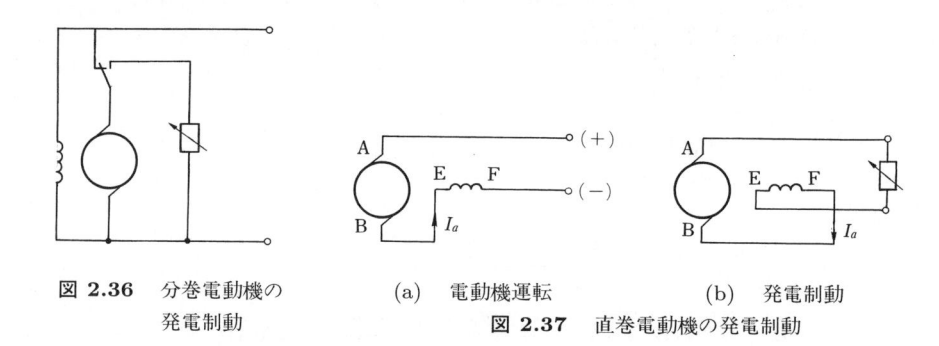

図 2.36　分巻電動機の発電制動

(a)　電動機運転　　(b)　発電制動
図 2.37　直巻電動機の発電制動

発電制動では速度の低下とともに誘導起電力が減少するから，負荷抵抗の値をしだいに減らしていく。

(2)　**逆転制動** (plugging)　　電動機を逆転接続にして，停止に近づいたとき，逆方向加速が始まる前に**逆転防止継電器** (plugging relay) で電源を切って電動機を停止させる。**プラギング**ともいう。正方向回転中に逆転接続に切り換えると，きわめて大きい電流が流れ続けるので，大きな抵抗を入れてこれを

防ぐ必要がある．この方式は停止まで大きい制動トルクが発生するという利点があるが，制動に伴う電力損が大きいのであまり実用されない．

　(3)　**回生制動**（regenerative braking）　　電動機を発電機として動作させ，その電力を電源に送り返して行う電気制動である．

　他励電動機および分巻電動機では無負荷速度以上に加速されると，接続はそのままで発電機となって回生制動になる．電源電圧が変動すると制動トルクが大幅に変化するという問題点がある．直巻電動機の場合は，直巻発電機になると定電圧電源に対して安定に動作することができないので，直巻巻線を切り離して他励磁にしなければならない．

2.7　直流機の損失，効率および試験

2.7.1　直流機の損失と効率

　損失および効率については 1.7 節で説明したとおりである．経済的に設計された直流機の定格負荷状態における各種損失と効率の概略値は **図 2.38** のよう

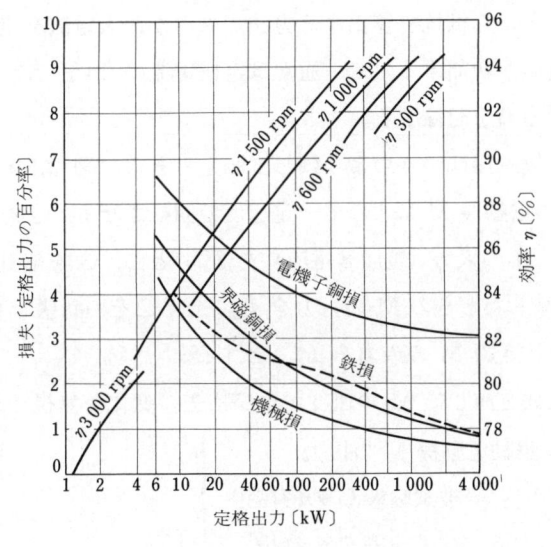

図 **2.38**　各種損失と効率

である．直流機の鉄損は界磁電流によって変わるが，同時に回転速度によっても変わる．直流機の鉄損は電気的に供給されることはできないので，つねに機械的に供給される（電動機では自己の発生した動力の一部分が鉄損として消費される）．

2.7.2 直流機の試験

機器が完成したときに，その性能および良否を知るために試験を行う．標準化された製品に対して行われる概略の試験を商用試験（commercial test）といい，直流機の場合は構造検査，各巻線の抵抗測定，無負荷飽和特性および無負荷界磁速度特性試験，外部特性曲線または速度特性試験，整流試験，温度試験，耐電圧試験などがこれに含まれる．このほか，注文の際に特に指定された場合は損失の測定，規約効率の算定，振動試験，騒音測定，過速度耐力試験，超過トルク耐力試験などが行われる．

抵抗測定はブリッジ法と電位降下法とがあるが，電機子巻線のような低抵抗の場合は電位降下法がよく用いられる．これは巻線に直流を流し，その電流と巻線端子電圧とから抵抗を算出する方法であるが，大電流を流すと巻線温度が上昇して抵抗値が増加するので，通常は定格電流の 20 ％ 程度の電流で手早く測定し，かつ室温を記録する．

鉄損および機械損はつぎのようにして測定できる．図 **2.39** において，被試験機 G を他の電動機 M によって一定速度で回転させる．G をクラッチで切り離したときの M の入力（電圧×電流）を P_{w1} とし，G を無負荷・無励磁の状態で M と連結したときの M の入力を P_{w2} とし，その状態で G に所定の励磁電流を流したときの M の入力を P_{w3} とする．

これらの試験を通じて M の速度および損失の変化が無視できるならば

$$\left.\begin{array}{l} P_{w1} = 駆動電動機 \text{ M }の損失 \\ P_{w2} - P_{w1} = 被試験機 \text{ G }の機械損 \\ P_{w3} - P_{w2} = 被試験機 \text{ G }の鉄損 \end{array}\right\} \qquad (2.24)$$

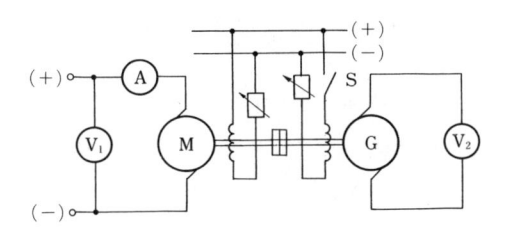

図 2.39　鉄損・機械損の測定

である。

　温度試験は機械を定格負荷状態に保って長時間運転し，時間と温度上昇（機械各部の温度と周囲の冷媒温度との差）との関係を求める。大形機では電源容量または駆動機出力，負荷設備の点から実際に負荷をかけることは困難であるので**返還負荷法**（pumping-back method）がよく用いられる。直流機の返還負荷法の代表的なものはカップ法と呼ばれるもので，これは図 **2.40** のように同一定格または類似の定格の直流機を機械的および電気的に連結し，一方を電動機とし他方を発電機として，発電機の発生電力を電動機に返すようにした方法である。

　両機の界磁調整器を調整して，被試験機の側を定格速度・定格出力の状態にして試験を行う。この場合，直流電源からの入力は両機の損失分だけである。

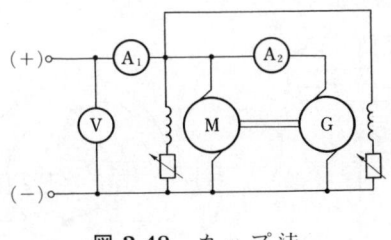

図 **2.40**　カ ッ プ 法

2.8 直流電気動力計

　直流電気動力計（d.c. electric dynamometer）は直流機を使用した動力計で，普通の直流機と異なる点は軸受が二重になっていて，固定子もある角度の範囲内で自由に回転できることである．トルク測定のために固定子に腕が取り付け

(a)　2kW 動力計

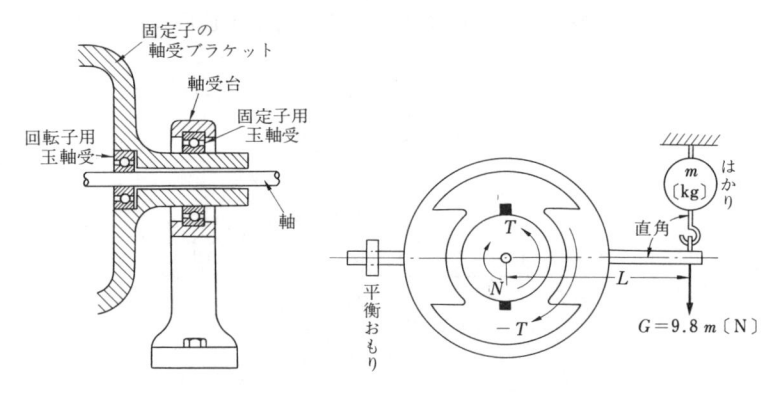

(b)　動力計の原理

図 2.41　直流電気動力計

てあり，回転速度測定のために回転計がある．

電気動力計は抵抗を負荷とする発電機として運転して，電動機やエンジンなどの出力を測定し，また，電動機として運転してポンプ・送風機・発電機などの所要動力を測定するのに使われる．図 **2.41** (b) のように回転子中心からはかりまでの距離を L〔m〕とし，L と直角方向の力によるはかりの指示を m〔kg〕とすると，固定子に働くトルクは

$$\tau = mL \text{〔kgm〕} = 9.8mL \quad \text{〔N·m〕} \tag{2.25}$$

であり，作用と反作用の関係からこのトルクは回転子に働くトルクに等しい．

したがって，回転速度が n〔$\min^{-1}$〕の場合にこの動力計が吸収または供給している動力は式 (1.12) から

$$P = 1.027nmL \quad \text{〔W〕} \tag{2.26}$$

として算定される．回転子の風損は固定子にほとんど反作用を及ぼさないので，その分だけは補正しないと誤差になる．

章 末 問 題

(1) 直流機の補極と補償巻線との作用の異なる点を述べよ．
(2) 普通の直流分巻発電機の無負荷電圧を界磁調整器を用いて調整する場合，ある程度までしか電圧を円滑に調整できない理由を述べよ．
(3) 直流分巻発電機を無負荷で回転させたところ，わずかの電圧は発生したが，電圧の確立は起こらなかった．考えられる原因を3種類あげよ．
(4) 直流発電機の自己励磁の臨界界磁抵抗について説明せよ．
(5) 直流分巻電動機は電源電圧を下げても速度を大幅に低下させることはできない．その理由を説明せよ．
(6) 直流直巻電動機を負荷と連結するのにベルトを用いない理由を述べよ．
(7) 定格が 50 kW，200 V，1 000 $\min^{-1}$ の他励直流発電機があり，その電機子回路の内部抵抗は 0.040 Ω である．この発電機が定格状態で運転しているとき，速度だけが 800 $\min^{-1}$ に変化したとすれば端子電圧および出力はどう変

わるか。ただし、電機子反作用の影響は無視し、負荷の抵抗値は不変とする。

(8) 他励直流電動機があり、その電機子回路の内部抵抗は 0.080 Ωである。この電動機を 200 V の電源に接続し、電機子電流 50 A で運転したところ、1 000 $\min^{-1}$ で回転した。この電動機の励磁を一定に保ち、電源電圧 160 V、電機子電流 30 A で運転するときの回転速度はいくらになるか。

(9) 直流分巻電動機が 100V の電源に接続され、60 A の電流を取っている。無負荷電流 4 A、分巻界磁回路の抵抗 40 Ω、電機子抵抗 0.1 Ω、ブラシの電圧降下 2 V とすると、この電動機の出力は何 kW か。

3

変 圧 器

　変圧器（transformer）は巻線相互の位置を変えることなく，一つまたは二つ以上の巻線から他の一つまたは二つ以上の巻線に，電磁誘導によって電力を伝える装置である．変圧器は送配電に使われる電力用変圧器が代表的なものであり，交流電力の電圧を変えるために使われるが，制御回路用，電子回路用，その他種々の特殊用途にも広く使われている．

　本書では，主として電力用変圧器を対象にして変圧器の基礎理論および構造を説明し，この章の最後の部分で特殊用途の変圧器を説明する．

3.1 変圧器の原理

3.1.1 リアクトル

　図 **3.1** (a) において，印加電圧 v_1 によって励磁電流 i_0 が流れ，鉄心中に磁束 ϕ が発生したとすると，誘導起電力は

$$e_i = -w_1 \frac{d\phi}{dt} \tag{3.1}$$

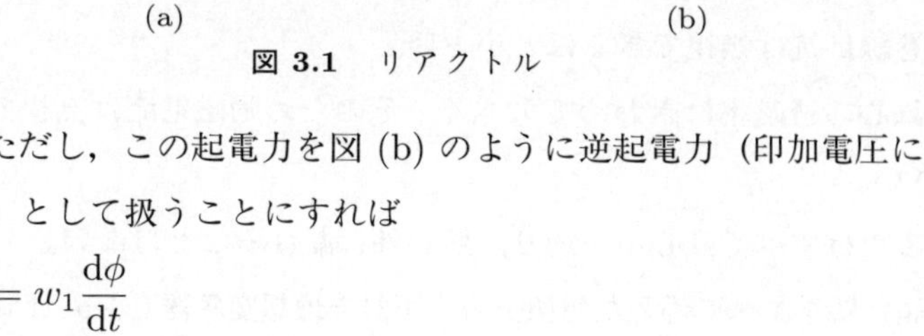

図 **3.1** リアクトル

である．ただし，この起電力を図 (b) のように逆起電力（印加電圧に逆らう向きの電圧）として扱うことにすれば

$$e_1 = w_1 \frac{d\phi}{dt} \tag{3.2}$$

となり，負号は消える．

図 3.1 (a) および (b) の電気回路について電圧方程式を作ると, どちらの場合も

$$v_1 = w_1 \frac{d\phi}{dt} \tag{3.3}$$

となる。

磁束 ϕ の通路の磁気抵抗を R_m とすると

$$w_1 i_0 = R_m \phi$$

これを式 (3.3) に代入すると

$$v_1 = L\frac{di_0}{dt} \ \text{[V]}, \quad L = \frac{w_1{}^2}{R_m} \ \text{[H]} \tag{3.4}$$

となる。L はこの巻線の自己インダクタンスである。上式から図 3.1 の装置は電気的には**図 3.2** の等価回路で代表されることがわかる。

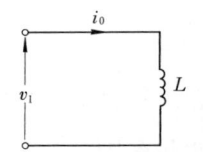

図 3.2 リアクトルの等価回路

このように, 回路にインダクタンスを与えるための装置を**リアクトル** (reactor) という。ごく小形のものは**チョークコイル** (choke coil) ともいう。

3.1.2 理想変圧器

変圧器の理論を考える場合の基礎として, つぎのような仮定をおく。
(1)　巻線抵抗は無視できるほど小さい。
(2)　鉄心の透磁率はきわめて大きく, そのため励磁電流は無視できるほど小さい。
(3)　磁束はすべて鉄心中を通り, 鉄心外に漏れることはない。

以上の諸性質をすべて備えた想像上の変圧器を**理想変圧器** (ideal transformer) という。

3.1 変圧器の原理

二巻線変圧器では両巻線のうち電力の入る側を**一次側** (primary side) といい，電力の出る側を**二次側** (secondary side) という．

図 **3.3** の変圧器を理想変圧器と考えると，**一次巻線** (primary winding) についてはリアクトルの場合と同様に

$$v_1 = w_1 \frac{d\phi}{dt} \tag{3.5}$$

が成り立ち，上式を満足するような磁束 ϕ が発生する．仮定の (2) により，磁束 ϕ を発生させるための電流は無視できる．

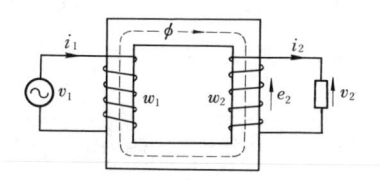

図 **3.3** 理想変圧器の動作

巻数 w_2 の**二次巻線** (secondary winding) にも同じ磁束 ϕ が鎖交するから

$$v_2 = w_2 \frac{d\phi}{dt} \tag{3.6}$$

が成り立ち，したがって

$$v_2 = \frac{w_2}{w_1} v_1 \tag{3.7}$$

となる．この電圧によって二次回路に電流 i_2 が流れると，磁気回路に $w_2 i_2$ 〔A〕の起磁力が作用し，ϕ を変化させようとする．ところで ϕ は式 (3.5) によって定まる値以外ではあり得ないから，一次巻線に電流 i_1 が流れ込み，起磁力 $w_1 i_1$ を発生して $w_2 i_2$ を打ち消すことになる．したがって i_2 と i_1 の関係は

$$w_1 i_1 = w_2 i_2, \quad i_2 = \frac{w_1}{w_2} i_1 \tag{3.8}$$

となる．式 (3.7) と式 (3.8) とから

$$v_2 i_2 = v_1 i_1 \quad 〔W〕 \tag{3.9}$$

である．これは理想変圧器においては入力と出力が等しいことを意味する．実際の変圧器では損失があるために出力は入力よりも多少小さくなる．

74   3. 変　圧　器

以上の関係は機械要素の歯車装置において，歯車で減速すると，トルクは減速比に反比例して増大することと似ている。

変圧器では一次側の巻数を二次側の巻数で除したものを **巻数比**（turn ratio）といい，記号 a で表す。すなわち

$$a = \frac{w_1}{w_2} \tag{3.10}$$

3.1.3 波形の伝達

理想変圧器において，式 (3.7) は一次電圧 v_1 の波形のいかんにかかわらずつねに成り立ち，一次側に加えた電圧は大きさは変わるけれどもそのままの波形で二次側に出てくる。

実際の変圧器においても，一次側と二次側の電圧波形は同じであると考えてよい。ただし，高周波電圧やパルス電圧の場合には巻線抵抗，漏れインダクタンス，巻線の漂遊キャパシタンスのために二次側の波形が一次側と異なったものになることもある。

なお，変圧器では直流電力を二次側に伝えることはできない。もし，二次側に直流電圧 E_d が発生したとすれば

$$\phi = \frac{1}{w_2} \int_0^t v_2 \, dt = \frac{E_d}{w_2} t \quad [\text{V} \cdot \text{s} = \text{Wb}] \tag{3.11}$$

となって，ϕ は時間とともに無制限に大きくならなければならないからである。

例題 3.1　10 V，1 ms のパルス電圧を受ける変圧器で，鉄心の有効断面積は 1 cm² である。巻数を 100 とすると最大磁束密度はいくらか。

【解答】　式 (3.11) と同じように

$$\phi_m = SB_m = \frac{1}{w_1} \int_0^{10^{-3}} V_d \, dt \qquad B_m = \frac{V_d \times 10^{-3}}{Sw_1} = \frac{10 \times 10^{-3}}{10^{-4} \times 10^2} = 1 \text{ T}$$

◇

3.2 変圧器の等価回路（瞬時値）

3.2.1 等価回路の理論

変圧器は巻線と磁気回路との組み合わせからなっているが，これを巻線の端子から見たときに同じ特性を示すような一つの電気回路で代表させることができる。その電気回路を変圧器の**等価回路** (equivalent circuit) という。

変圧器の等価回路を作るための基礎として，まず巻線が一つの場合を考えよう。図 **3.4** (a) のように，電流 i_0 によって，鉄心中を通る磁束 ϕ_m のほかに周囲の空気中を通る磁束 ϕ_{11} も発生する。したがって次式が成り立つ。

$$v_1 = w_1 \frac{d\phi_{11}}{dt} + w_1 \frac{d\phi_m}{dt}$$

ここで，ϕ_{11} の通路の磁気抵抗を R_{11}，ϕ_m の通路の磁気抵抗を R_m とすれば

$$R_{11}\phi_{11} = w_1 i_0, \quad R_m \phi_m = w_1 i_0$$

これを v_1 の式に代入すれば

$$\left.\begin{aligned} v_1 &= l_{11} \frac{di_0}{dt} + L_m \frac{di_0}{dt} \\ l_{11} &= \frac{w_1^2}{R_{11}} \; \text{[H]}, \quad L_m = \frac{w_1^2}{R_m} \; \text{[H]} \end{aligned}\right\} \quad (3.12)$$

となる。上式は図 3.4 (a) の磁気装置が同図 (b) の等価回路で表されることを示している。

図 3.4 (a) の磁気装置にもう一つの巻線を追加したのが図 **3.5** (a) である。この場合，一次電流 i_1 は磁束 ϕ_m を作るための励磁電流 i_0 と，二次電流 i_2

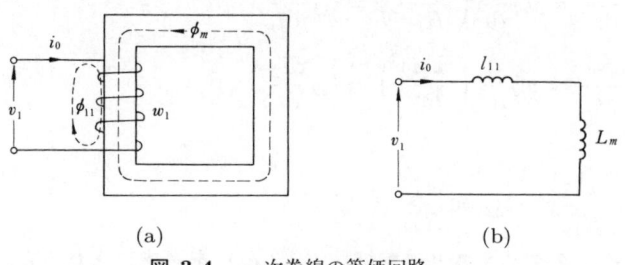

(a)　　　　　　　　　(b)

図 3.4　一次巻線の等価回路

による起磁力 $w_2 i_2$ を打ち消すための電流 i_2' とからなる。すなわち

$$i_1 = i_0 + i_2', \quad w_1 i_0 = R_m \phi_m, \quad w_1 i_2' = w_2 i_2 \qquad (3.13)$$

また，磁束 ϕ_m によって一次巻線および二次巻線に発生する電圧は

$$\left.\begin{aligned} u_1 &= w_1 \frac{\mathrm{d}\phi_m}{\mathrm{d}t} \\ u_2 &= w_2 \frac{\mathrm{d}\phi_m}{\mathrm{d}t} = \frac{w_2}{w_1} u_1 \end{aligned}\right\} \qquad (3.14)$$

である。式 (3.13) の第三式および式 (3.14) の第二式をみると，これらは理想変圧器の場合の式 (3.8) および式 (3.7) と同様な関係である。したがって，i_2', i_2, u_1, u_2 の関係は，図 3.5 (b) のように理想変圧器（本書では I.T. と略記する）を使った回路で表すことができる。

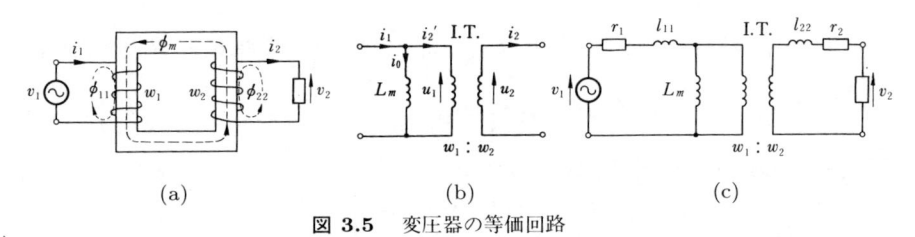

図 3.5　変圧器の等価回路

変圧器においては，一次・二次両巻線に共通に鎖交する磁束を**主磁束** (main flux) といい，いずれか一方の巻線にだけ鎖交する磁束を**漏れ磁束** (leakage flux) という。

図 3.5 (a) の漏れ磁束 ϕ_{11}, ϕ_{22} は，それぞれの通路の磁気抵抗を R_{11}, R_{22} とすると，各巻線につぎのような電圧降下を与える。

$$w_1 \frac{\mathrm{d}\phi_{11}}{\mathrm{d}t} = w_1 \frac{\mathrm{d}}{\mathrm{d}t}\left(\frac{w_1 i_1}{R_{11}}\right) = l_{11} \frac{\mathrm{d}i_1}{\mathrm{d}t}$$

$$w_2 \frac{\mathrm{d}\phi_{22}}{\mathrm{d}t} = w_2 \frac{\mathrm{d}}{\mathrm{d}t}\left(\frac{w_2 i_2}{R_{22}}\right) = l_{22} \frac{\mathrm{d}i_2}{\mathrm{d}t}$$

ただし

$$l_{11} = \frac{w_1^2}{R_{11}}, \quad l_{22} = \frac{w_2^2}{R_{22}} \qquad (3.15)$$

これらのインダクタンスと巻線抵抗（r_1, r_2）を考慮に入れると，図 3.5 (a)

の変圧器の等価回路は図 (c) になる。

l_{11}, l_{22} のように漏れ磁束に基づくインダクタンスを**漏れインダクタンス** (leakage inductance) といい，L_m のように主磁束に基づくインダクタンスを**励磁インダクタンス** (magnetizing inductance) という。

ただし，鉄心には磁気飽和や渦電流の現象があるので，L_m は線形インダクタンスではない。

3.2.2 巻数比による換算

図 **3.6** (a) のように二次回路に負荷 L および R が接続されているものとしよう。

(a)

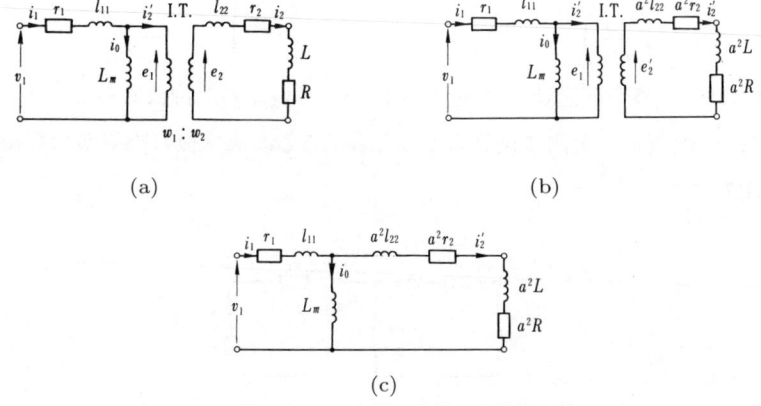

(b)

(c)

図 **3.6** 一次側に換算した等価回路

二次回路について

$$e_2 = (r_2 + R)i_2 + (l_{22} + L)\frac{\mathrm{d}i_2}{\mathrm{d}t}$$

が成り立つ。ここで，巻数比 $a = w_1/w_2$ を使って

$$e_2' = ae_2, \quad i_2' = i_2/a$$

とし，これらを上式に代入すると

$$e_2' = a^2(r_2 + R)i_2' + a^2(l_{22} + L)\frac{\mathrm{d}i_2'}{\mathrm{d}t}$$

この変数変換においては $e_2' i_2' = e_2 i_2$ であるから**電力不変の変換**である。そして等価回路は図 (b) のように変わる。ここに

$$e_2' = ae_2 = \frac{w_1}{w_2} w_2 \frac{d\phi_m}{dt} = e_1$$

であるから，図 (b) の理想変圧器は省略して，一次回路と二次回路とを直接につなぐことができ，最終的な等価回路は図 (c) になる。これを**一次側に換算した等価回路** (equivalent circuit referred to the primary) という。この等価回路は理想変圧器を含まないので，直観的にわかりやすく，特性計算にも便利である。一次側に換算した等価回路では

$$\left. \begin{array}{l} l_{11} = \dfrac{w_1{}^2}{R_{11}}, \quad a^2 l_{22} = \left(\dfrac{w_1}{w_2}\right)^2 \dfrac{w_2{}^2}{R_{22}} = \dfrac{w_1{}^2}{R_{22}} \\ a^2 r_2 = \left(\dfrac{w_1}{w_2}\right)^2 r_2, \cdots \end{array} \right\} \quad (3.16)$$

のように r_1 以外の各定数には $w_1{}^2$ が掛かっているのが特徴である。

逆に，一次側を二次側に換算することもできる。二次側に換算した等価回路は**図 3.7** である。

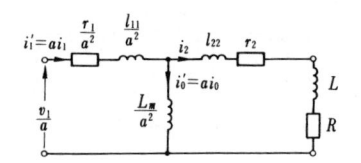

図 3.7 二次側に換算した等価回路

ただし

$$\left. \begin{array}{l} l_{22} = \dfrac{w_2{}^2}{R_{22}}, \quad \dfrac{L_m}{a^2} = \left(\dfrac{w_2}{w_1}\right)^2 \dfrac{w_1{}^2}{R_m} = \dfrac{w_2{}^2}{R_m} \\ \dfrac{r_1}{a^2} = \left(\dfrac{w_2}{w_1}\right)^2 r_1, \cdots \end{array} \right\} \quad (3.17)$$

なお，一次および二次巻線の全自己インダクタンスは

$$L_1 = l_{11} + L_m = \frac{w_1{}^2}{R_{11}} + \frac{w_1{}^2}{R_m} \quad \text{[H]}$$

であり、一次・二次両巻線間の相互インダクタンスは

$$L_2 = l_{22} + \frac{L_m}{a^2} = \frac{w_2^2}{R_{22}} + \frac{w_2^2}{R_m} \quad [\text{H}]$$

$$M = \frac{w_1 w_2}{R_m} \quad [\text{H}]$$

である。

3.3 変圧器の構造

3.3.1 概説

変圧器の本体は鉄心と巻線からなる。電力用変圧器の大部分は絶縁油をみたした鋼板製の外箱の中に変圧器本体を沈めた構造である（**図 3.8**）。この絶縁油は巻線の絶縁と同時に冷却効果を高めるためのものである。

図 3.8 負荷時タップ切換変圧器（200MV·A）

巻線の口出線が外箱を貫く部分は，外箱との絶縁のために磁器製の管をはめ，その中に導体を通す。この絶縁管をブッシングという。

3.3.2 鉄心

電力用変圧器の鉄心は，鉄損を少なくし，かつ，励磁電流を小さくするため，厚さ 0.27 ないし 0.35 mm の方向性けい素鋼帯または高配向性けい素鋼帯を

長方形に切ったものを積み重ねて作る。鉄心と巻線との配置は，本来は図 **3.9** (a) のようにたがいに鎖交していればよいのであるが，材料の節約をはかり，鉄損を減らすために図 (b) または図 (c)，さらには図 (d) のような合理的な形に作る。大形変圧器では，巻線の1ターン当りの銅線の長さが最小になるように，円形コイルを使い，鉄心脚部の断面を図 (e) のようにできるだけ円形に近づける。図 (f) は例えば E 形と I 形に打ち抜いたけい素鋼板で組み立てる鉄心で，数百 V·A 以下のごく小形の変圧器によく使われる。

図 (b) のように鉄心の大部分がコイルで囲まれている形式を**内鉄形** (core type) といい，図 (c) のように鉄心の大部分が露出している形式を**外鉄形** (shell type) という。大形変圧器では，一般に巻線の冷却効果の大きい内鉄形が採用される。外鉄形は，変圧器の周囲の空間に広がる漏れ磁束が少ないという利点がある。図 (d) は分布鉄心形といい，外鉄形に属する。図 (f) は外鉄形であるが，図 (c) と区別するために単相三脚鉄心形ということもある。

けい素鋼板は**図 3.10** のように1段ずつ継目がかくれるように積み重ねるの

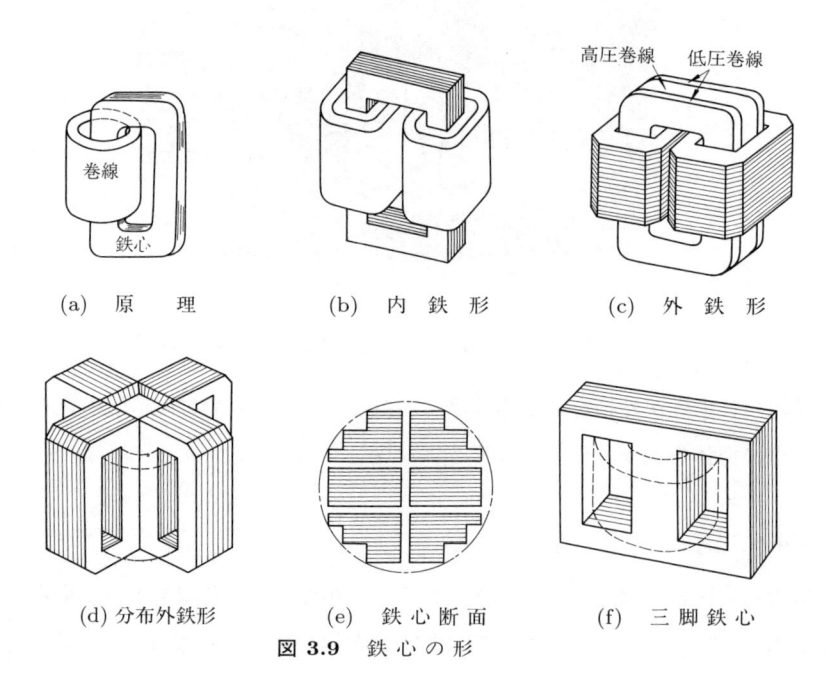

図 3.9　鉄心の形

が普通で，これを重ね接合という。方向性けい素鋼帯を使う場合には図 (b) のような積み方にして，鉄心の角の部分でも鋼帯の圧延方向に磁束が通るようにする。

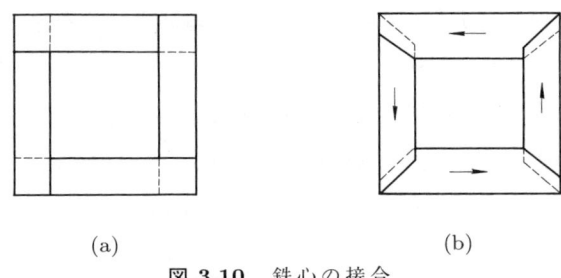

(a)　　　　　　　(b)

図 3.10　鉄心の接合

長いけい素鋼帯を切らずに巻いて作った鉄心を巻鉄心といい，方向性けい素鋼帯の場合は，磁束がつねに圧延方向に通るので励磁電流が少なく，鉄損も少ない。巻鉄心変圧器には，先にコイルを作ってこれにけい素鋼帯を巻き込むもの，先に巻鉄心を作ってこれに銅線を巻き込むものなどがあるが，柱上変圧器その他小形の変圧器では工作の便宜上，けい素鋼帯に接着剤を塗って環状に巻き，それを**図 3.11** のように切断し，切断面を研磨し，コイルをはめてからこれらを突き合わせ（突合せ接合），鉄バンド等で締め付けることが多い。このような鉄心を**カットコア**という。

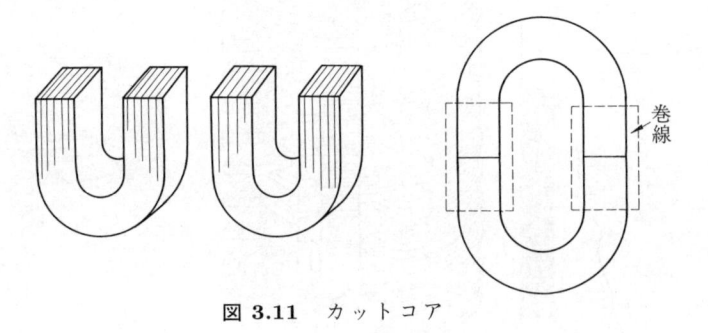

図 3.11　カットコア

3.3.3　巻　　　線

小形変圧器の巻線は，絶縁皮膜を持った丸銅線（マグネットワイヤと呼ばれ

ているもの）を巻枠に巻き付けて作るが，一般には絶縁した平角銅線を巻型の上に巻いてコイルを作り，これを乾燥して水分を除き，ワニス処理を行った後組み立てる．

漏れリアクタンスを小さくするために，一次巻線と二次巻線は絶縁の点から許される範囲でなるべく近接して配置する必要があり，実際の配置方法としては図 3.12 のように同心配置と交互配置がある．

図 3.13 は円板コイルと同様の構造で長方形に巻いたもので，方形板コイルという．図 3.14 のように円筒形に巻かれたものを円筒コイルという．

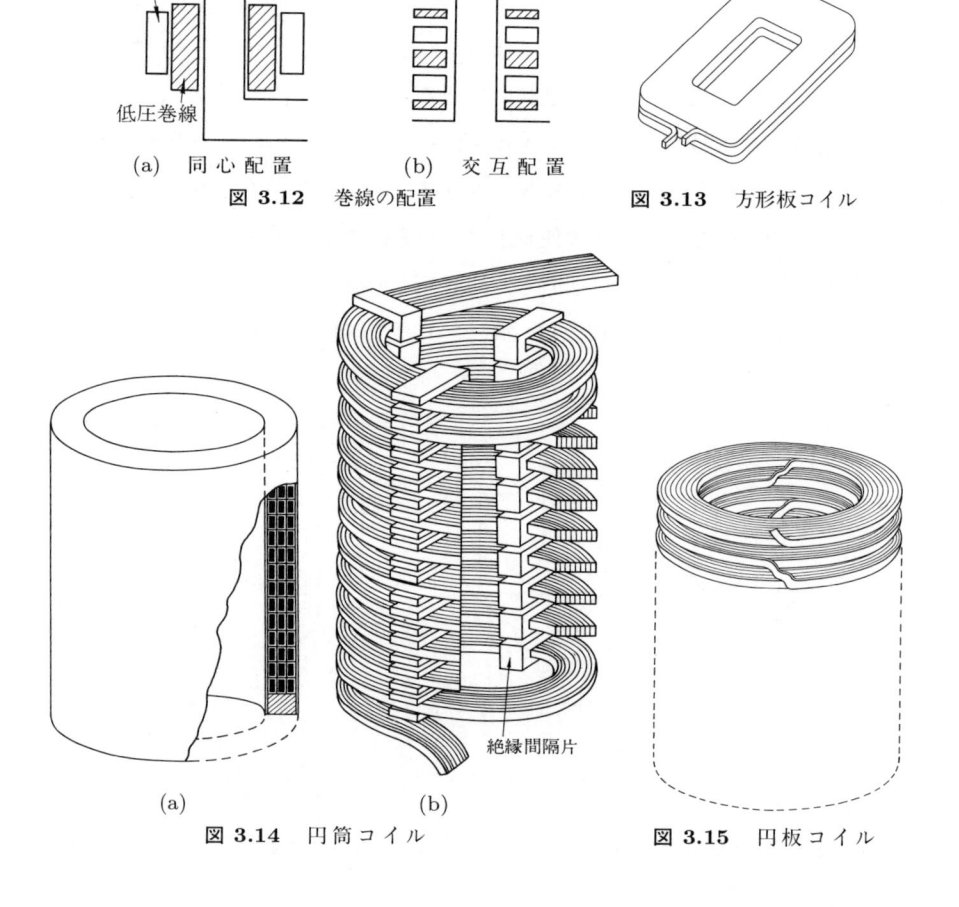

(a) 同心配置　　(b) 交互配置
図 3.12　巻線の配置

図 3.13　方形板コイル

図 3.14　円筒コイル

図 3.15　円板コイル

図 **3.15** の各段は平角銅帯を巻型上に平巻として半径方向に巻き重ねたコイルで，円板コイルという。これを軸方向に間隔片をはさみながら所要数だけ積み重ね，相互に接続して巻線とする。内鉄形変圧器では主として円筒コイル・円板コイルが使用され，外鉄形変圧器では主として方形板コイルによる交互配置巻線が使われる。

3.3.4 絶縁と冷却

変圧器の巻線は，故障防止および感電事故防止の観点から巻線のターン間，層間，巻線間および巻線と鉄心間を十分に絶縁しなければならない。定格電圧の高い変圧器では特にそうである。

送・配電用の変圧器では，古くから変圧器本体を絶縁油の中に浸す方式が採用されてきた。この方式の変圧器を**油入変圧器** (oil-immersed transformer) という (図 **3.16**)。絶縁油としては石油系の変圧器油が使用されているが，油は空気よりも絶縁耐力が高いので，変圧器本体内部の絶縁距離ををを小さく作ることができ，また，空気よりも比熱の大きい油の流動によって変圧器本体の冷却効果を高めることができる。

図 **3.16** 油入自冷式柱上変圧器 (6 kV, 30 kV·A および 50 kV·A)

一方，油に浸さない空冷式の変圧器を**乾式変圧器**（dry-type transformer）といい，ごく小容量の変圧器の他，ビルその他の事業所の屋内用変圧器として火災時の危険を防ぐために使用されている。乾式変圧器には耐熱クラス H の絶縁を施したものもあるが，現在，巻線全体をエポキシ樹脂などで固めて絶縁を強化した**モールド変圧器**が広く使用されている（図 **3.17** にモールド形三相リアクトルの外観を示す）。

図 **3.17**　モールド形リアクトル（電気計器(株)提供）

近年，絶縁・冷却媒体として高圧ガスタンク中に六ふっ化硫黄（SF_6）などの不活性ガスを加圧封入し，その中に変圧器本体を納めた**ガス入変圧器**〔ガス絶縁変圧器（gas insulated transformer）ともいう〕が不燃性変圧器として変電所用および屋内用として使われるようになった。変圧器は大容量のものほど効率が高いが，変圧器本体の単位体積当りの表面積は大形になるほど小さくなるので，容量の大きいものほど冷却が重要な問題になる。油入変圧器には 1 kV·A 程度の柱上変圧器から数十万 kV·A の変電用変圧器まであるが，その冷却方式にはつぎの種類がある。

　　　　油入自冷式　　　　油入風冷式
　　　　油入水冷式　　　　送油自冷式
　　　　送油風冷式　　　　送油水冷式

これらのうちで油入自冷式が最も多く使用され，容量が大きくなるにつれて外箱にひだをつけたり（図 3.16），放熱管または放熱器を付ける。この方式は 1 000 ないし 3 000 kV·A まで使用される。

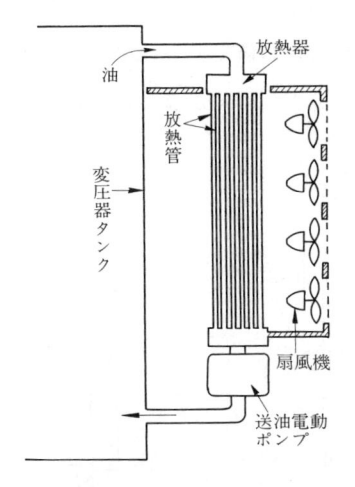

図 3.18　送油風冷式

　さらに大容量になると風冷式・水冷式・送油式が採用されるが，風冷式は騒音が問題になり，水冷式は良質の冷却水が多量に得られることが必要である。

　送油式というのは，油ポンプによって油を外箱内と放熱器との間で強制循環させる方式であって，30MV·A 以上の変圧器では送油風冷式（**図 3.18** および図 3.8）が多く用いられる。

3.3.5　変圧器油およびコンサベータ

変圧器の絶縁油にはつぎの性質が要求される。
(1)　絶縁耐力が高いこと。
(2)　粘度が低く，自由に流動すること。
(3)　引火点が高いこと。
(4)　絶縁材料や金属に化学変化を与えないこと。
(5)　高温においても劣化しないこと。

普通に使われるのは重油と軽油の中間の引火点 130 ないし 140°C の鉱油である。これは空気との接触によって酸化し，また水分が入ると著しく絶縁耐力が低下する。

図 **3.19** のコンサベータ (conservator) は，変圧器の呼吸作用に基づく湿気の浸入と油の劣化を防ぐための装置で，油はこの円筒形タンクの中でだけ空気と接触し，水分や析出物は排水だめにたまるので，これをときどき排出する。

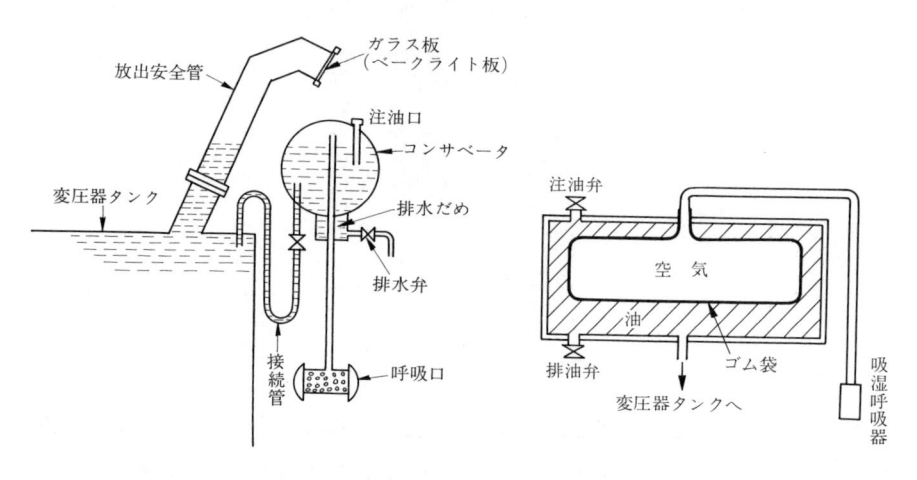

図 3.19 コンサベータ　　　　**図 3.20** 隔膜式コンサベータ

コンサベータの呼吸口にはシリカゲルを満たした容器を設けて，ここで空気中の水分を除く。また，鉱油中に劣化防止用添加剤を入れることもある。

放出安全管は内部故障で圧力の高まったとき，タンクが破裂するのを防ぐための装置である。ブッフホルツリレーというのは変圧器タンクとコンサベータ間の接続管の途中に設ける継電器で，タンク内に故障に伴うガスが発生すると警報接点が閉じ，急激な故障で接続管内に油流が生じると遮断器引はずし接点が閉じるものである。

図 **3.20** のように耐油性ゴム膜またはゴム袋で油と空気を仕切った隔膜式コンサベータは，保守が簡単なので大容量変圧器に広く使われている。

3.3.6　ブッシング

(1) **単一ブッシング**　　ソリッド形ブッシングともいう。電圧 30 kV 以下に使用される。簡単な磁器製がい管の中に導体を通し，導体周囲に絶縁コンパ

ウンドを注入したものである。

(2) **油入ブッシング**　　30 kV 以上の高電圧の場合に広く用いられるもので，沿面距離を増すために表面にひだを付けた磁器製がい管を使用し，中心導体との間に積層絶縁物（プレスボード）の円筒を同心的に配置し，絶縁油を注入したものである（図 3.21 (a)）。

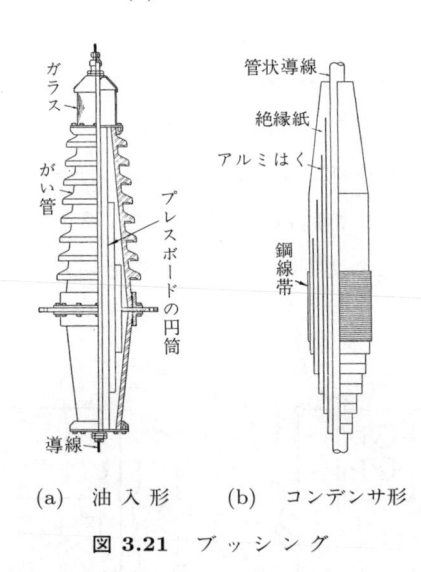

　　　　(a)　油　入　形　　　(b)　コンデンサ形
図 3.21　ブッシング

(3) **コンデンサブッシング**　　60 kV 程度以上の場合に使用されるもので，中心導体の周囲に絶縁紙と金属はくとを交互に巻き重ねて磁器製がい管の中に納めたもので，金属はくの軸方向の長さを外側になるほど短くして，各層間の静電容量を等しくし，各層の分担する電圧を均一にする（図 3.21 (b)）。

3.3.7　タップ切換

変圧器の巻線の中途から口出線を出して作った端子を**タップ** (tap) という。定格負荷状態に対応するタップを基準タップといい，それより高い電圧を与えるタップを正タップ，低い電圧を与えるタップを負タップという。

電力系統では電源電圧や負荷の変動に基づく二次電圧の変化を補償するため

に，タップ切換が広く用いられている。

　タップ切換の最も簡単な方法は，変圧器をいったん無負荷・無励磁にしておいて接続換えをする方法で，これを無電圧タップ切換というが，これは停電をともなうのが欠点である。停電することなしに，負荷状態のままでタップを切り換えるための装置を**負荷時タップ切換装置**という。

　変圧器と負荷時タップ切換装置とを組み合わせたものを**負荷時タップ切換変圧器** (on-load tap-changing transformer) という。

　ただし，変圧が本来の目的ではなくて，回路電圧（または位相）の調整を目的とする場合は負荷時電圧調整変圧器 (load-ratio control transformer) という。

　負荷時電圧調整のために，補助の変圧器を用い，その二次巻線を主回路に直列に入れる場合がある。この変圧器を直列変圧器といい，回路に直列に入れる巻線を直列巻線という。

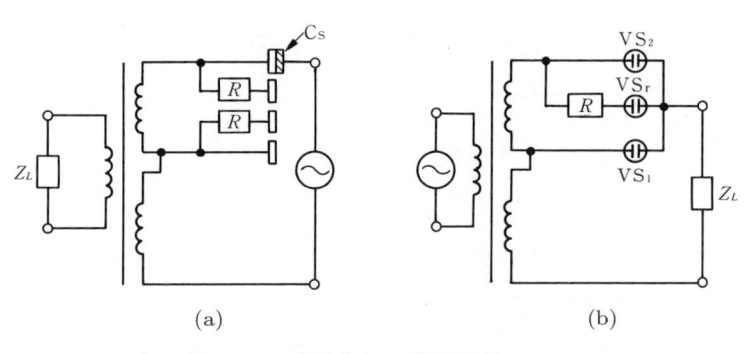

図 **3.22** 負荷時タップ切換装置

　図 **3.22** は負荷時タップ切換装置の例で，図 (a) では二つのタップに対する固定接点の中間に限流抵抗 R を接続した固定接点2個を設け，可動接点 C_s がスライドして動くときにつねに少なくとも1個の固定接点に接触している構造であるので，負荷に供給される電圧が中断することはない。限流抵抗 R は抵抗値が小さいのでタップ切換期間中の限流抵抗による出力電圧の低下はわずかである。図 (b) は真空スイッチ（図の VS_1 等）を使ったタップ切換装置である。

3.3.8 三相変圧器

三相電力の変圧は，単相変圧器を 3 個を用いてもよいが，**図 3.23** のように 1 個の鉄心に三相分の巻線を設けたものを使うこともできる．これを**三相変圧器** (three-phase transformer) という．

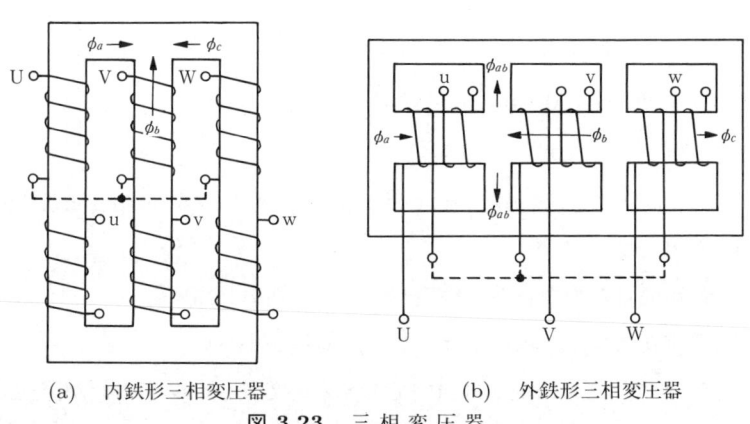

(a) 内鉄形三相変圧器　　　(b) 外鉄形三相変圧器

図 3.23　三相変圧器

図 (a) の内鉄形では，三相巻線に対称三相電圧が加えられたときの各相の鉄心中の磁束は

$$\phi_a = \Phi_m \sin \omega t$$
$$\phi_b = \Phi_m \sin(\omega t - 120°)$$
$$\phi_b = \Phi_m \sin(\omega t - 240°)$$

のように 120° ずつ位相がずれており

$$\phi_a + \phi_b + \phi_c \equiv 0 \tag{3.18}$$

となるから磁束の帰路を省略できて経済的である．

外鉄形では，図 3.23 (b) において中央部の巻線だけ極性を逆にすると

$$\left.\begin{aligned}
\phi_{ab} &= \frac{1}{2}(\phi_a + \phi_b) = \frac{1}{2}\Phi_m\{\sin\omega t + \sin(\omega t - 120°)\} \\
&= \Phi_m \cos 60° \sin(\omega t - 60°) \\
&= \frac{1}{2}\Phi_m \sin(\omega t - 60°) \\
\phi_{bc} &= \frac{1}{2}(\phi_b + \phi_c) \\
&= \frac{1}{2}\Phi_m\{\sin(\omega t - 120°) + \sin(\omega t - 240°)\} \\
&= \Phi_m \cos 60° \sin(\omega t - 180°) \\
&= \frac{1}{2}\Phi_m \sin(\omega t - 180°)
\end{aligned}\right\} \quad (3.19)$$

となるから，ϕ_{ab}, ϕ_{bc} の通路の鉄心断面積が半分ですむ．三相変圧器の長所はつぎのとおりである．

(1) 使用鉄量が少ないから鉄損が少なく，効率が高い．
(2) 重量が減少し，価格が低下し，床面積が小さい．
(3) Y または Δ の結線が外箱内でできるのでブッシングの数が節約できる（中性点を引き出す場合でも高圧側は 4 個ですむ）．

他方，1 相が故障しても全体が使用できなくなること，および予備器が割高になるという欠点がある．しかし，技術の進歩によって故障はほとんど起こらなくなったので，現在では大容量のものはほとんど三相変圧器であり，配電用変圧器にも三相変圧器の採用が増加しつつある．

3.3.9 三巻線変圧器

一次巻線，二次巻線のほかに第三の巻線を持った変圧器を**三巻線変圧器** (three-winding transformer) といい，この第三の巻線を**三次巻線** (tertiary winding) という．

送電用のものは一次・二次を Y 結線とし，三次を Δ 結線とし，この Δ 結線によって相電圧のひずみを防止する (3.6.4 項参照) とともに，この巻線から変電所の所内電力を得たり，この巻線に調相機を接続したりする．

また，2 系統から受電して他の 1 系統に電力を供給したり，1 系統から受電して電圧の異なる 2 系統に電力を供給する場合もある．第三調波電圧を抑制し，

かつ中性点電位を安定させるための外部端子を持たない△結線の三次巻線は**安定巻線** (stabilizing winding) と呼ばれる。

3.3.10　遮へい付変圧器と段絶縁

交流の定常状態には，変圧器巻線の線路端から中性点までの電位分布は一様になるが，雷のような急しゅんな波形の異常電圧が巻線内に侵入した場合には，巻線の各コイルの対地静電容量およびコイル間の直列静電容量が電位分布に影響し，一般にその初期には巻線の線路端に近い部分で大部分の電圧を受け持つ形になり，さらにこの電位分布が定常状態の分布に移行する過程で，巻線の各部の静電容量と漏れインダクタンスによる電位の振動現象が起こるので，線路端に近い部分には異常に大きい電界が加わり，その部分でコイルの絶縁が破壊するおそれがある。

これを防ぐために，巻線方法を工夫して線路端に近い部分の直列静電容量を大きくするか，または巻線のターン間に遮へい導体を設けて，遮へい導体とコイル導体間の静電容量を直列静電容量として利用する。60 kV ないし 100 kV 以上の変圧器はほとんど遮へい付である。

遮へい付変圧器を中性点接地で使う場合は中性点付近の電位はつねに低いから，線路端子から中性点側に近づくにつれて絶縁強度を低く設計することができる。このようにして合理化を図った変圧器を**段絶縁変圧器**という。100 kV 以上の変圧器はほとんど**段絶縁** (graded insulation) になっている。

3.4　変圧器の等価回路（実効値）

3.4.1　交流の定常状態に対する等価回路

3.2 節で求めた等価回路は電圧・電流の瞬時値に対して成り立つものである。しかし，普通の変圧器は商用周波数（50 Hz または 60 Hz）の正弦波交流電圧が加えられ，しかも主として定常状態における特性が問題になる。そのような場合に対しては交流の電圧・電流をフェーザで表して，複素記号法で特性計算

を行うのが便利である。そのため，交流の電圧・電流の実効値に対する等価回路が広く用いられている。

角周波数 $\omega(=2\pi f)$ の交流に対しては，図 3.6 (c) において，v_1, i_1 などをフェーザ $\dot{V}_1$, $\dot{I}_1$, $\cdots$ に書き換え，同時に各インダクタンスを

$$x_1 = \omega l_{11}, \quad x_2 = \omega l_{22}, \quad x_m = \omega L_m \quad [\Omega]$$

のようにリアクタンスに書き換えることにより，実効値に対する等価回路として**図 3.24** が得られる。ただし，実際の変圧器では磁気ヒステリシスおよび渦電流による鉄損が発生するので，それを等価回路中で考慮するために，**励磁電流** $\dot{I}_0$ の枝路に等価的な抵抗 r_m を入れてある。

普通の変圧器では，一次電流 I_1 による r_1, x_1 中の電圧降下は非常に小さいので，励磁電流枝路を**図 3.25** のように一次端子側に移しても誤差はほとんど生じない。これを**簡易等価回路**（approximate equinalent circuit）という。なお，励磁電流の計算を容易にするために，励磁電流の枝路をアドミタンスの形に書き直してある。電力用変圧器の理論では，もっぱらこの簡易等価回路が使われる。

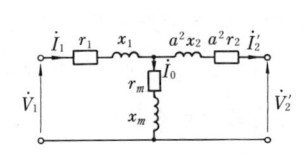

図 3.24 実効値に対する等価回路　　**図 3.25** 簡易等価回路

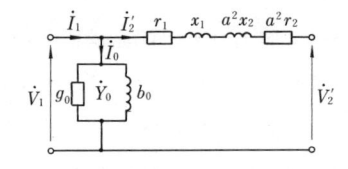

$\dot{Y}_0 = g_0 - \mathrm{j}\,b_0$ は**励磁アドミタンス**（exciting admtttance）と呼ばれ，g_0 を**励磁コンダクタンス**，b_0 を**励磁サセプタンス**という。

図 3.23 の r_m, x_m との関係は次式で与えられる。

$$\dot{Y}_0 = \frac{1}{r_m + \mathrm{j}\,x_m} = \frac{r_m}{r_m{}^2 + x_m{}^2} - \mathrm{j}\frac{x_m}{r_m{}^2 + x_m{}^2}$$

$$= g_0 - \mathrm{j}\,b_0 \quad [\mathrm{S}] \tag{3.20}$$

b_0 を流れる電流は鉄心を磁化するための電流で，これを**磁化電流**（magnetizing current）といい，g_0 を流れる電流は鉄損を供給するための電流で，これを**鉄損電流**（core-loss component of exciting current）という。x_1, x_2 を**一次漏れリアクタンス，二次漏れリアクタンス**という。$r_1 + jx_1$, $r_2 + jx_2$ を一次漏れインピーダンス，二次漏れインピーダンスという。

3.4.2 励磁電流

変圧器鉄心の磁気飽和やヒステリシスのために，巻線に正弦波電圧を加えたときの励磁電流は**図 3.26** の i_0 のようなひずみ波となる。

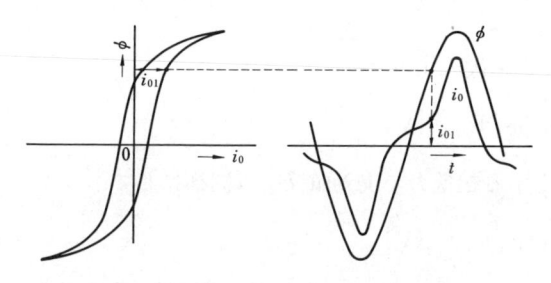

図 3.26 励磁電流の波形（渦電流の影響を除く）

波形のひずみは供給電圧が高くなるほど著しくなるが，また，鉄心の材質によっても異なる。

変圧器の理論において，この波形のひずみを正確に考慮しようとすると，非線形微分方程式の問題となって，実際的でないので，定常状態の理論においては実際の励磁電流と実効値が等しく，かつ同一の鉄損を生じるような位相を持った等価的な正弦波電流が流れるものとして扱う。これを**等価正弦波電流**（equivalent sine-wave current）という。

励磁電流による一次漏れインピーダンスの電圧降下はごくわずかであるから，励磁電流波形のひずみが出力電圧に及ぼす影響は無視できるし，変圧器の励磁電流は負荷電流に比べて非常に小さいから，一次電流の波形のひずみもごくわずかであり，等価正弦波電流を用いることによる誤差は実用上無視できる。

3.4.3 誘導起電力

変圧器の巻線に正弦波電圧を加えた場合，巻線中に発生する誘導起電力もほとんど正弦波状に変化する。

一次巻線の誘導起電力を

$$e_1 = \sqrt{2}E_1 \cos\omega t$$

とすると，式 (3.14) により主磁束 ϕ_m は

$$\phi_m = \frac{1}{w_1}\int \sqrt{2}E_1 \cos\omega t \, \mathrm{d}t = \frac{\sqrt{2}E_1}{\omega w_1}\sin\omega t$$

でなければならない。したがって，ϕ_m の最大値 Φ_m は

$$\Phi_m = \frac{\sqrt{2}E_1}{\omega w_1} \quad [\text{Wb}]$$

上式に $\omega = 2\pi f$ を代入すると

$$E_1 = 4.44 f w_1 \Phi_m \quad [\text{V}] \tag{3.21}$$

二次巻線に発生する起電力の実効値 E_2 は同様にして

$$E_2 = 4.44 f w_2 \Phi_m \quad [\text{V}] \tag{3.22}$$

以上の 2 式が変圧器鉄心中の磁束の最大値と誘導起電力の実効値との関係を表す重要な式である†。

例題 3.2 一次電圧 50 Hz，100 V の変圧器で鉄心の有効断面積を 9 cm^2 にしたい。磁束密度の最大値を 1.4 T 以下とするためには一次巻数は何回にすべきか。

【解答】 式 (3.21) から

$$V_1 = 4.44 f w_1 S B_m$$

$$w_1 \geq \frac{V_1}{4.44 f S B_m} = \frac{100}{4.44 \times 50 \times 9 \times 10^{-4} \times 1.4} = 357.5 \,\text{回}$$

w_1 は整数でなければならないから，答は 358 回。 ◇

---

† 交流の電圧・電流に対しては電力の計算に便利であるので実効値が使われる。磁束に対しては実効値を使う意味はなく，磁気飽和を考えるためには最大値が重要である。

3.4.4 等価回路定数の決定

等価回路の定数を決定するためにはつぎのような試験が必要である。

〔1〕**抵 抗 測 定**　各巻線にそれぞれ定格値の 10 ～ 20 % 程度の直流電流を流し，電圧降下を測定して抵抗値を算出する．この試験は変圧器の冷状態で行い，測定時の室温をも記録する．

〔2〕**無負荷試験**　図 **3.27** のように二次巻線を開放し，一次巻線に定格電圧を加え，各部の電圧・電流・電力を測定する．

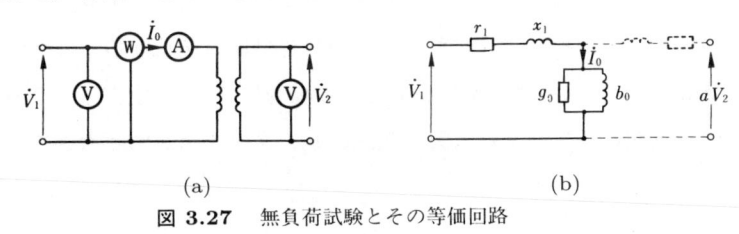

図 3.27　無負荷試験とその等価回路

一次電圧を V_1，電流を I_0，電力を P_0 とすると，普通の変圧器では

$$|\dot{I}_0(r_1 + jx_1)| \ll |\dot{V}_1|$$

であるから

$$g_0 = \frac{P_0}{V_1{}^2}, \qquad b_0 = \sqrt{(I_0/V_1)^2 - g_0{}^2} \tag{3.23}$$

とすることができる．また，無負荷二次電圧 V_2 を測定すれば

$$a \fallingdotseq V_1/V_2 \tag{3.24}$$

として巻数比をかなり正確に決定することができる．

〔3〕**短 絡 試 験**　図 **3.28** のように二次側を電流計を通じて短絡し，その電流が定格電流になるような低い電圧 V_{1s} を一次巻線に加えて，電流 I_{1s} および電力 P_{1s} を測定する．

この試験では I_{1s} に比べて励磁電流 I_0 はきわめて小さいので，これを無視すると

$$x_1 + x_2' = \sqrt{(V_{1s}/I_{1s})^2 - (P_{1s}/I_{1s}{}^2)^2} \tag{3.25}$$

として一次換算の全漏れリアクタンスが算出される．

96　3. 変　圧　器

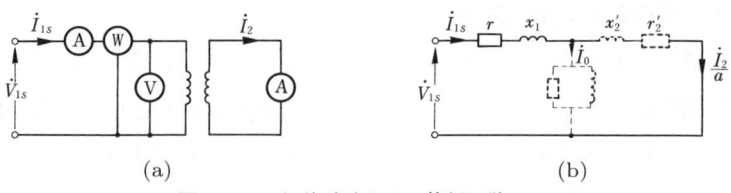

```
        (a)                                (b)
```

図 3.28　短絡試験とその等価回路

　x_1 と x_2 を実験的に分離することは，理論的にはもう一つの独立な試験を行えば可能なはずであるが，実際上は測定誤差が問題となって困難である。しかし，一般に変圧器の特性計算においては簡易等価回路を使うのでこれらを分離する必要はない。特に精度の高い検討を行う場合には，巻数比による換算を行ったあとの一次漏れリアクタンスと二次漏れリアクタンスが同じ大きさであると仮定して

$$x_1 \fallingdotseq x_2' \tag{3.26}$$

として扱えばよい。なお，変圧器の漏れ磁束は，すべてが一次側の漏れ磁束と二次側の漏れ磁束とにはっきり分けられるものではないので，漏れリアクタンスを一次側と二次側に分離する問題にはこだわらないほうがよい。

　式 (3.25) 中の P_{1s}/I_{1s}^2 は，直流抵抗 $r_1 + r_2'$ よりも大きい。P_{1s} は**負荷損** (load losses) と呼ばれ，P_{1s} から抵抗損 $(r_1 + r_2')I_{1s}^2$ を差し引いた残りの

$$P_{a1} = P_{1s} - (r_1 + r_2')I_{1s}^2 \tag{3.27}$$

は**漂遊負荷損** (additional load losses, stray load losses) である。

例題 3.3　50 Hz，11 kV/3.3 kV，50 kV·A の単相変圧器の試験結果はつぎのようであった。これから等価回路定数（一次側換算値）を求めよ。

　　　　無負荷試験　　$V_1 = 11\,000$ V，　$I_0 = 0.227$ A，　$P_0 = 320$ W，
　　　　　　　　　　　$V_2 = 3\,300$ V

　　　　短絡試験　　　$V_{1s} = 429$ V，　$I_{1s} = 4.75$ A，　$P_s = 751$ W，
　　　　　　　　　　　$I_2 = 15.2$ A

抵抗測定　　$r_{1d} = 13.8\ \Omega$,　　$r_{2d} = 0.95\ \Omega$（直流抵抗, 20°C）

【解答】
$$g_0 = \frac{P_0}{V_1{}^2} = \frac{320}{11\,000^2} = 2.64 \times 10^{-6}\ \text{S},$$
$$Y_0 = \frac{I_0}{V_1} = \frac{0.227}{11\,000} = 20.6 \times 10^{-6}\ \text{S}$$
$$b_0 = \sqrt{Y_0{}^2 - g_0{}^2} = \sqrt{20.6^2 - 2.64^2} \times 10^{-6} = 20.4 \times 10^{-6}\ \text{S}$$
$$R = \frac{P_s}{I_{1s}{}^2} = \frac{751}{4.75^2} = 33.3\ \Omega, \quad Z = \frac{V_{1s}}{I_{1s}} = \frac{429}{4.75} = 90.3\ \Omega$$
$$x_1 + x_2{}' = \sqrt{Z^2 - R^2} = \sqrt{90.3^2 - 33.3^2} = 83.5\ \Omega$$
巻数比　$a \fallingdotseq \dfrac{V_1}{V_2} = \dfrac{11\,000}{3\,300} = 3.33,$
$$r_2{}' = a^2 r_{2d} = 3.33^2 \times 0.95 = 10.53\ \Omega$$

x_1 と $x_2{}'$ は等しいものと仮定すると
$$x_1 = x_2{}' = \frac{83.5}{2} = 41.8\ \Omega$$

◇

3.5　変圧器の特性

3.5.1　定　　　格

　二巻線変圧器の**定格容量**は二次端子間で利用できる皮相電力（単位は V·A, kV·A または MV·A）で表す. 定格容量が得られるときの二次電圧および二次電流を**定格二次電圧**および**定格二次電流**といい, その際の指定力率を定格力率という.

　電力用変圧器の**定格一次電圧** V_{1n} は定格二次電圧 V_{2n} に巻数比を掛けたもの
$$V_{1n} = aV_{2n} \tag{3.28}$$
と定義されており, 定格負荷状態において一次端子に加えるべき入力電圧 V_1 は, **図 3.29** からわかるように, V_{1n} よりも少し大きい電圧であることに注意を要する. 同様に, 定格負荷状態における入力電流 I_1 は定格一次電流 I_{1n} に励磁電流 I_0 を（位相差を考慮して）加えたものである.

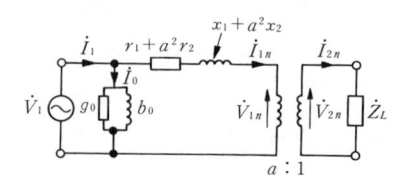

図 3.29 定格一次電圧,定格一次電流の定義

三相変圧器の定格電圧は線路端子間の電圧で表される。

無負荷のときの一次,二次の電圧の比(低電圧の方を分母としたものの比率)を**変圧比**という。変圧比は実用上巻数比または巻数比の逆数に等しいと考えてよい。

3.5.2 電圧変動率

二次巻線を短絡したときに,一次巻線に定格一次電流を流すのに必要な一次印加電圧を(一次巻線の)**インピーダンス電圧**という。インピーダンス電圧は電圧を加えた側の巻線の定格電圧を基準にした百分率で表すことが多い。

インピーダンス電圧の中の抵抗降下分およびリアクタンス降下分を百分率で表したものをそれぞれ**百分率抵抗降下**,**百分率リアクタンス降下**という。すなわち

$$\text{百分率抵抗降下} \quad q_r = \frac{(r_1 + a^2 r_2) I_{1n}}{V_{1n}} \times 100 \; [\%] \quad (3.29)$$

$$\text{百分率リアクタンス降下} \quad q_x = \frac{(x_1 + a^2 x_2) I_{1n}}{V_{1n}} \times 100 \; [\%] \quad (3.30)$$

$$\text{百分率インピーダンス降下} \quad z = \sqrt{q_r^2 + q_x^2} \quad [\%] \quad (3.31)$$

変圧器の二次の電圧・電流・力率が定格値になるように負荷および一次電圧を調整し,一次電圧はそのままで二次を無負荷にしたときの二次端子電圧を V_{20} とするとき

$$\epsilon = \frac{V_{20} - V_{2n}}{V_{2n}} \times 100 \quad [\%] \quad (3.32)$$

を変圧器の**電圧変動率**という。V_{2n} は定格二次電圧である。

3.5 変圧器の特性

負荷の力率を $\cos\phi$ とすれば，電圧変動率は次式で計算できる[†]。

$$\epsilon = q_r \cos\phi + q_x \sin\phi + \frac{1}{200}(q_x \cos\phi - q_r \sin\phi)^2 \quad [\%] \qquad (3.33)$$

【式 (3.33) の証明】　二次側に換算された等価回路（図 3.30）において負荷の等価インピーダンスを $R+jX$ とする。負荷の力率は $\cos\phi$ であるから

$$\frac{R}{\sqrt{R^2+X^2}} = \cos\phi, \qquad \frac{X}{\sqrt{R^2+X^2}} = \sin\phi$$

また，等価回路からつぎの各式が導かれる。

$$q_r = \frac{(r_1 + a^2 r_2)I_{1n}}{V_{1n}} \times 100 = \frac{rI_{2n}}{V_{2n}} \times 100$$
$$= \frac{r}{\sqrt{R^2+X^2}} \times 100 \quad [\%]$$

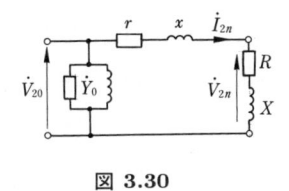

$$q_x = \frac{(x_1 + a^2 x_2)I_{1n}}{V_{1n}} \times 100 = \frac{xI_{2n}}{V_{2n}} \times 100 = \frac{x}{\sqrt{R^2+X^2}} \times 100 \quad [\%]$$

図 3.30

したがって

$$\epsilon = \frac{V_{20}-V_{2n}}{V_{2n}} \times 100 = \left\{\frac{\sqrt{(R+r)^2+(X+x)^2}}{\sqrt{R^2+X^2}} - 1\right\} \times 100$$

$$= \left\{\sqrt{1 + \frac{2(rR+xX)+r^2+x^2}{R^2+X^2}} - 1\right\} \times 100 \quad [\%]$$

上式において $\sqrt{1+y} = 1 + \frac{1}{2}y - \frac{1}{8}y^2 + \cdots$ を用いて

$$\epsilon = \left\{\frac{rR+xX}{R^2+X^2} + \frac{1}{2}\left(\frac{rX-xR}{R^2+X^2}\right)^2 - \frac{1}{2}\frac{r^2R^2+x^2X^2}{(R^2+X^2)^2} + \cdots\right\} \times 100 \quad [\%]$$

ここで第三項以下を無視し，上記の $\cos\phi$, $\sin\phi$, q_r, q_x の式を使えば式 (3.33) が得られる。
♡

百分率インピーダンス降下（短絡インピーダンス）が 4 % 以下の変圧器では式 (3.33) の第二項を省略して

$$\epsilon = q_r \cos\phi + q_x \sin\phi \quad [\%] \qquad (3.33')$$

[†] 「JEC-2200 変圧器」では上記の q_r, q_x, z に対応する量（および記号）をそれぞれ，基準インピーダンスに対する百分率で表示した短絡インピーダンス（z），その（短絡インピーダンスの）抵抗成分（r），その（短絡インピーダンスの）リアクタンス成分（x）と呼んでいる。基準インピーダンスは，「(タップ電圧)^2/定格容量」であるが，通常は基準タップにおける値を使う。

としてよい。なお，力率が 1 のときは $\sin\phi = 0$ であるから

$$\epsilon = q_r + \frac{q_x^2}{200} \quad [\%] \tag{3.33''}$$

となり，リアクタンス降下 q_x が大きくても，電圧変動率は q_r よりも少し大きい程度にしかならない。表 3.1 は変圧器の特性の例である。表中の高効率形変圧器は鉄心材料として方向性けい素鋼帯を使ったもので，普通形に比べて無負荷電流は約 1/4，無負荷損は約 1/2 である。なお，近年，配電用変圧器として使われ始めたアモルファス磁心変圧器の無負荷損は普通形の約 1/10 である。

表 3.1 変圧器の特性例

定格容量 〔kV·A〕	定格電圧 〔kV〕	無負荷電流 〔%〕*	無負荷損 〔%〕**	q_r 〔%〕	q_x 〔%〕	ϵ 〔%〕†	効率 〔%〕†
1	3.3	15	3.7	2.9	0.9	2.9	93.6
5	6.3	9.0	1.0	2.7	1.2	2.7	96.4
15	6.3	6.0	0.79	1.75	2.4	1.8	97.5
50	6.3	5.0	0.64	1.5	3.6	1.6	97.8
100	6.3	1.2	0.43	1.05	5.4	1.20	98.5‡
100	11	5.6	0.83	1.64	4.6	1.75	97.6
3 000	66	4.7	0.52	0.80	6.8	1.03	98.7
15 000	169	3.0	0.38	0.58	9.3	1.05	99.0

* 全負荷電流に対する百分率　　** 定格容量に対する百分率
† 定格容量に等しい力率 1 の負荷の場合の値　　‡ 高効率形変圧器

例題 3.4 50 Hz, 6 300/210 V, 15 kV·A の単相変圧器において，インピーダンス電圧は 185 V, 定格電流時の負荷損は 250 W である。力率 0.8（遅れ）のときの電圧変動率はいくらか。

【解答】　負荷損を W_s で表すと

$$z = \frac{185}{6\,300} \times 100 = 2.94\ \%$$

$$q_r = \frac{(r_1 + a^2 r_2)I_{1n}}{V_{1n}} \times 100 = \frac{W_s}{V_{1n}I_{1n}} \times 100 = \frac{250}{15 \times 10^3} \times 100 = 1.67\ \%$$

$$q_x = \sqrt{z^2 - q_r^2} = 2.42\ \%$$

$$\cos\phi = 0.8, \quad \sin\phi = \sqrt{1 - \cos^2\phi} = 0.6$$

したがって式 (3.33) から
$$\epsilon = 1.67 \times 0.8 + 2.42 \times 0.6 = 2.79\ \%$$
◇

例題 3.5　例題 3.4 の変圧器において，力率 0.8（遅れ）の全負荷時に一次側に加えるべき電圧はいくらか．

【解答】　無負荷時の二次電圧は
$$V_{20} = \left(1 + \frac{\epsilon}{100}\right)V_{2n} = 1.028 \times 210 = 215.9\ \text{V}$$
したがって
$$V_1 = \frac{V_{20}}{V_{2n}}V_{1n} = \frac{215.9}{210} \times 6\,300 = 6\,476\ \text{V}$$
◇

3.5.3　損失と効率

〔1〕損失の分類　変圧器の損失は，普通の場合は鉄損・抵抗損・漂遊負荷損の3種類であると考えてよい．特に高電圧の場合にはこれに絶縁物の誘電損が加わる．

変圧器は回転機に比べて巻線構造が単純であり，かつ機械損もないので，表 3.1 および図 3.31 のように効率は非常に高い．効率が高いために入力と損失の差が少ないから，変圧器の実測効率を求めるときは測定誤差に十分注意する必要がある．ただし，取引きの際には規約効率を使うのが普通である．

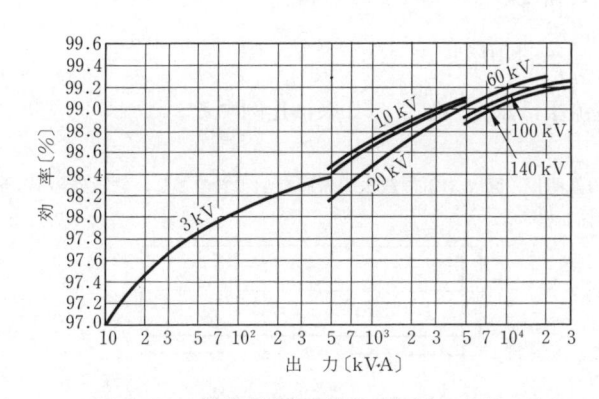

図 3.31　単相変圧器の効率 (50 Hz, 力率 1.0)

〔2〕**鉄　　損**　　鉄損は鉄心中で磁束の時間的変化に伴って発生する損失で，ヒステリシス損と渦電流損とからなっている。方向性けい素鋼帯を使用した普通の変圧器では鉄損のうち約 50 % がヒステリシス損である。鉄心の単位質量当りのヒステリシス損 p_h および単位質量当りの渦電流損 p_e は次式で計算される性質のものである。

$$p_h = \sigma_h \left(\frac{f}{100}\right) B_m{}^2 \quad [\text{W/kg}] \tag{3.34}$$

$$p_e = \sigma_e \left(\frac{f}{100}\right)^2 B_m{}^2 \quad [\text{W/kg}] \tag{3.35}$$

ここに，f は交番磁化の周波数〔Hz〕，B_m は磁束密度の最大値〔T〕，σ_h はヒステリシス損に関するもので，けい素鋼板の材質によって定まる定数，σ_e は渦電流損に関するもので，けい素鋼板の厚さ・抵抗率・密度によって定まる定数である。

p_h の式は実験式であって，通常 $B_m > 1\,\text{T}$ の範囲で成り立つ。p_h が f に比例するのは，1 秒間にヒステリシスループが何回描かれるかによってヒステリシス損が定まるからである。

p_e が f^2 に比例するのは，渦電流損は巻線の誘導起電力の 2 乗に比例するからである（fB_m は誘導起電力に比例する）と考えておけばよい。

σ_e は，鉄板の厚さを τ〔m〕，抵抗率を ρ〔Ω·m〕，密度を k〔kg/m³〕（g/cm³ の単位で表した密度の 10^3 倍）とすれば

$$\sigma_e = \frac{\pi^2 \tau^2}{6\rho k} \times 10^4 \tag{3.36}$$

となり，渦電流損は鉄板の厚さの 2 乗に比例する。

【式 (3.36) の証明】　図 **3.32** は鉄板の断面を示すものとし，鉄板の幅 l は厚さ τ に比べて十分大きいとする。

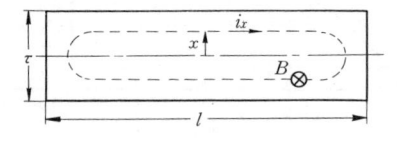

図 **3.32**　渦電流損の計算

断面内では磁束密度 B はいたるところ同一で，時間的に $B = B_m \cos \omega t$ 〔T〕なる変化をすると仮定する。断面の中心から x の距離のところを流れる渦電流は図の点線のようになり，その内側の磁束は

$$\phi_x = 2xlB_m \cos \omega t \quad \text{〔T〕}$$

この磁束によってこの渦電流回路に発生する電圧は

$$E_x = -\frac{d\phi_x}{dt} = 2xl\omega B_m \sin \omega t \quad \text{〔V〕}$$

したがって中心から x の距離の渦電流の大きさは $l \gg \tau$ の仮定により

$$i_x = \frac{1}{\rho}\frac{E_x}{2l} = \frac{\omega B_m \sin \omega t}{\rho}x \quad \text{〔A/m}^2\text{〕}$$

したがって鉄板中の単位体積当りの渦電流損平均値は

$$\frac{2}{\tau}\int_0^{\tau/2}\rho i_x{}^2 dx = \frac{\omega^2 \tau^2 B_m{}^2 \sin^2 \omega t}{12\rho} \quad \text{〔W/m}^3\text{〕}$$

これの時間に対する平均値を求めると

$$\frac{2}{\pi}\int_0^{\pi/2}\frac{\omega^2\tau^2 B_m{}^2 \sin^2\omega t}{12\rho}d\theta = \frac{\pi^2 f^2 \tau^2 B_m{}^2}{6\rho} \quad \text{〔W/m}^3\text{〕}$$

ただし，$2\pi f = \omega$ 。上式右辺を密度 k 〔kg/m^3〕で除して，単位質量当りの渦電流損は

$$p_e = \frac{\pi^2 \tau^2}{6\rho k}f^2 B_m{}^2 = \sigma_e \times 10^{-4} f^2 B_m{}^2 \quad \text{〔W/kg〕} \qquad \heartsuit$$

〔**3**〕 **負 荷 損** 抵抗損 P_c は，直流で測定した一次および二次巻線抵抗を r_1, r_2 とするとき，次式によって計算される。

$$P_c = (r_1 + a^2 r_2')I_1{}^2 \tag{3.37}$$

ここに，I_1 は一次電流，r_2' は r_2 の一次側換算値である。

二次を短絡して一次側に電流 I_1 を流し込んだときの入力 P_{s1} は負荷損に等しいと考えてよい。負荷損 P_{s1} は抵抗損 P_c と巻線内部や変圧器外箱などに生じる漂遊負荷損 P_{al} との和である。

$$P_{s1} = P_c + P_{al} \tag{3.38}$$

規約効率の算定においては任意の温度で測定した負荷損を基準の温度におけ

る負荷損に換算する。この温度を**基準巻線温度**といい，JEC-2200 ではこれをつぎのように定めている。

  耐熱クラス A および油入変圧器：75°C

  耐熱クラス E：90°C   耐熱クラス F：115°C

  耐熱クラス B：95°C   耐熱クラス H：140°C

負荷損のうち，抵抗損は巻線の直流抵抗に比例し，温度の上昇に伴って増加するが，漂遊負荷損は主として漏れ磁束によって金属部分に発生する渦電流によって発生するもので，温度が上昇すると金属の抵抗の増加のためにかえって減少する。このことから，t_1°C で測定した負荷損を $P_s(t_1)$ とし，t_2°C に補正した負荷損を $P_s(t_2)$ とするとき，負荷損の温度補正は次式によって行う。

$$P_s(t_2) = \frac{235 + t_2}{235 + t_1}(r_1 + r_2')I_1^2 \\ + \frac{235 + t_1}{235 + t_2}\{P_s(t_1) - (r_1 + r_2')I_1^2\} \tag{3.39}$$

ただし，r_1 および r_2 は t_1°C において測定された直流抵抗とする。

上式中の $(235 + t_2)/(235 + t_1)$ は銅線の抵抗の温度変化を補正する係数で t_1°C, t_2°C, 20°C における抵抗をそれぞれ R_{t1}, R_{t2}, R_{20} とし，20°C における銅線の抵抗の温度係数を α_{20} とすれば

$$R_{t1} = R_{20}\{1 + \alpha_{20}(t_1 - 20)\}, \quad R_{t2} = R_{20}\{1 + \alpha_{20}(t_2 - 20)\}$$

両式から R_{20} を消去し，$\alpha_{20} = 0.00393$ とおけば

$$R_{t2} = \frac{235 + t_2}{235 + t_1}R_{t1} \tag{3.40}$$

となる。$\alpha_{20} = 0.00393$ は銅線に対する標準値である。アルミニウム巻線の場合には以上の式中の 235 の代わりに 225 を使う。

3.5.4 最大効率

変圧器の有効出力を $V_2 I_2 \cos\phi$，無負荷損を P_0，負荷損を RI_2^2 とおけば効率は

$$\eta = \frac{V_2 I_2 \cos\phi}{V_2 I_2 \cos\phi + P_0 + R I_2{}^2} \times 100$$
$$= \frac{V_2 \cos\phi}{V_2 \cos\phi + (P_0/I_2) + R I_2} \times 100 \quad [\%]$$

効率が最大になるのは上式の分母が最小になるときであって，その条件は

$$y = V_2 \cos\phi + \frac{P_0}{I_2} + R I_2$$

とおくとき

$$\frac{dy}{dI_2} = -\frac{P_0}{I_2{}^2} + R = 0$$

であるから

$$P_0 = R I_2{}^2 \tag{3.41}$$

すなわち，変圧器は**図 3.33** に示すように，**負荷損が無負荷損に等しくなったときに効率が最大になる**。

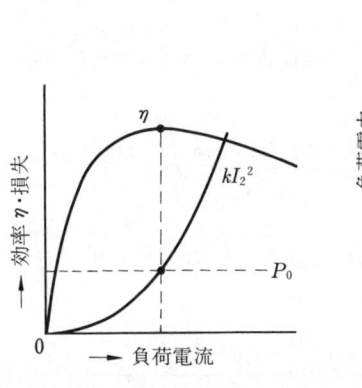

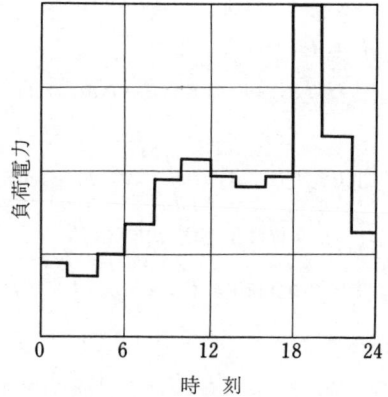

図 3.33　最大効率　　　　図 3.34　配電用変圧器の負荷変動

配電用変圧器では**図 3.34** のように1日中の負荷が著しく変動する。このような場合には1日全体としてのエネルギー利用の有効さを表すために**全日効率**（ぜんじつこうりつ）が使われる。これは1日中の変圧器の出力電力量〔kW·h〕の入力電力量〔kW·h〕に対する百分率であって

$$\eta_d = \frac{J_2}{J_2 + 24 P_0 + \int_0^{24} R I_2{}^2 \times 10^{-3} dt} \times 100 \quad [\%] \tag{3.42}$$

ここに，J_2：1日中の出力電力量〔kW·h〕，P_0：無負荷損〔kW〕，$RI_2{}^2$：負荷損〔W〕，t：時間〔h〕。

鉄損は 24 時間中絶えず発生するから，軽負荷期間の多い場合に全日効率を高くするには鉄損の少ない変圧器を使用する必要がある。

一般の配電用変圧器では，鉄損が定格容量のときの負荷損の約 60 % に設計されており，3/4 負荷程度のときに最大効率になる。

負荷の力率 $\cos\phi$ が一定であると仮定すれば，全日効率が最大になる条件は

$$1\text{日中の鉄損エネルギー}〔\text{kW·h}〕 = 1\text{日中の負荷損エネルギー}〔\text{kW·h}〕 \tag{3.43}$$

である。

【式 (3.43) の証明】　任意の時刻における負荷電流を

$$I_2 = I_{2n} f(t)$$

とおく。ただし，I_{2n} は定格二次電流，$f(t)$ は時間の関数で，1日中の負荷の変動の形を示す係数。

出力電力量　$J_2 = \int_0^{24} V_{2n} I_2 \cos\phi \, dt = V_{2n} I_{2n} \cos\phi \int_0^{24} f(t) \, dt$

ここに，t の単位は時〔h〕とする。

$$1\text{日中の負荷損エネルギー} = \int_0^{24} RI_2{}^2 \times 10^{-3} \, dt = RI_{2n}{}^2 \times 10^{-3} \int_0^{24} \{f(t)\}^2 \, dt$$

したがって

$$\eta_d = \frac{V_{2n} I_{2n} \cos\phi \int_0^{24} f(t) dt}{V_{2n} I_{2n} \cos\phi \int_0^{24} f(t) dt + 24 P_0 + RI_{2n}{}^2 \times 10^{-3} \int_0^{24} \{f(t)\}^2 dt} \times 100$$

$$= \frac{V_{2n} \cos\phi \int_0^{24} f(t) dt}{V_{2n} \cos\phi \int_0^{24} f(t) dt + 24 P_0 / I_{2n} + RI_{2n} \times 10^{-3} \int_0^{24} \{f(t)\}^2 dt} \times 100 \quad〔\%〕$$

ここで式 (3.41) の場合と同様に分母を I_{2n} について微分して零とおくことにより

$$-\frac{24 P_0}{I_{2n}^2} + R \times 10^{-3} \int_0^{24} \{f(t)\}^2 dt = 0, \quad \therefore \quad 24 P_0 = \int_0^{24} RI_2{}^2 \times 10^{-3} \, dt$$

♡

例題 3.6　定格出力 15 kV·A，定格力率 0.8 （遅れ）の変圧器で定格電流における負荷損は 250 W，定格電圧における鉄損は 130 W である。この変圧器の全負荷効率および最大効率とそのときの出力を求めよ。

【解答】

全負荷効率　$\eta = \dfrac{15 \times 10^3 \times 0.8}{15 \times 10^3 \times 0.8 + 250 + 130} \times 100 = 96.9$ ％

最大効率のときの出力を P' とすると，そのときの銅損 P_c' は

$$P_c' = \left(\dfrac{P'}{15 \times 10^3 \times 0.8}\right)^2 \times 250 \ \text{〔W〕}$$

最大効率の条件は式 (3.35) により

$P_c' = 130$　∴　$P' = 15 \times 10^3 \times 0.8 \sqrt{\dfrac{130}{250}} = 8.65 \times 10^3$ 〔W〕

最大効率　$\eta_{\max} = \dfrac{8.65 \times 10^3}{8.65 \times 10^3 + 130 + 130} \times 100 = 97.1$ ％

◇

3.6　変圧器の並行運転と結線

3.6.1　変圧器の極性

単相変圧器では高圧巻線に U, V，低圧巻線に u, v の端子記号を付ける。これらの記号は，高圧側で誘導電圧が V から U に向かうときに低圧側の誘導電圧も v から u に向うように付けられている。

図 **3.35** (a) のように端子板において U と u が同じ側に並んでいるときは

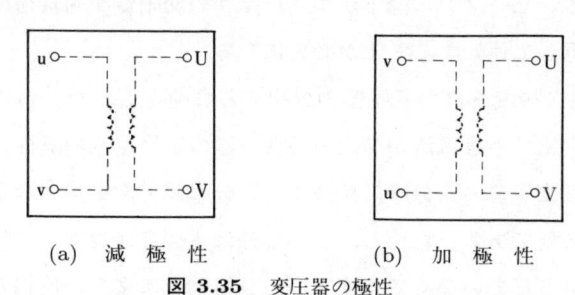

(a)　減 極 性　　　　(b)　加 極 性

図 **3.35**　変圧器の極性

減極性といい，図 (b) のように U と u が対角線上にあるときは加極性という。わが国では減極性が標準である。

2台以上の変圧器を相互に結線するときには極性に注意しなければならない。

3.6.2 変圧器の並行運転

2台以上の変圧器の一次巻線を並列に接続して交流電源に接続し，二次巻線を並列に接続して共通の負荷に電力を供給するのが変圧器の**並行運転**（parallel running）である。

変圧器では，負荷の増大により変圧器の増設をした場合，および負荷の変動に応じて変圧器の運転台数を変えて運転効率の向上を図る場合に並行運転が行われる。

単相変圧器の並行運転にあたっては，つぎの諸条件を理解しておく必要がある。

(1) 並行運転が可能であるためには，**各変圧器の定格一次電圧および定格二次電圧が等しく，かつ，巻数比も等しいこと** が必要である。巻数比に少しでも差があると，並列に接続した場合に各変圧器間に循環電流が流れ，変圧器が過熱したり負荷に十分な電力を供給できなかったりするので，この条件は必須条件である。

(2) 並列に接続された各変圧器がそれぞれの定格容量に比例して負荷電流を分担するためには**百分率インピーダンス降下がたがいに等しいこと**が必要である。百分率インピーダンス降下が多少異なっていても並行運転は可能であるが，百分率インピーダンス降下が小さいほうの変圧器が過負荷になることがないように注意して運転することが必要になる。

(3) 並列に接続された変圧器の分担する負荷電流がたがいに同相であるときに負荷に供給できる電流が最大（各変圧器の定格電流の算術和）になる。そのためには各変圧器の百分率抵抗降下，百分率リアクタンス降下がそれぞれ等しいことが必要である。ただし，この条件は重要ではなく，実際上はこの条件が完全に満足されていなくて各変圧器の分担電流に多少の位相差が生じても負

荷に供給できる電流はごくわずかしか減少しない。

並行運転の結線にあたっては**極性を合わせる**ことが絶対に必要であり，巻線の極性を逆に接続すると巻線間に短絡電流が流れ，(遮断器が動作しなければ) 変圧器は瞬時に焼損する。極性を合わせるためには各変圧器の端子記号（高圧側は U と V，低圧側は u と v) を見て，同じ記号の端子を接続すればよい。

図 3.36 (a) のように 2 台の単相変圧器が並行運転しているものとする。両変圧器の巻数比が等しい場合には，巻数比によって一次側を二次側に換算することにより，図 (b) の並行運転の等価回路が得られる。二次側に換算された各変圧器の全漏れインピーダンスを $\dot{Z}_A, \dot{Z}_B$ とし，各変圧器の出力電流を $\dot{I}_A, \dot{I}_B$ とし，負荷電流を $\dot{I}_L$ とすると

$$\dot{Z}_A \dot{I}_A = \dot{Z}_B \dot{I}_B \tag{3.44}$$

$$\dot{I}_L = \dot{I}_A + \dot{I}_B \tag{3.45}$$

が成り立つ。上 2 式から各変圧器の分担電流はつぎのようになる。

$$\left.\begin{array}{l} \dot{I}_A = \dfrac{\dot{Z}_B}{\dot{Z}_A + \dot{Z}_B} \dot{I}_L \\ \dot{I}_B = \dfrac{\dot{Z}_A}{\dot{Z}_A + \dot{Z}_B} \dot{I}_L \end{array}\right\} \tag{3.46}$$

上式から，$\dot{I}_A / \dot{I}_B = \dot{Z}_B / \dot{Z}_A$ であって，並行運転している変圧器の分担電流は各変圧器の漏れインピーダンスに反比例する。

三相変圧器（および単相変圧器の三相結線）の並行運転においては，単相変

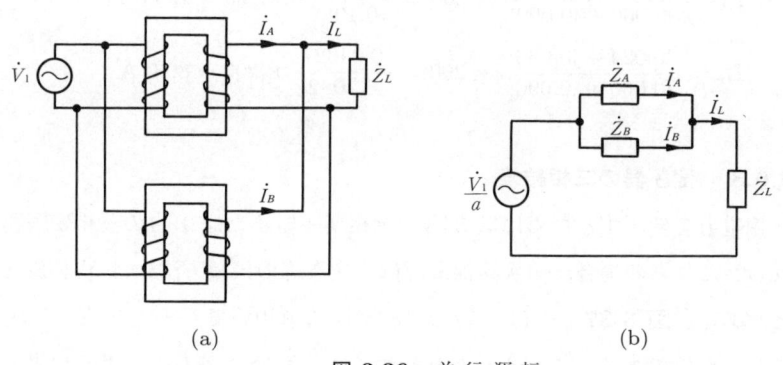

(a)　　　　　　　　　　　　　(b)

図 3.36　並 行 運 転

圧器の並行運転の条件に加えて，さらに**各三相変圧器の電圧の位相変位（角変位）が等しいこと**という条件が要求される。Δ-Δ と Δ-Δ，Δ-Δ と Y-Y などは並行運転可能であり，Y-Δ と Δ-Y も二次の位相が一致するように接続すれば並行運転ができる。しかし，Δ-Δ と Y-Δ のような組合せの場合は位相変位を等しくすることはできないので，並行運転は不可能である。

また，並行運転の結線にあたっては**相回転方向**を一致させなければならない。相回転方向の不一致は二次短絡となるからである。相回転方向を一致させるためには各変圧器の端子記号（高圧側は U, V, W, 低圧側は u, v, w）を見て，両三相変圧器の同じ記号の端子どうしを接続すればよい。

例題 3.7 定格一次電圧および定格二次電圧がそれぞれ等しく，巻数比も等しい 2 台の単相変圧器が並行運転して，共通負荷に 200 A の電流を供給している。変圧器 A の二次側に換算した全漏れインピーダンスは $\dot{Z}_A = 0.024 + j0.036$ Ω であり，変圧器 B の二次側に換算した全漏れインピーダンスは $\dot{Z}_B = 0.036 + j0.054$ Ω である。各変圧器の出力電流はそれぞれいくらか。

【解答】 $\dot{Z}_A + \dot{Z}_B = (0.024 + j0.036) + (0.036 + j0.054) = 0.060 + j0.090$ である。式 (3.46) により

$$I_A = \frac{|0.036 + j0.054|}{|0.060 + j0.090|} \times 200 = \frac{0.06490}{0.1082} \times 200 = 120.0 \text{ A}$$

$$I_B = \frac{|0.024 + j0.036|}{|0.060 + j0.090|} \times 200 = \frac{0.04327}{0.1082} \times 200 = 80.0 \text{ A} \qquad \diamondsuit$$

3.6.3 変圧器の三相結線

三相電力を変圧するためには 3 台の単相変圧器または 1 台の三相変圧器が使われる。これらの場合，一次巻線または二次巻線の接続方法には Y 結線とΔ結線とがある。図 **3.37** (a) は 3 台の単相変圧器を用いて，一次を Δ，二次を Y に結線した例である。これをわかりやすくするために図 (b) のように書く。太

い直線は変圧器の巻線を表す．このとき，同一の鉄心に巻かれている二つの巻線（例えば u_1-v_1 と U_1-V_1）は平行に描かれる．そうすると図の Δ および Y の部分は各電圧間の位相関係をも表していることになる（ただし，三相電圧は対称であるとする）．Y 結線は 3 個の巻線端子が 1 箇所に集まっているが，Δ 結線ではそのようなことはない．

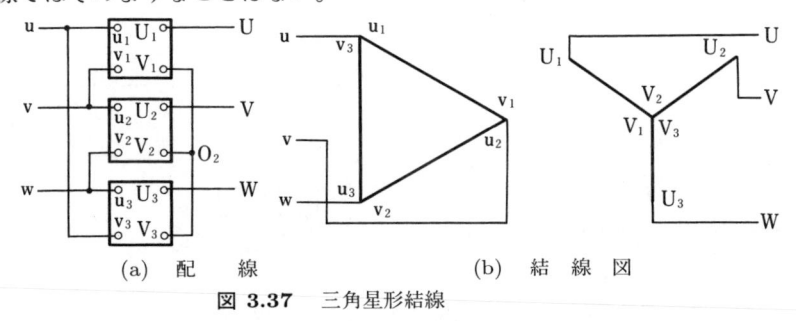

(a) 配　　線　　　　(b) 結　線　図

図 3.37　三角星形結線

基本的な三相結線はつぎの 4 種類である．

　Y-Y 結線（星形星形結線）(star-star connection)

　Δ-Δ 結線（三角三角結線）(delta-delta connection)

　Δ-Y 結線（三角星形結線）(delta-star connection)

　Y-Δ 結線（星形三角結線）(star-delta connection)

〔1〕**Y-Y 結線**　　図 3.38 (a) は Y-Y 結線の説明図である．

u_1-v_1 と U_1-V_1 とは同じ鉄心上の巻線である．O_1, O_2 はそれぞれ一次側および二次側の中性点である．Y 結線の巻線端子に対称三相電圧を加えると（中性点の電位を特に外部回路によって定めない限り），Y 結線の相電圧も対称三相電圧になるので，線間電圧を V_{uv} 相電圧を V_u とすれば

$$V_u = \frac{V_{uv}}{\sqrt{3}} \tag{3.47}$$

である．すなわち，**Y 結線の相電圧の大きさは線間電圧の $1/\sqrt{3}$ 倍である**．したがって，図 (a) の 1 相分の等価回路は図 (b) となる．ただし，a は単相変圧器としての巻数比であり，(U_1), (V_1) などは U_1, V_1 などの一次側に換算された等価回路における端子を表すものとする．図 (a) において，$\dot{V}_{uv}$ と $\dot{V}_{UV}$ と

3. 変圧器

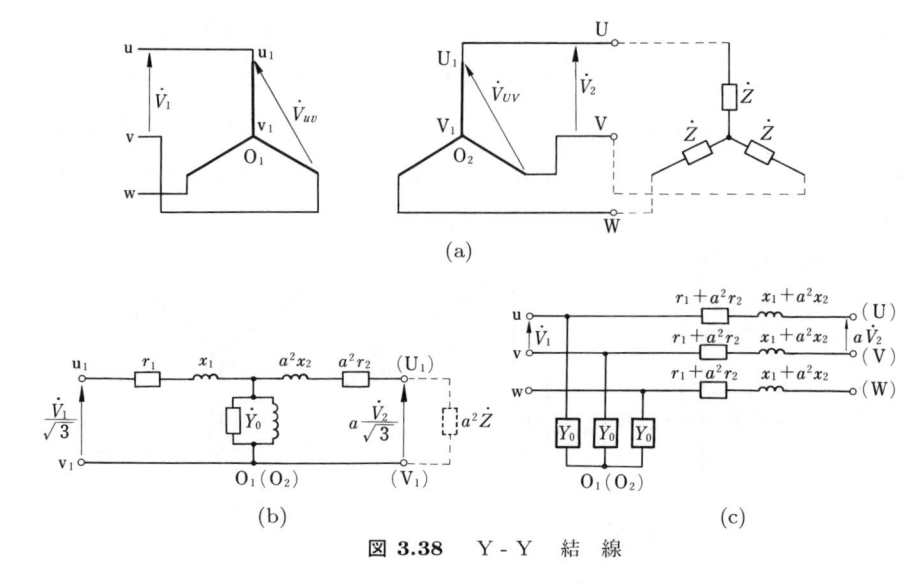

図 3.38　Y-Y 結 線

が図上において平行であるから，一次および二次の線間電圧はインピーダンス降下を無視すれば同相である。このことを**位相変位**が $0°$ であるという[†]。

なお，図 (a) に破線で示したように，Y 接続の負荷 $\dot{Z}$ があるとき，単相等価回路〔図 (b)〕における負荷インピーダンスは $a^2\dot{Z}$ になる。

〔2〕**Δ-Δ結線**　図 3.39 (a) は Δ-Δ結線の説明図である。Δ結線の1相分の等価回路は図 (b) になる。ただし，$3a^2\dot{Z}$ は Y 接続の負荷 $\dot{Z}$ をΔ接続に変換したものである。

図 (b) は線間電圧 $\dot{V}_1$ と変圧器巻線電流（例えば $\dot{I}_{uv}$）とに関する等価回路である。線電流 $\dot{I}_u$ は $\dot{I}_{uv} - \dot{I}_{wu}$ に等しく，I_{wu} は I_{uv} よりも $240°$ 位相が遅れているから

$$I_u = \sqrt{3} I_{uv} \tag{3.48}$$

[†] 位相変位とは，二つの巻線の対応する端子の中性点に対する位相電圧ベクトルの角度差である。三相結線の位相変位は，高電圧側の巻線の電圧ベクトルを時計の分針と見なし，低電圧側の巻線の電圧ベクトルを時計の時針と見なした場合，分針が0分の位置にあるときに時針が示す時数で表す。この数値を位相変位時数という。時数の代わりに角度差で表すこともある。なお，以前は位相変位を角変位と呼んでいた。

図 3.39　Δ－Δ 結 線

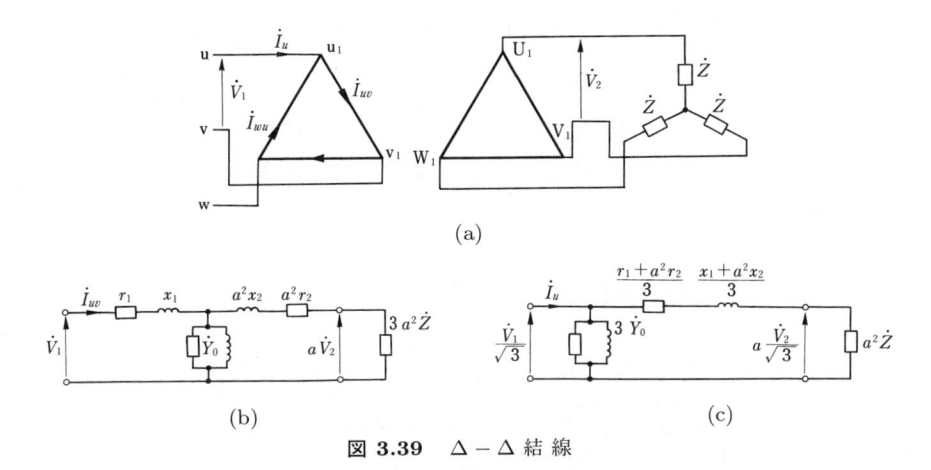

となる．すなわち，**Δ結線においては線電流は変圧器巻線電流の $\sqrt{3}$ 倍である．**

図 (c) は Y 結線に換算した一相分の等価回路である．

Δ-Δ結線において位相変位が零であることは図 (a) から容易にわかる．

〔3〕**Δ-Y 結　線**　　図 3.40 はΔ-Y 結線の説明図である．u_1-v_1 と U_1-V_1 からなる単相変圧器について考え，1 相分の等価回路は図 (b) になる．

ただし，図 (a) において V_1 と V_2 とが平行でないから，一次と二次の線間電圧の間には位相変位があり，図 (a) の結線では $\dot{V}_2$ は $\dot{V}_1$ よりも $\pi/6$〔rad〕

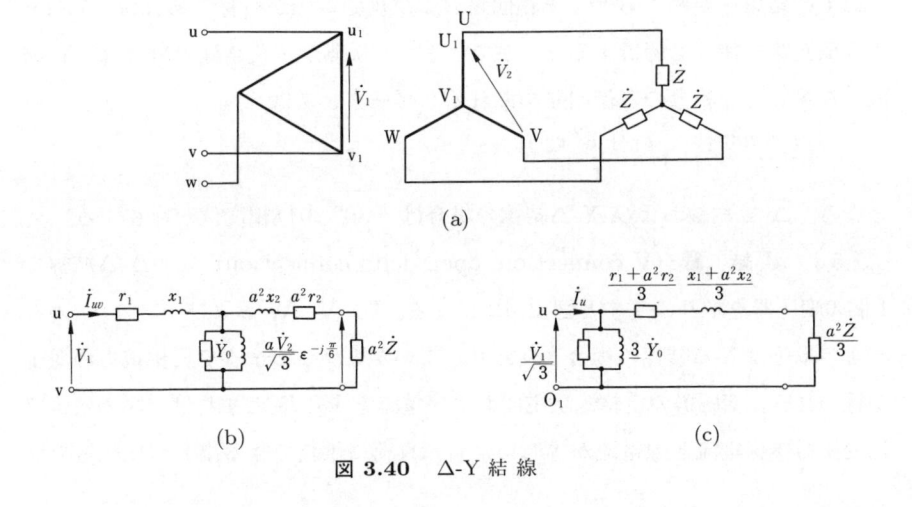

図 3.40　Δ-Y 結 線

= 30° 進んでいる（位相変位時数は 1）。Δ-Δ結線の場合と同様に，相電圧および線電流に対する等価回路に書き直すにはすべてのインピーダンスを 1/3 にすればよく，図 (c) が Y 結線に換算した 1 相分の等価回路である。

〔4〕 **Y-Δ結線**　Y 接続負荷 $\dot{Z}$ はインピーダンス $3\dot{Z}$ の Δ 接続に換算でき，**図 3.41** (a) の 1 相分の等価回路は図 (b) となる。

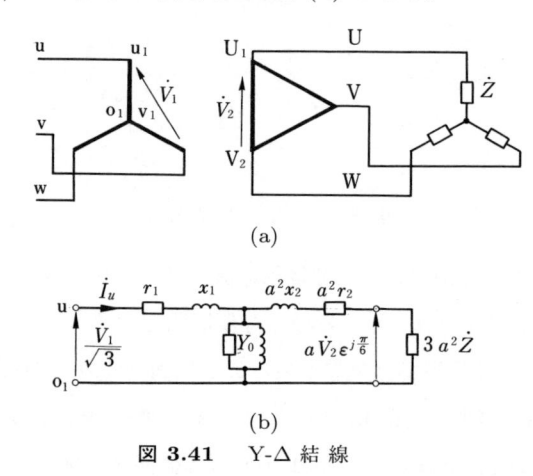

図 3.41　Y-Δ 結線

図 (a) の結線では $\dot{V}_2$ は $\dot{V}_1$ よりも 30° 位相が遅れている。すなわち位相変位は $\pi/6$〔rad〕= 30° である（位相変位時数は 11）。

以上の結果を要約すると，三相回路および供給電圧が対称であれば，1 相分の等価回路を使って解析することができる。一次側が三角結線の場合は，Y 結線に換算した一相分の等価回路の漏れインピーダンスは

$$\frac{r_1 + a^2 r_2}{3} + \mathrm{j}\frac{x_1 + a^2 x_2}{3}$$

となる。Δ-Y 結線および Y-Δ 結線の場合は ±30° の位相変位が存在する。

〔5〕 **V 結　線** (V connection, open delta connection)　Δ-Δ 結線で 1 個の変圧器を取りはずすと**図 3.42** になる。U，V，W および u，v，w の各端子の電位は Δ-Δ 結線の場合と変わりがないから，このままで三相電力の変圧が行われる。変圧器の定格二次電圧および電流を V_2, I_2 とすれば，図の結線では変圧器巻線電流と線電流が等しいから，負荷に供給できる出力（皮相電力）

図 3.42 V 結 線

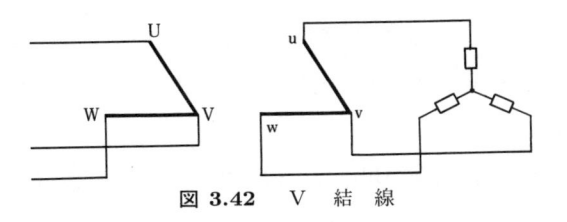

は $\sqrt{3}V_2I_2$ 〔V·A〕となる。したがって

$$\frac{V結線出力}{\Delta\text{-}\Delta結線出力} = \frac{\sqrt{3}V_2I_2}{3V_2I_2} = 0.577 \tag{3.49}$$

すなわちΔ-Δ結線からV結線にすると負荷に供給できる電力は約58％に減少する。また，容量V_2I_2の変圧器2台で出力（皮相電力）が$\sqrt{3}V_2I_2$となるから

$$V結線変圧器の利用率 = \frac{\sqrt{3}V_2I_2}{2V_2I_2} \times 100 \ 〔\%〕 = 86.6\ \% \tag{3.50}$$

V結線は，小容量で変圧器台数を少なくしたい場合，または将来の負荷の増加が見込まれるときに，とりあえず2台だけ設備して運転する場合に利用される。単相変圧器3台のΔ-Δ結線で一相の変圧器が故障した場合に利用することもできる。

3.6.4 三相結線の比較

単相変圧器を単相回路に使用した場合は図3.25に示したように多数の高調波を含む励磁電流が流れて正弦波の誘導起電力が発生する。しかし，三相結線では必ずしもそうではない。

いま，線路を流れる三相電流が120°ずつ位相の遅れたひずみ波であって

$$\left.\begin{aligned}i_u &= \sum_{n=1}^{\infty} \sqrt{2}I_n \cos(n\omega t + \varphi_n) \\ i_v &= \sum_{n=1}^{\infty} \sqrt{2}I_n \cos\left\{n\left(\omega t - \frac{2\pi}{3}\right) + \varphi_n\right\} \\ i_w &= \sum_{n=1}^{\infty} \sqrt{2}I_n \cos\left\{n\left(\omega t - \frac{4\pi}{3}\right) + \varphi_n\right\}\end{aligned}\right\} \tag{3.51}$$

のように表されたとしよう。波形が正負対称であれば偶数次調波は存在しない

から，n は奇数となる。n が 3 の倍数の場合はその調波は各相とも同相になるので，$i_u + i_v + i_w = 0$ の条件から各相の線電流には第 3，9，15，$\cdots$，つぎの調波は存在し得ない。

一次・二次ともに Y 結線の場合は，励磁電流に第三調波（および 3 の倍数の次数の高調波）が含まれないことから，各相の変圧器の誘導起電力はひずみ波となる。ただし，一次の線間に正弦波電圧が加えられた場合には，それの巻数比によって変圧された電圧が二次の線間に現れるのであって，線間電圧には高調波は存在しない。

各相の変圧器の誘導起電力を

$$\left.\begin{aligned} e_u &= \sum_{n=1}^{\infty} \sqrt{2} E_n \cos(n\omega t + \phi_n) \\ e_v &= \sum_{n=1}^{\infty} \sqrt{2} E_n \cos\left\{n\left(\omega t - \frac{2\pi}{3}\right) + \phi_n\right\} \\ e_w &= \sum_{n=1}^{\infty} \sqrt{2} E_n \cos\left\{n\left(\omega t - \frac{4\pi}{3}\right) + \phi_n\right\} \end{aligned}\right\} \quad (3.52)$$

とし，線間電圧 $e_{uv} = e_u - e_v$，$e_{vw} = e_v - e_w$，$e_{wu} = e_w - e_u$ には基本波分しか存在しないという条件を使うと，e_u, e_v, e_w には基本波のほかに 3 の倍数の次数の高調波が存在し得ることがわかる。したがって Y-Y 結線における各相の誘導起電力は**図 3.43** のように，第三調波を多く含んだ波形になる。

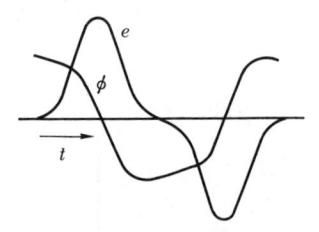

図 3.43 Y-Y 結線における相電圧のひずみ

一次巻線が Δ 結線の場合は各変圧器にはそれぞれ正弦波の線間電圧が印加されるのであるから，各変圧器には正弦波電圧が誘導される。そのためには第三調波の電流が励磁電流として流れなければならないが，第三調波電流は各相と

も同相であるので，Δ結線内で環流することができて，これを電源から取る必要はない。

二次巻線がΔ結線の場合も，同様に第三調波電流はΔ結線内で環流することができる。

結論として，三相結線の一次側または二次側のいずれかがΔ結線であれば変圧器の誘導起電力には高調波の発生はない。

以上のことから三相結線の特性と用途は**表 3.2** のようになる。

表 3.2 三相結線の比較

結線	利点	欠点	用途
Y-Y	一次と二次の電圧が同相 中性点が接地でき，絶縁の点で有利	中性点を接地しないときは相電圧がひずみ，絶縁に不利 中性点を接地すると第三調波電流が流れて，付近の通信線に誘導障害を与える	50 kV·A 以下の内鉄形三相変圧器に使われるが，大容量の変圧器には使われない
Δ-Δ	一次と二次の電圧が同相 1個の変圧器が故障したときは V 結線で使用できる	中性点の接地ができない	配電用によく使用される
Δ-Y および Y-Δ	高圧側を Y にしてその中性点を接地すれば，絶縁の点で有利である	一次と二次の電圧に ±30°の位相変位があって同相でない	送配電系統に使用される
Y-Y-Δ	Y-Y に同じ。Y-Y の欠点は三次巻線Δによって除かれる		一次変電所，大容量受電設備に多い

3.6.5 相数の変換

二相以上の交流電力は変圧器の結線方法によって容易に相数を変換することができる。単相電力を多相電力に変換することは，普通の変圧器では不可能である。

〔1〕 **三相・二相間の変換**　図 3.44 の結線を**スコット結線** (Scott connection) といい，三相から二相への相数変換に使用される。同じ結線で，二相から三相への相数変換も可能である。

図 3.44 スコット結線

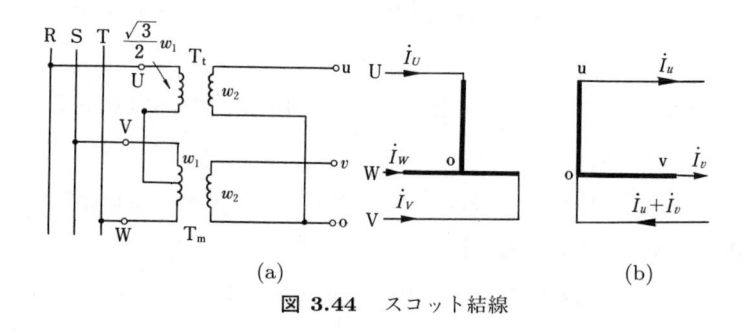

　図の T_m（一次側に中点タップがある）を**主座変圧器** (main transformer)，T_t を **T 座変圧器** (teazer transformer) という．両変圧器の二次巻数を同じとすれば，T_t の一次巻数は T_m の一次巻数の $\sqrt{3}/2$ 倍であることが必要である．この 2 台の変圧器をまとめて一つの外箱に納めたものを**スコット結線変圧器** (Scott-connected transformer assembly) といい，例えば交流式電気鉄道の変電所で使われる．三相側に対称三相電圧が加えられたとき，二相側に平衡二相電圧が現れることは図からわかる．つぎに二相側に平衡二相電流

$$\dot{I}_u = j\dot{I}_v$$

が流れたとすると

$$w_2\dot{I}_u = \frac{\sqrt{3}}{2}w_1\dot{I}_U, \quad w_2\dot{I}_v = \frac{1}{2}w_1(\dot{I}_V - \dot{I}_W), \quad \dot{I}_U + \dot{I}_V + \dot{I}_W = 0$$

の関係から

$$\dot{I}_V = \left(-\frac{1}{2} - j\frac{\sqrt{3}}{2}\right)\dot{I}_U = \dot{I}_U e^{-j(2/3)\pi},$$

$$\dot{I}_W = \left(-\frac{1}{2} + j\frac{\sqrt{3}}{2}\right)\dot{I}_U = \dot{I}_U e^{-j(4/3)\pi}$$

となる．すなわち，三相側に流れる電流は対称三相電流である．

〔2〕 **三相・六相間の変換**　三相変圧器の各相の二次巻線を 2 個ずつ設けて図 **3.45** のように接続すれば六相電圧が得られる．

　図 **3.46** (a) のように各相 3 個ずつの二次巻線を設けて，図 (b) のように接続すれば中性点 O_2 と 6 個の二次端子との間の電圧は六相電圧になる．この結

図 3.45 星形六相結線

図 3.46 フォーク結線

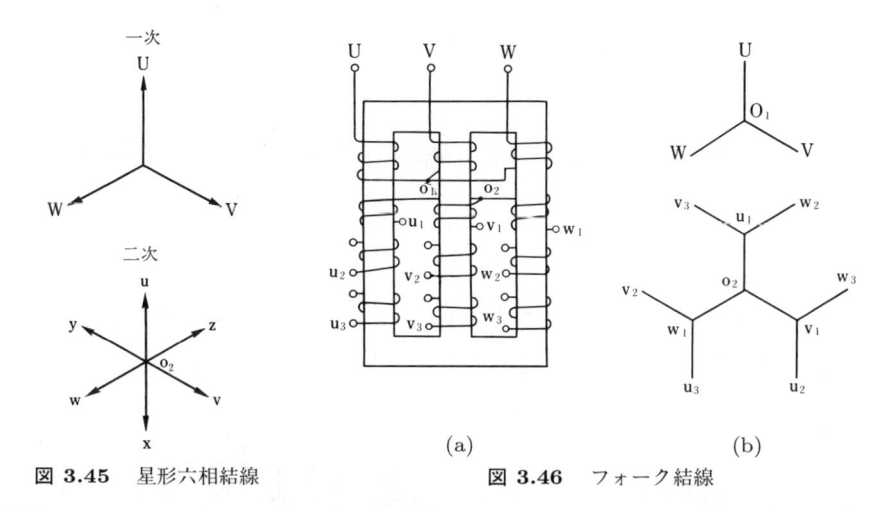

線をフォーク結線といい，整流器回路に使用される．

以上のような相数変換方式を拡張して適用すれば，十二相，二十四相その他任意の相数を得ることができる．

3.6.6 単巻変圧器

図 3.47 (a) のように，一次側と二次側が絶縁されていなくて，巻線の一部が一次と二次に共通に利用されている変圧器を**単巻変圧器** (autotransformer) という．

実験室でよく使われるスライダックは巻数比を連続的に変えられるようにした単巻変圧器であり，また，大容量のものは電圧の異なる送電系統の連結のために使われている．

一次回路と二次回路の間に直列にはいる部分の巻線（図の w_s）を**直列巻線** (series winding) といい，一次と二次に共通な部分の巻線（図の w_c）を**分路巻線** (common winding) という．w_s, w_c を各巻線の巻数とすれば，単巻変圧器の巻数比は

$$a = \frac{w_c + w_s}{w_c} \tag{3.53}$$

120   3. 変 圧 器

である。励磁電流を無視すれば，両巻線の起磁力の平衡条件から

$$w_c \dot{I}_c = w_s \dot{I}_h$$

の関係が成り立つ。ここに，$\dot{I}_h$ は直列巻線電流である。したがって分路巻線電流は

$$\dot{I}_c = \frac{w_s}{w_c}\dot{I}_h = (a-1)\dot{I}_h \tag{3.54}$$

となり，a が 1 に近いほど I_c が小さくなり，分路巻線を細い銅線で作ることができるので，二巻線変圧器に比べて資材を大いに節約できる。

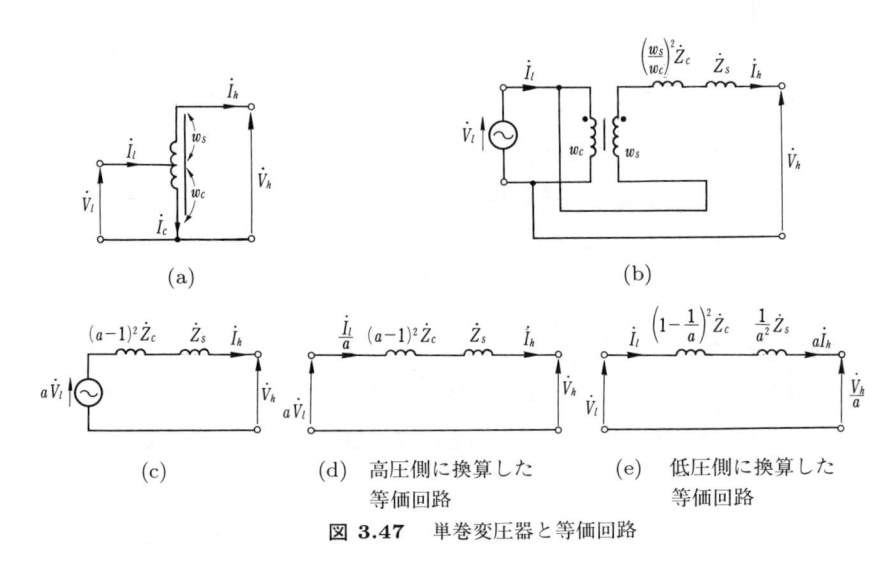

図 3.47 単巻変圧器と等価回路

単巻変圧器の等価回路はつぎのようにして得られる。まず，図 3.47 (a) を一次と二次が直列に接続された変圧器と考えることにより，図 (b) の等価回路が得られる。ここに，$\dot{Z}_c, \dot{Z}_s$ はそれぞれ分路巻線および直列巻線の漏れインピーダンスであり，励磁電流の枝路は省略してある。低圧側端子に電圧 $\dot{V}_l$ が加えられたものとすると，高圧側の無負荷電圧 $\dot{V}_{h0}$ は

$$\dot{V}_{h0} = \dot{V}_l + \frac{w_s}{w_c}\dot{V}_l = a\dot{V}_l$$

また，低圧側を短絡したときに高圧側端子からみた内部インピーダンスは

である。したがって 図 (b) は等価電圧源の定理（テブナンの定理）により，図 (c) のように書き直される。ここで

$$\dot{Z}_{hi} = \dot{Z}_s + \left(\frac{w_s}{w_c}\right)^2 \dot{Z}_c = (a-1)^2 \dot{Z}_c + \dot{Z}_s$$

$$\dot{I}_l = \dot{I}_c + \dot{I}_h = a\dot{I}_h \tag{3.55}$$

の関係を用いると，図 (c) は図 (d) のように書くことができる。これが単相単巻変圧器の等価回路である。これを低圧側に換算すると図 (e) が得られる。図 (d) および図 (e) において，高圧側が一次の場合は各電流の向きを逆に描けばよい。

単巻変圧器では負荷に供給できる二次電力（$V_l I_l$ または $V_h I_h$）を**負荷容量**（または線路容量）といい，また，変圧器の大きさを示す値として，直列巻線または分路巻線の許容電力を**自己容量**と呼ぶ。すなわち

$$自己容量 = V_s I_h = V_l I_c \quad [\text{V·A}] \tag{3.56}$$

ここに，V_s は直列巻線の端子間の電圧である。自己容量は巻線を一次と二次に分離して使用するとした場合の変圧器の定格容量に等しい。自己容量と負荷容量の比を K で表すことにする。すなわち

$$K = \frac{自己容量}{負荷容量} \tag{3.57}$$

とする。K は同一電力を負荷に供給するために必要な単巻変圧器と二巻線変圧器との定格容量の比を表す（K に対する正式な用語・記号は定められていないが，変圧器の節約率と理解しておくのがよい）。漏れインピーダンスを無視することにすれば，単相の場合は

$$K = \frac{V_s I_h}{V_h I_h} = \frac{V_h - V_l}{V_h} = 1 - \frac{1}{a} \tag{3.58}$$

となる。したがって，$a\,(=V_h/V_l)$ が 1 に近いほど変圧器が小形にできる。

3.6.7 単巻変圧器の三相結線

図 **3.48** は単巻変圧器の三相結線の種類を示す。これらに対して，すべて $a = V_h/V_l$ として K の値を求めるとつぎのようになる。

$$\text{Y 結線} \quad K = \frac{3V_s I_h}{\sqrt{3}V_h I_h} = 1 - \frac{1}{a} \tag{3.59}$$

$$\text{内接三角結線} \quad K = \frac{3V_s I_s}{\sqrt{3}V_l I_l} = \frac{V_h{}^2 - V_l{}^2}{\sqrt{3}V_h I_l} = \frac{1+a}{\sqrt{3}}\left(1 - \frac{1}{a}\right) \tag{3.60}$$

$$\text{辺延長三角結線} \quad K = \frac{3V_s I_h}{\sqrt{3}V_h I_h} = \sqrt{1 - \left(\frac{1}{2a}\right)^2} - \frac{\sqrt{3}}{2a} \tag{3.61}$$

$$\text{V 結線} \quad K = \frac{2V_s I_h}{\sqrt{3}V_l I_l} = \frac{2}{\sqrt{3}}\left(1 - \frac{1}{a}\right) \tag{3.62}$$

これらの三相結線のうち，辺延長三角結線の K が他の結線の場合よりも少し小さいので，この結線が使われることが多い．

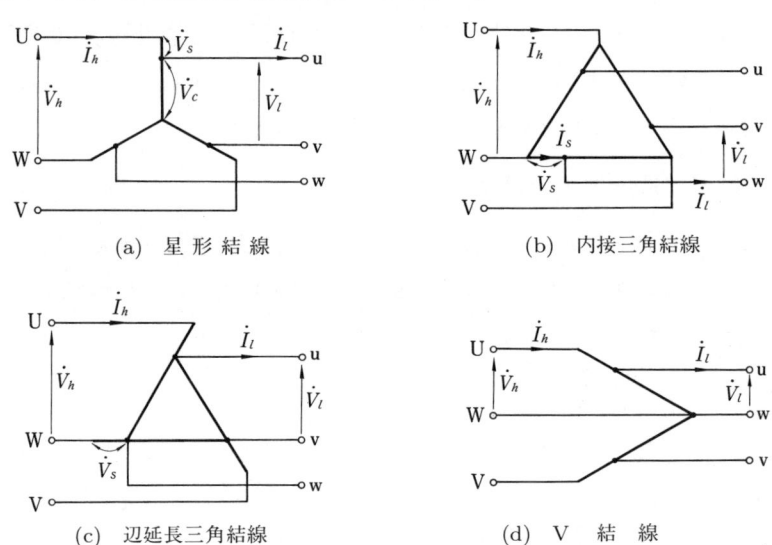

(a) 星形結線 (b) 内接三角結線

(c) 辺延長三角結線 (d) V 結線

図 3.48　単巻変圧器の三相結線

3.7　特 殊 変 圧 器

3.7.1　計器用変成器

高電圧または大電流の交流回路において，電圧，電流を取り扱いやすい大きさに変換して測定するために使われる変圧器である．電流を測定するためのものを**変流器**（current transformer；略称 CT）といい，電圧を測定するための

ものを**計器用変圧器**（potential transformer；略称 PT）という．両者を総称して**計器用変成器**という．計器用変成器の二次側には電流計・電圧計・電力計・継電器などが接続される．これらの負荷は一般の負荷と区別して**負担**（burden）と呼ぶ．

〔1〕**変 流 器**　　変流器の一次巻線は図 **3.49** (a) のように大電流回路に接続される．

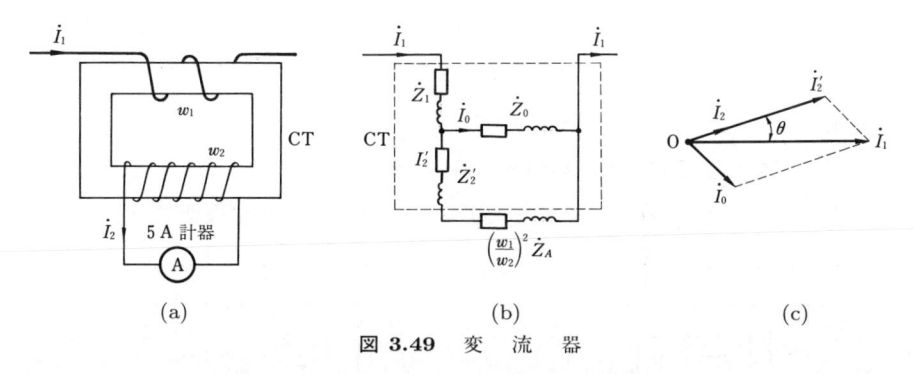

図 **3.49** 変　流　器

変流器は一次電流が定格電流のとき二次電流が 5 A になるように作るのが標準である．

電流計のインピーダンスを $\dot{Z}_A$ とし，二次側を一次側に換算した等価回路を作ると図 (b) になる．励磁インピーダンス $\dot{Z}_0$ が非常に大きくて $\dot{I}_0$ が $\dot{I}_2'$ に対して無視できるならば

$$w_1 \dot{I}_1 = w_2 \dot{I}_2 \qquad \frac{\dot{I}_2}{\dot{I}_1} = \frac{w_1}{w_2}$$

となって $\dot{I}_2$ と $\dot{I}_1$ の比は正確に巻数に反比例するが，実際には $\dot{I}_0$ は完全には無視できないので，誤差が生じる．すなわち，負担 $\dot{Z}_A$ の大きさと位相角および一次電流 $\dot{I}_1$ の変化による励磁インピーダンス $\dot{Z}_0$ の磁気飽和程度の相違によって $\dot{I}_1$ と $\dot{I}_2$ の比が変化し，また，$\dot{I}_1$ と $\dot{I}_2$ との間に位相差が生じる．定格一次電流を I_{1n}，定格二次電流を I_{2n} とする（銘板記載値）とき

$$\epsilon = \frac{(I_{1n}/I_{2n}) - (I_1/I_2)}{(I_1/I_2)} \times 100 \quad [\%] \tag{3.63}$$

を**比誤差**（ratio error）といい，電流の大きさに対する誤差を示すものである．

また，I_1 と I_2 との間の位相差（これは図 (c) に示す I_1 と I_2' との間の位相差に等しい）θ を**位相角**（phase angle）といい，電力測定の場合に誤差の原因となる。

変流器の誤差を少なくするには高透磁率鉄心を使うのが最もよい。

変流器を高電圧の回路に使用する場合は危険防止のために二次側の一端を接地する。また，変流器の使用中に二次を開路すると，交流の各サイクル中の鉄心未飽和の期間には一次巻線には電源電圧のほぼ全部が加わり，その結果二次端子にはきわめて高いピーク波電圧が発生して危険である。したがって使用中の変流器の二次側は決して開路してはならない。

〔1〕 **計器用変圧器** 計器用変圧器は **図 3.50** (a) のように接続される。二次側には 110 V または 150 V の電圧計が接続されるのが標準である。

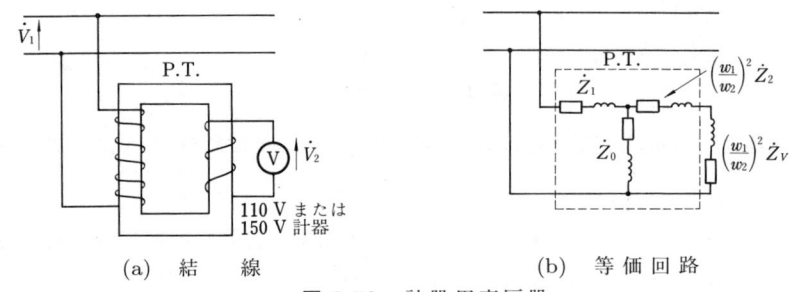

(a) 結　線　　　　　　　　(b) 等 価 回 路

図 3.50　計 器 用 変 圧 器

図 (a) の二次側を一次側に換算すると図 (b) になる。電圧計のインピーダンス $\dot{Z}_V$ が十分大きければ

$$\dot{V}_2 = \frac{w_2}{w_1} \frac{\dot{Z}_0}{\dot{Z}_1 + \dot{Z}_0} V_1 \tag{3.64}$$

となる。したがって $Z_1 \ll Z_0$ ならば比誤差も位相角も小さくなる。このため計器用変成器は励磁インピーダンスが大きく，かつ，一次漏れインピーダンスが小さくなるように注意して作られる。

3.7.2　磁気回路の等価電気回路

次項の磁気漏れ変圧器に対する基礎理論として，磁気回路をそれと等価な電

気回路に変換する方法を説明する。

図 **3.51** (a) の磁気装置について考える。磁気回路は三つの磁路の並列接続からなっており，各磁路にはそれぞれ1個の巻線が設けられている。磁束はすべて鉄心中を通り，周囲の空気中に漏れる磁束はないものとする。各磁路の磁気抵抗を R_1, R_2, R_3 とし，各磁路の巻線とその外部回路は，すべて基準の巻数 w_1 に換算されているものとする。磁気抵抗 R_1 の磁路の磁束を ϕ_1 とし，その巻線の端子電圧を v_1, 電流を i_1 とする。いま，第2，第3の巻線の電流が零であるとすると

$$v_1 = w_1 \frac{d\phi_1}{dt} \tag{3.65}$$

$$\phi_1 = \frac{w_1 i_1}{R_1 + \dfrac{R_2 R_3}{R_2 + R_3}} \tag{3.66}$$

が成り立つ。両式から ϕ_1 を消去すると

$$v_1 = \frac{w_1{}^2}{R_1 + \dfrac{R_2 R_3}{R_2 + R_3}} \frac{di_1}{dt} = \frac{L_1(L_2 + L_3)}{L_1 + (L_2 + L_3)} \frac{di_1}{dt} \tag{3.67}$$

ここに

$$L_1 = \frac{w_1{}^2}{R_1}, \quad L_2 = \frac{w_1{}^2}{R_2}, \quad L_3 = \frac{w_1{}^2}{R_3}$$

である。上式から v_1 の端子対から見た電気的特性は，端子間にインダクタンス L_1 が接続され，それと並列に $L_2 + L_3$ のインダクタンスが接続された場合に等しいことがわかる。

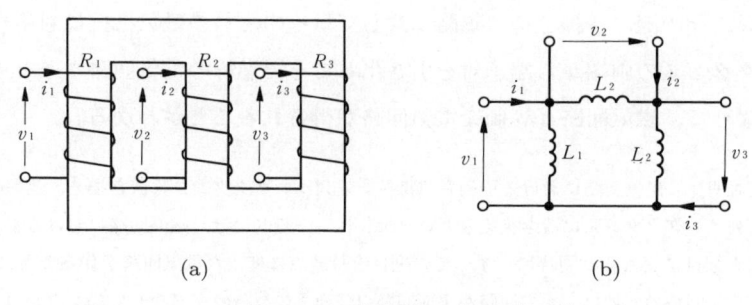

(a)   (b)

図 **3.51** 磁気回路の等価電気回路

つぎに，磁気抵抗 R_2 の磁路の巻線だけに電流 i_2 が流れているものとすれば

$$v_2 = \frac{w_1{}^2}{R_2 + \dfrac{R_3 R_1}{R_3 + R_1}} \frac{di_1}{dt} = \frac{L_2(L_3 + L_1)}{L_2 + (L_3 + L_1)} \frac{di_2}{dt} \qquad (3.68)$$

が成り立つ．この場合は，v_2 の端子対から見た電気的特性は，端子間にインダクタンス L_2 が接続され，それと並列に $L_3 + L_1$ のインダクタンスが接続された場合に等しいことがわかる．

同様に，磁気抵抗 R_3 の磁路の巻線だけに電流 i_3 が流れているものとすれば

$$v_3 = \frac{w_1{}^2}{R_3 + \dfrac{R_1 R_2}{R_1 + R_2}} \frac{di_1}{dt} = \frac{L_3(L_1 + L_2)}{L_3 + (L_1 + L_2)} \frac{di_3}{dt} \qquad (3.69)$$

が成り立つ．端子から見た特性に関して上記と同様な関係がある．

また，図 (a) から

$$\phi_1 + \phi_2 + \phi_3 = 0 \qquad (3.70)$$

であるから

$$v_1 + v_2 + v_3 = w_1 \left(\frac{d\phi_1}{dt} + \frac{d\phi_2}{dt} + \frac{d\phi_3}{dt} \right) = 0 \qquad (3.71)$$

図 (b) の電気回路が以上の各式をすべて満足することは明らかである．したがって，図 (b) の電気回路は図 (a) の磁気回路の等価電気回路であるとしてよい．

以上の考察から，磁気回路における直列の磁気抵抗を電気回路における並列のインダクタンスに置き換え，磁気回路における並列の磁気抵抗を電気回路における直列のインダクタンスに置き換えるという操作を磁気回路全体にわたって行い，その際，巻線を持つ磁路に対してはその磁路の磁気抵抗に対応するインダクタンスの両端から端子対を引き出してその巻線の電気回路端子とすることによって，磁気回路と等価な電気回路が得られることがわかる．

【補足説明】 磁気回路における直列磁気抵抗を並列インダクタンスに置き換え，並列磁気抵抗を直列インダクタンスに置き換えるという操作は，一般的には，磁気回路におけるすべての接続点を網目に変えると同時に，すべての網目を接続点に変えた電気回路を作ることになる．このような回路の変換は，元の回路が平面回路（球面上に枝路の交差なしで描くことのできる回路）である場合にはつねに可能である．具体的な手順はつぎのとおりである．

磁気回路を集中定数化した回路図形を描き，その図形のすべての網目の中および図形全体の外側（図形全体の外側は球面上に描いたときに一つの網目を形成しているからである）に電気回路の接続点となるべき点を一つずつ打つ。そして隣り合った網目の中の点をそれぞれ結ぶときに横切る磁気抵抗が R_i であるとき，インダクタンス $L_i = w_1{}^2/R_i$ を介して網目の中の点を結ぶ。ここに，w_1 は基準として選んだ全体に共通の巻数である。磁気抵抗 R_i を横切るときに起磁力源 $F_i = w_i i_i$ をも横切る場合は，インダクタンス L_i の両端から端子対を引き出し，その端子対に流入する電流を $i_i{}'$ としておく。ここに，$i_i{}'$ は i_i を基準の巻数に換算した場合の巻線電流である。 ♡

3.7.3 磁気漏れ変圧器

図 3.52 (a) のように，一次巻線と二次巻線を鉄心上で分離して設け，漏れ磁束を生じやすくした構造の変圧器を**磁気漏れ変圧器** (high-reactance transformer) という。その磁気回路を集中定数化した回路図が図 (b) である。F は起磁力源を表し，R は磁気抵抗を表す。

図 3.52 磁気漏れ変圧器の等価回路

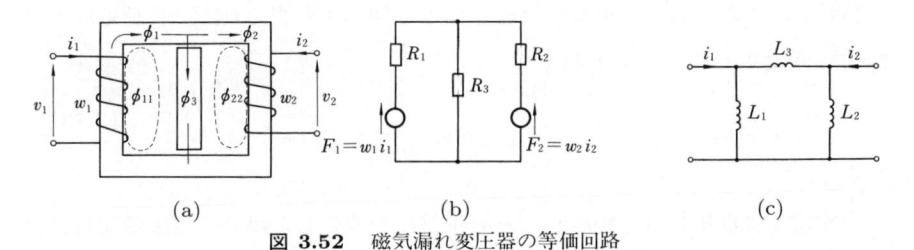

図 (b) を基礎として前項で述べた方法によって等価回路を作ると図 (c) が得られる。ここに

$$L_1 = \frac{w_1{}^2}{R_1}, \quad L_2 = \frac{w_1{}^2}{R_2}, \quad L_3 = \frac{w_1{}^2}{R_3} \tag{3.72}$$

である。

　磁気漏れ変圧器の交流の定常状態に対する等価回路は図 (c) における各インダクタンスをリアクタンスに書き換えて得られ，**図 3.53** (a) になる。図中の r_1, r_2 は一次および二次巻線の巻線抵抗である。これを二次側に換算すると図 (b) になる。ここに

(a) (b) (c)

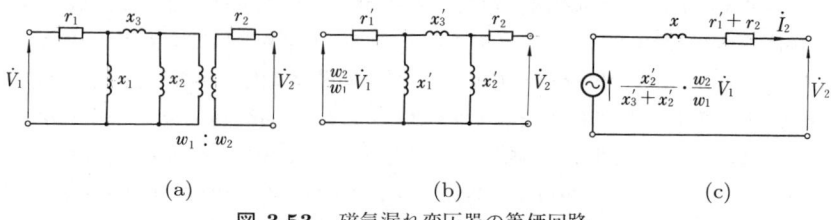

図 3.53 磁気漏れ変圧器の等価回路

$$x_1' = \omega\frac{w_2^2}{R_1}, \quad x_2' = \omega\frac{w_2^2}{R_2}, \quad x_3' = \omega\frac{w_2^2}{R_3}, \quad r_1' = \left(\frac{w_2}{w_1}\right)^2 r_1$$

である.

一般に，磁気飽和のために x_1' および x_2' が非線形リアクタンスであるので，漏れ変圧器の解析はこの等価回路を基礎として行うべきであって，普通の変圧器のように T 形等価回路または簡易等価回路を用いることは適当でない．ところで図 (b) は複雑であるので，これを簡単化しよう．r_1' を便宜上 r_2 のところに移動し，それから等価電源の定理を使うと図 (c) が得られる．負荷電流を制限する等価リアクタンス x は

$$x = \frac{x_2' x_3'}{x_2' + x_3'} \tag{3.73}$$

である.

二次端子に抵抗負荷を接続し，その抵抗値を変化した場合の電圧電流特性は図 **3.54** のように垂下特性になる．

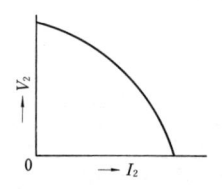

図 3.54 磁気漏れ変圧器の負荷特性

磁気漏れ変圧器はアーク溶接用変圧器およびネオン変圧器などに使用される．これらの用途では放電開始のために無負荷時には高い電圧を必要とし，また，放電電流の安定化のために直列インピーダンスの大きいことが必要だからである．

3.7.4 単巻磁気漏れ変圧器

図 3.55 (a) は磁気漏れ変圧器を単巻接続にしたものである。この形の変圧器は 100 V 電源から約 200 V の無負荷電圧を得てけい光ランプまたは高圧水銀灯を点灯させる場合に広く使われている。この変圧器は磁気漏れ変圧器の一次と二次を直列につないだものと考えることにより，図 (b) の等価回路で表される。

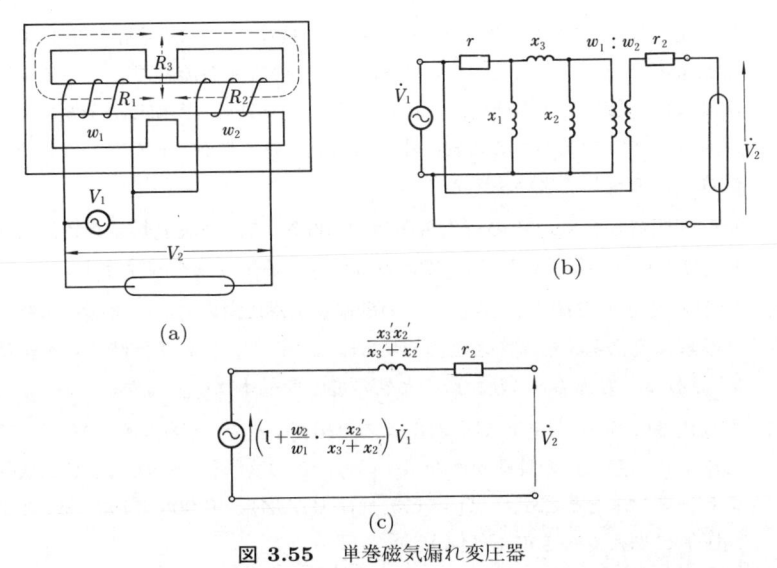

図 3.55 単巻磁気漏れ変圧器

ここで例によって等価電源の定理を適用しよう。r_1 を無視すれば無負荷二次電圧は

$$\dot{V}_{20} = \dot{V}_1 + \frac{w_2}{w_1}\frac{x_2}{x_3+x_2}\dot{V}_1 = \dot{V}_1\left(1 + \frac{w_2}{w_1}\frac{x_2'}{x_3'+x_2'}\right) \quad (3.74)$$

また，r_1 を無視し V_1 を短絡したとき，二次端子からみた内部インピーダンスは

$$\dot{Z}_2 = r_2 + j\left(\frac{w_2}{w_1}\right)^2\frac{x_2 x_3}{x_3+x_2} = r_2 + j\frac{x_2' x_3'}{x_3'+x_2'} \quad (3.75)$$

よって，この場合の等価回路は図 (c) になる。二次端子（負荷端子）からみた内部リアクタンスが単巻でない磁気漏れ変圧器の場合〔式 (3.73)〕と同じであることは興味ある事実である。

章 末 問 題

(1) 変圧器容量が増大するに従って油入変圧器ではどんな冷却方式が採用されているか。ただし，冷却媒体は空気として考えよ（電験昭和36年3種）。

(2) 単相変圧器3個を Y-Y 結線にし，一次側に対称三相電圧を加えたとき，二次側の1線と中性点との間に単相負荷だけを接続して十分な負荷電流をとることができるか。また，二次の2線間に単相負荷をつないだときはどうか。

(3) 単相変圧器の二次端子間に $0.5\,\Omega$ の抵抗を接続し，一次側端子間に $400\,V$ の交流電圧を加えたところ，一次巻線に $1\,A$ の電流が流れた。この変圧器の一次側に換算した全巻線抵抗は $1.0\,\Omega$ であり，一次側に換算した全漏れリアクタンスは $4.0\,\Omega$ である。この変圧器の巻数比はいくらか。ただし，この場合，励磁電流は無視してよいものとする。

(4) 単相変圧器がある。その一次電圧は $2\,000\,V$ で，一次側無負荷電流は $0.210\,A$，無負荷鉄損は 68.0〔W〕であるという。磁化電流を計算せよ。

(5) $50\,Hz$，$6\,300/210\,V$，$15\,kV\cdot A$ の単相変圧器において，二次側を短絡して一次巻線に定格電流を流すときの一次電圧は $185\,V$，定格電流時の負荷損は $250\,W$ である。力率 0.8（遅れ）のときの電圧変動率はいくらか。

(6) 巻数比 31，低圧側定格電圧 $210\,V$ の単相変圧器で，低圧側に $210\,V$，$500\,A$，力率 0.8（遅れ）の負荷がかかっている。この変圧器の一次および二次漏れインピーダンスをそれぞれ $Z_1 = 6.3 + j7.1\,\Omega$，$Z_2 = 0.005 + j0.008\,\Omega$ とすると高圧側に加えるべき電圧は何 V か。

(7) $15\,000\,kV\cdot A$，$63\,500/13\,800V$，定格力率 0.8 遅相の単相変圧器において，高電圧側を短絡した場合の低電圧側の計器の読みはつぎの値であった。
　　　電圧 $952\,V$，電流 $1087\,A$，電力 $6.25\,kW$
　この変圧器の百分率抵抗降下，百分率リアクタンス降下，電圧変動率を求めよ。

(8) 単相 $10\,kV\cdot A$ の変圧器3個を Y-Δ 結線で使用している。この1相だけに負荷するとすれば何 $kV\cdot A$ まで負荷をかけられるか。

(9) $1\,000\,kV\cdot A$ の単相変圧器2個と $2\,000\,kV\cdot A$ の単相変圧器1個とを組み合わせて Δ-Δ 結線とする。これに電流の平衡した負荷を加えるとき，最大負荷は何 $kV\cdot A$ か。ただし，変圧器の巻数比，インピーダンス電圧および抵抗とリアクタンスとの比はそれぞれ等しいとする。

(10) 単相変圧器を並行運転する場合，負荷分担を容量に比例させるための条件を説

明せよ（電験昭和 25 年 3 種）．

(11) 巻数比 31，低圧側に換算された全漏れインピーダンス 0.025 + j0.055 Ω の単相変圧器と巻数比 30，低圧側に換算された全漏れインピーダンス 0.012 + j0.080 Ω の単相変圧器がある．両変圧器の低圧側と高圧側をそれぞれ並列に接続し，高圧側に 6 600 V の交流電圧を加えたとき，低圧巻線間を流れる循環電流〔A〕の値はいくらか．

(12) スコット結線により 3 300 V の三相から 200 V，40 kV·A の電力を得る場合に必要な主座変圧器および T 座変圧器の巻数比，一次電流，変圧器容量を求めよ．ただし変圧器のインピーダンス降下は無視し，二相側は平衡しているものとする．

(13) 一次電圧 200 V，二次電圧 250 V，線路出力 100 kV·A の単巻変圧器がある．自己容量はいくらか．

(14) 定格出力 50 kV·A の変圧器がある．その鉄損は 400 W，全負荷銅損は 800 W とする．この変圧器が 1 日中 8 時間ずつ無負荷，1/2 負荷および全負荷を負うものとすれば，全日効率はいくらか．ただし，負荷の力率は 100 ％ とする（電験昭和 18 年 3 種）．

(15) 出力 2 kW および 8 kW （いずれも力率 100 ％）で，同一効率 96 ％ を有する単相柱上変圧器がある．(1) 出力 8 kW における鉄損および銅損はいくらか．(2) 最高効率はいくらの出力で得られるか．(3) 最高効率の値はいくらか（電験昭和 17 年 2 種）．

(16) 単相単巻変圧器の高圧側を一次として電圧 $\dot{V}_h$ を加えた場合の低圧側出力電流が $\dot{I}_l$ であるとする．このときの分路巻線電流 $\dot{I}_c$ を求めよ．ただし，低圧側負荷は純抵抗負荷とし，直列巻線巻数を w_s，分路巻線巻数を w_c とし，高圧側を開放して低圧側に $\{w_c/(w_c + w_s)\}\dot{V}_h$ の電圧を加えたときの励磁電流を $\dot{I}_0$ とする．

(17) 変流器の二次回路は使用中開いてはならない理由を述べよ．

4

誘 導 機

　誘導機（induction machine）とは固定子巻線を交流電源に接続し，固定子側から電磁誘導作用によって（誘導的に）電力を回転子に伝えて動作する電気機械である。誘導機の中で最も重要なのは誘導電動機（induction motor）である。かご形誘導電動機は他の電動機に比べて構造が簡単で，故障が少なく，低価格で，かつ，使いやすいので，各種鉱工業においてきわめて数多く使われている。広範囲の速度制御が必要な場合は可変周波数インバータと組み合わせて使われる。家庭用電気機器など三相電源のない場合には単相誘導電動機が使われる。

4.1 誘導電動機の原理

4.1.1 回転磁石と導体円筒

　図 4.1 のように導体円筒を軸で支えて自由に回転できるようにしておき，その周囲で磁石を回転させると，円筒は磁石と同じ方向に，磁石よりも少し遅い速度で回転する。

　これは磁石の移動に伴って導体が磁力線によって切られるために導体表面に渦電流が発生し，この渦電流と磁石の作る磁界との間に電磁力 f が発生するか

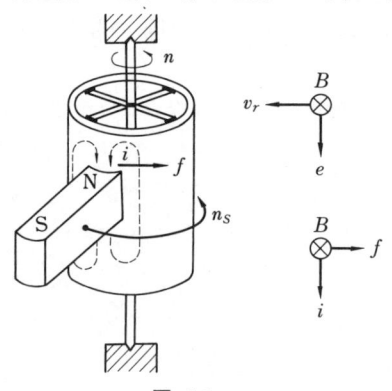

図 4.1

らである。この電磁力の方向は，磁石と円筒との相対速度を減少させる方向である（レンツの法則に基づく）。なお，図 4.1 における誘導起電力 e および渦電流 i の方向を求めるには，磁石が静止していて円筒が逆方向に v_r なる相対速度で回転していると考えて，フレミングの右手の法則を使えばよい。

この円筒はつねに磁石よりも遅い速度で回転する。もし，磁石と同じ速度になったとすれば渦電流が消滅して電磁力がなくなるからである。

4.1.2　回転磁界の発生と同期速度

誘導電動機では磁石を回転させる代わりに，静止した多相巻線に多相交流電流を通じることによって回転磁石と等価な磁界，すなわち**回転磁界**（revolving magnetic field）を作る。

実際の機械はほとんどすべて三相機であるので，三相巻線による回転磁界について説明する。図 4.2 は三相固定子巻線の原理的なコイル配置を示す。

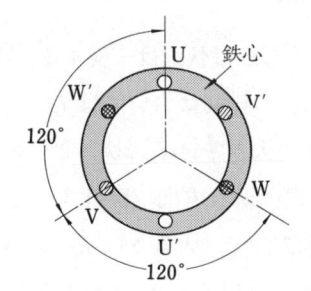

図 4.2　三 相 巻 線

いまは原理を理解することが目的なので，最も簡単な場合として，各相の巻線はただ 1 個のコイルからなるものとする。U と U′ は U 相コイルの両コイル辺とし，他のコイルも同様とする。V 相コイルは U 相コイルよりも（数学的な正方向に）120° 進んだ位置にあり，W 相コイルは V 相コイルよりもさらに 120° 進んだ位置にある[†]。

[†] 実際の機械においては，各相巻線はいくつかのスロットに納められたコイルからなっていることが多く，また，コイルの幅も磁極ピッチよりも少し小さいのが普通であるが，そのような巻線も巻線係数（p.144 参照）によって等価な単一巻線（全節巻の集中巻）に換算できるので，図 4.2 によって考えても一般性は失われない。

つぎに各相電流の正方向を図 **4.3**(a) のように定める。そうすると各相電流による起磁力の正方向は $\vec{F}_U, \vec{F}_V, \vec{F}_W$ の矢印の方向になる。各相電流の瞬時値が同じ大きさであるときは，そのベクトル和は

$$\vec{F}_U + \vec{F}_V + \vec{F}_W = 0 \tag{4.1}$$

となり，固定子内部空間に対する合成起磁力は零である（$\vec{F}$ は空間ベクトルを表す。以下 ⃗ を省略する）。

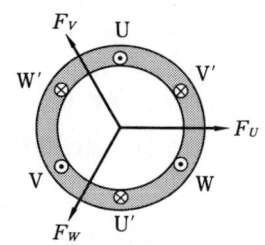

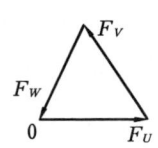

(a) 起磁力の正方向　　(b) 各巻線の電流が同相の場合

図 **4.3**

しかし，各相巻線に三相電流が流れるときは状況は一変する。図 **4.4** はその様子を示すものである。例えば，$t = t_1$ の時刻においては i_U が正の最大値を取り，i_V および i_W は負であって，その大きさは i_U の 1/2 である。したがって起磁力は F_U が正方向，F_V および F_W が負方向（図 4.3 と逆方向）であって，それらの合成起磁力 F は F_U と同方向で，大きさは F_U の 3/2 倍である。時刻が $t_2, t_3, \cdots$ と経過するにつれて合成起磁力 F は大きさが一定のまま左回りに回転し，1 周期後（t_{13}）には元の方向に戻る。すなわち，対称三相巻線に対称三相電流が流れると，大きさが不変で一定速度で回転する**不変回転磁界**（constant rotating field）が発生する。

その回転の速さは，今の場合は交流の周波数を f 〔Hz〕とすると

$$n_S = f \quad [\text{s}^{-1}]$$

である。以上は二極機の場合である。四種機の場合は上記のような空間ベクトルの合成という考え方では扱いにくいので，図 **4.5** のように各時刻における巻

4.1　誘導電動機の原理

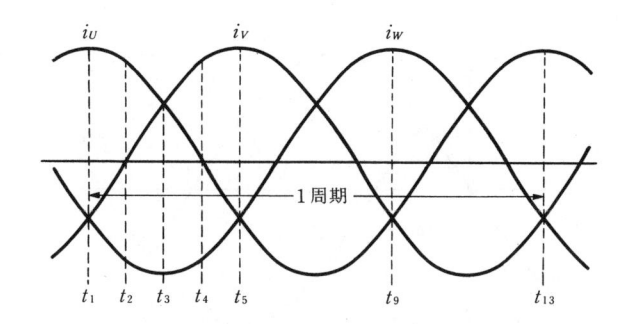

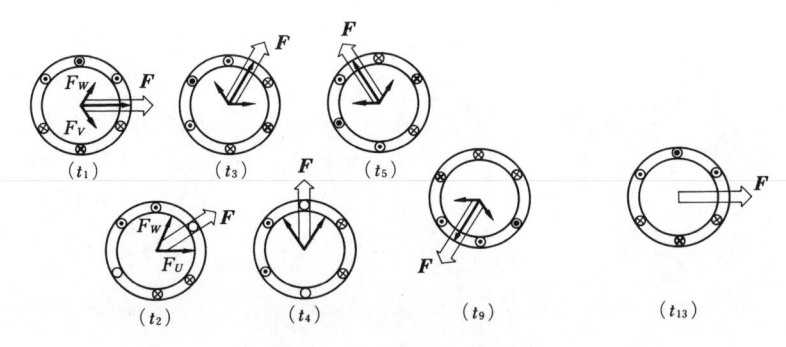

図 4.4　回転磁界の発生

線電流による磁束の通り方を調べる。図からわかるように，交流の位相角 60° の変化に対して合成磁界の磁極（例えば S_2）は 30° の割合でしか移動しない。したがって，四極機における磁界の回転速度は

$$n_S = \frac{f}{2} \quad [\text{s}^{-1}]$$

である。一般式として，$2p$ 極機における回転磁界の回転速度は

$$n_S = \frac{f}{p} \quad [\text{s}^{-1}] \tag{4.2}$$

または

$$N_S = \frac{60f}{p} \quad [\text{min}^{-1}] \tag{4.2'}$$

となる。この n_S または N_S を**同期速度**（synchronous speed）という。

136　4. 誘導機

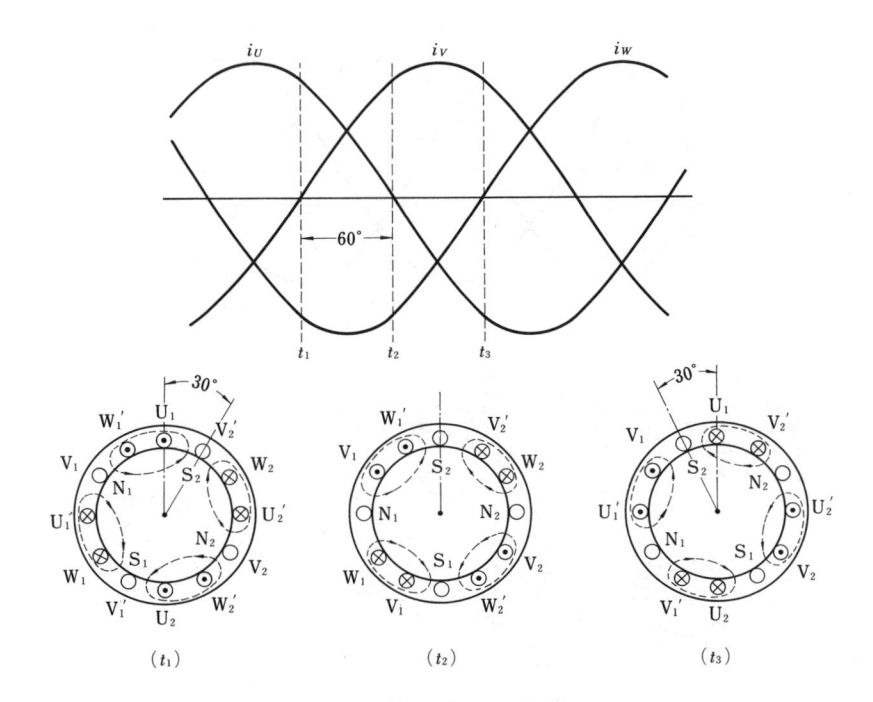

図 4.5　回転磁界の発生（四極機）

【回転磁界の数式による説明】　図 4.6 (a) において誘導機は 2 極とし，各相の巻線は全節巻の集中巻であるものとする。

(a)

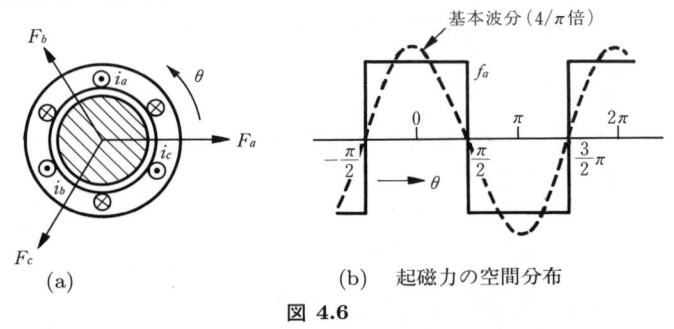

(b)　起磁力の空間分布

図 4.6

図 (a) における a 相電流 i_a による起磁力 F_a の空間分布を図 (b) の f_a で示す。b 相，c 相の電流による起磁力の空間分布は，図 (b) の f_a をそれぞれ $2\pi/3$ 〔rad〕および $4\pi/3$ 〔rad〕だけ右方向に平行移動したものとなる。これらをフーリエ級数に展開すると

$$f_a = \frac{4}{\pi} w i_a \left\{ \cos\theta - \frac{1}{3}\cos 3\theta + \frac{1}{5}\cos 5\theta - \frac{1}{7}\cos 7\theta + \cdots \right\}$$

$$f_b = \frac{4}{\pi} w i_b \left\{ \cos\left(\theta - \frac{2\pi}{3}\right) - \frac{1}{3}\cos 3\left(\theta - \frac{2\pi}{3}\right) + \frac{1}{5}\cos 5\left(\theta - \frac{2\pi}{3}\right) \right.$$
$$\left. - \frac{1}{7}\cos 7\left(\theta - \frac{2\pi}{3}\right) + \cdots \right\}$$

$$f_c = \frac{4}{\pi} w i_c \left\{ \cos\left(\theta - \frac{4\pi}{3}\right) - \frac{1}{3}\cos 3\left(\theta - \frac{4\pi}{3}\right) + \frac{1}{5}\cos 5\left(\theta - \frac{4\pi}{3}\right) \right.$$
$$\left. - \frac{1}{7}\cos 7\left(\theta - \frac{4\pi}{3}\right) + \cdots \right\}$$

となる。ここに，w は一相の巻数とする。これらの起磁力はギャップ2箇所に作用する。

各相の電流を
$$i_a = \sqrt{2}I\cos\omega t, \quad i_b = \sqrt{2}I\cos\left(\omega t - \frac{2\pi}{3}\right), \quad i_c = \sqrt{2}I\cos\left(\omega t - \frac{4\pi}{3}\right)$$
とすると，合成起磁力はつぎのようになる。

$$f = f_a + f_b + f_c = \frac{4}{\pi} w \sqrt{2} I \frac{3}{2} \left\{ \cos(\theta - \omega t) + \frac{1}{5}\cos(5\theta + \omega t) \right.$$
$$\left. - \frac{1}{7}\cos(7\theta - \omega t) + \frac{1}{11}\cos(11\theta + \omega t) - \cdots \right\} \tag{4.3}$$

上式の右辺 { } 内第1項が最大値を取る条件は $\theta - \omega t = 0$ である。したがって，$\theta = \omega t$ が任意の時刻において基本波分起磁力が最大値となる角位置 θ を与える。このことから基本波分回転磁界は角速度 ω で反時計方向（数学的正方向）に回転することになる。同様に考えて

空間第5調波は，振幅が基本波の 1/5 で，$\omega/5$ の角速度で逆方向に回転する。
空間第7調波は，振幅が基本波の 1/7 で，$\omega/7$ の角速度で正方向に回転する。
空間第3調波は三相分の合成が零になる。

以下同様で，三相巻線の場合，7次，13次，19次，$\cdots$ は正方向に，5次，11次，17次，$\cdots$ は逆方向に回転する。3の倍数の次数の空間高調波は存在しない。

なお，巻線が分布巻・短節巻である場合には，上記の合成起磁力 f の式の各調波（次数 ν）の項の前に巻線係数 $k_{w\nu}$（p.144 参照）を付ける。　　　　　　　　　　　　♡

4.1.3　誘導電動機の原理的構造

誘導電動機の固定子は原理的には図 4.2 に示した構造のものである。回転子は図 4.1 のような導体円筒ではトルクが小さいので，円筒形鉄心表面に短絡された巻線を施したもの（4.3 節参照）が使われる。

固定子巻線は交流電源に接続されるので**一次巻線**（primary winding）と呼ばれる。回転子巻線は一次巻線から電磁誘導作用によって電力を供給される巻線であるので**二次巻線**（secondary winding）と呼ばれる。回転子を一次にし，

固定子を二次にした構造でも理論的には同様に動作するが経済的でない。

4.1.4 滑りと摩擦クラッチ

誘導電動機の回転子は普通の運転状態では同期速度 n_S よりも少し遅い速度で回転する。回転子の回転速度を n とするとき

$$s = \frac{n_S - n}{n_S} \quad \text{または} \quad s = \frac{n_S - n}{n_S} \times 100 \quad [\%] \tag{4.4}$$

を**滑り** (slip) という。

この滑りの物理的意味は摩擦クラッチの滑りとよく似ている。**図 4.7** において駆動軸 (n_1) と被駆動軸 (n_2) とが摩擦面をもった円板 C_1 および C_2 によって連結されている。C_1 と C_2 との間の圧力が十分大きければ両軸は一体となって同一速度で回転するが,圧力が小さいと C_1 と C_2 との間に滑りを生じ,C_2 は C_1 よりも遅い速度で回転する。C_2 が C_1 に対して滑る速度は

$$\Delta n = n_1 - n_2 \quad [\text{s}^{-1}]$$

であり,これを比率で表すには n_1 を基準にして

$$s = \frac{n_1 - n_2}{n_1}$$

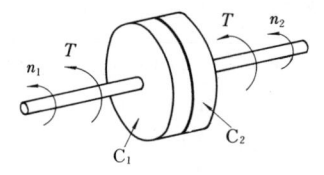

図 4.7 クラッチの動力伝達

とするのが自然である。つぎに摩擦クラッチの動力伝達について考える。伝達トルクを T [N·m] とすると

$$\text{駆動側動力} \quad P_{C1} = \omega_1 T = 2\pi n_1 T \quad [\text{W}]$$

$$\text{負荷側動力} \quad P_{C2} = \omega_2 T = 2\pi n_2 T \quad [\text{W}]$$

であって,その差

$$P_{C1} - P_{C2} = 2\pi n_1 T \left(1 - \frac{n_2}{n_1}\right) = s P_{C1} \quad [\text{W}]$$

は摩擦面内で熱になる。したがって

$$P_{C2} = (1 - s) P_{C1}$$

であり，このときのクラッチの動力伝達効率は $(1-s) \times 100$ 〔%〕である。誘導電動機のエネルギー変換においても以上のクラッチの場合とよく似た関係式が成り立つが，それについては後で述べる。

例題 4.1 50 Hz，4 極，6 極，8 極の誘導電動機の同期速度を計算せよ。

【解答】 式 (4.2) より

$$4\text{極} \quad (2p = 4) \cdots\cdots N_S = \frac{60 \times 50}{2} = 1\,500 \quad \text{min}^{-1}$$

$$6\text{極} \quad (2p = 6) \cdots\cdots N_S = \frac{60 \times 50}{3} = 1\,000 \quad \text{min}^{-1}$$

$$8\text{極} \quad (2p = 8) \cdots\cdots N_S = \frac{60 \times 50}{4} = 750 \quad \text{min}^{-1} \quad \diamond$$

例題 4.2 60 Hz，2 極の誘導電動機が滑り 0.02 で回転している。毎分回転数はいくらか。

【解答】 $N_S = 60 \times 60 = 3\,600 \quad \text{min}^{-1}$

$$N = (1 - s) N_S = (1 - 0.02) \times 3\,600 = 3\,528 \quad \text{min}^{-1} \quad \diamond$$

4.2 電機子巻線の起磁力と誘導起電力

4.1.2 項においては三相巻線の起磁力をベクトル的に合成して回転磁界の説明を行ったが，これは各相巻線によるギャップ磁束分布が正弦波状であると仮定していることを意味する。

(a) 単相集中巻　　　(b) 三相集中巻

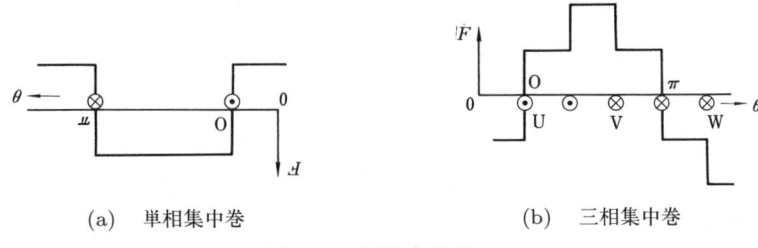

図 4.8　起磁力分布

　実際には 1 個のコイルによるギャップの起磁力分布は**図 4.8** (a) のような方形波である。このようなコイルが 3 個あって三相電流を流した場合の起磁力分布は，例えば同図 (b) のように少しは波形がよくなるが，正弦波にはほど遠い。1 極 1 相当りのスロット数が 1 の巻線を**集中巻** (concentrated winding) というが，集中巻では磁束分布に（空間）高調波が多く含まれているために速度起電力に大きな（時間）高調波が含まれ，機械の特性を害する。

　そのため，実際の機械では 1 極 1 相当りのスロット数を 2 以上にして，起磁力分布を改善する。このような巻線を**分布巻** (distributed winding) という。これは電機子鉄心表面を有効に利用する点からも望ましい。

　1 極 1 相のスロット数 q を 4 にした場合の 1 相分の起磁力の分布は**図 4.9** (a) のようになって，波形はかなり改善される。各コイルの起磁力の基本波分だけを考えると同図 (b) のようになり，合成起磁力 F は方向が α 〔rad〕ずつずれた 4 個の起磁力 f のベクトル和に等しく，$4f$ よりは少し小さい。分布巻の起磁力の集中巻の場合に対する比を**分布係数** (distribution factor, breadth factor) といい，**図 4.10** からわかるように

$$k_d = \frac{F}{qf_1} = \frac{\sin(q\alpha/2)}{q\sin(\alpha/2)} \tag{4.5}$$

である。α は多極機の場合は電気角（$2p$ 極機の場合は幾何学的な角の p 倍を電気角という）とする。磁束の第 ν 次空間調波に対しては各コイルの起磁力間の方向差を $\nu\alpha$ と考えなければならないから

$$k_{d\nu} = \frac{\sin(\nu q\alpha/2)}{q\sin(\nu\alpha/2)} \tag{4.6}$$

図 4.9 分布巻の合成起磁力

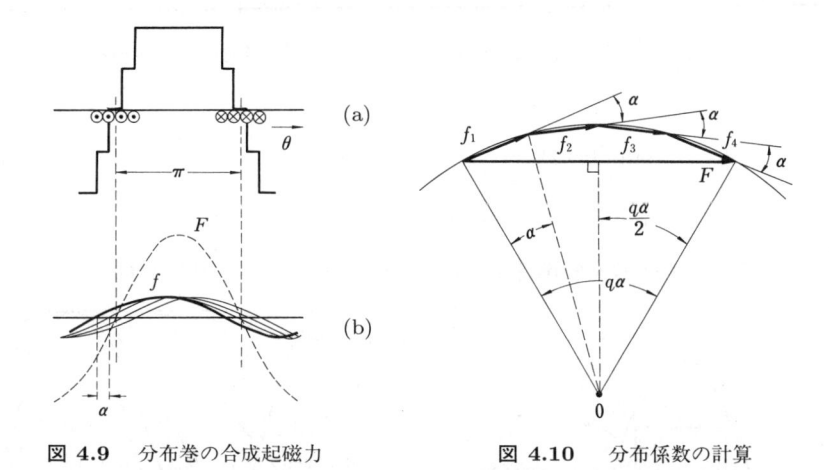

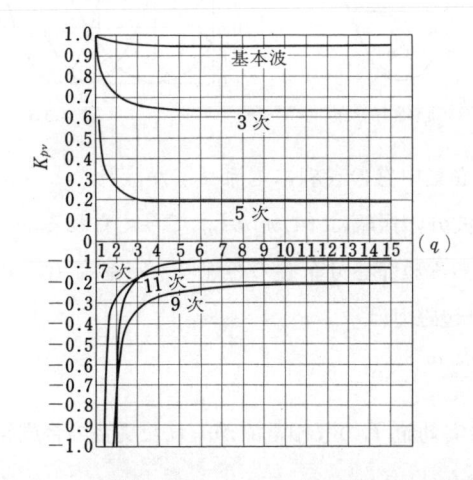

図 4.10 分布係数の計算

図 4.11 相帯角 $60°$ ($q\alpha = \pi/3$) の場合の分布係数

となる。**図 4.11** に示すように q の増加につれて高調波分は急速に減少する。

以上は**全節巻** (full-pitch winding)（コイルの幅が 1 磁極ピッチに等しい巻線）の場合であるが，実際面ではコイルピッチが磁極ピッチよりも短い**短節巻** (short-pitch winding) が好んで用いられる。電気角で表したコイルピッチを $\beta\pi$ とするとき，**図 4.12** の $a, -a$ および $b, -b$ の 2 個の短節コイルの作る

磁界を，仮に a, b および $-a, -b$ の 2 組の電流によって作られる磁界（f_a' および f_b'）と考えれば，短節巻と全節巻の起磁力の比は，分布係数 $k_d, k_{d\nu}$ の式で $q = 2$, $\alpha = (1-\beta)\pi$ とおくことにより

$$k_p = \sin(\beta\pi/2) \tag{4.7}$$

$$k_{p\nu} = \{\sin(\nu\pi/2)\}\{\sin(\nu\beta\pi/2)\}, \quad |k_{p\nu}| = |\sin(\nu\beta\pi/2)| \tag{4.8}$$

となる．この係数を**短節係数** (pitch factor) という（**図 4.13**）．

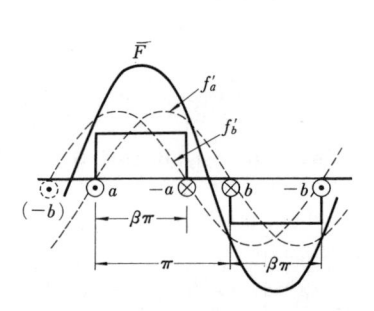

図 4.12　短節巻の起磁力分布

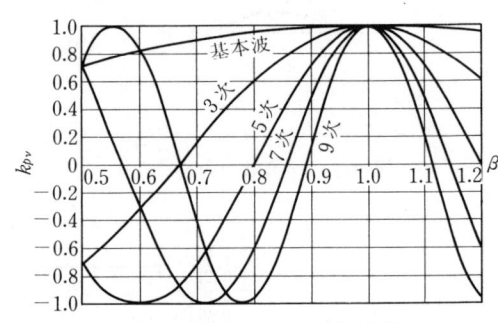

図 4.13　短節係数

巻数 w の全節巻集中巻の巻線に電流 I_m が流れたときに生じる起磁力分布（方形波）の基本波分の振幅は $(4/\pi)wI_m$ で与えられるから，極数 $2p$ で 1 相の全巻数が w である短節巻分布巻の巻線に一定電流 I_m が流れたときの 1 極対当りの基本波分起磁力は

$$F_1 = \frac{4}{\pi}\frac{k_d k_p w}{p} I_m$$

である．三相機に実効値 I の三相電流が流れた場合の合成起磁力は図 4.4 について述べたことから

$$F = \frac{4}{\pi}\frac{3}{2}\frac{k_d k_p w}{p}\sqrt{2}I\left(= 2.71\frac{k_d k_p w I}{p}\right) \quad [\text{A}] \tag{4.9}$$

の強さの不変回転磁界となる．

つぎに誘導機の固定子巻線に発生する誘導起電力について調べよう．

1 極当りの磁束 Φ のうち，（空間）基本波分を Φ_1 とすると，固定子の 1 個の全節コイルに発生する誘導起電力は

$$e_1 = -\frac{d}{dt}\{\Phi_1 \cos(\omega t + \theta_0)\} = \omega \Phi_1 \sin(\omega t + \theta_0)$$

であり，1相の巻数を w とすれば，集中巻の場合の1相分の誘導起電力の実効値は

$$E_1 = \frac{w\omega\Phi_1}{\sqrt{2}} = \frac{2\pi f}{\sqrt{2}}w\Phi_1 = 4.44fw\Phi_1 \quad \text{[V]}$$

である。分布巻の場合は各コイルの電圧の位相が α ずつずれているから起磁力の場合と同様に考えて

$$E_1 = 4.44fk_dw\Phi_1$$

となる。また，さらに短節巻である場合には，電機子1相の**誘導起電力**は

$$E_1 = 4.44fk_dk_pw\Phi_1 \tag{4.10}$$

となる。k_d, k_p は起磁力に対しても誘導起電力に対しても同じ値であるが，起磁力の場合は空間ベクトルの合成に関する係数であり，起電力の場合はフェーザ（時間ベクトル）の合成に関する係数である。

なお，小形機では，図 **4.14** のようにスロットの方向を軸方向に対してある角度だけねじることが多い。これを**斜めスロット** (skewed slot) という。これはスロットによるトルクの脈動および異常高調波トルクの発生を抑制する効果があるので，小形機に広く採用されている。斜めスロット角を θ_0 [rad] とすると，誘導起電力または起磁力の減少の係数は分布係数の式において $q\alpha = \theta_s$, $q \to \infty$ とすることにより

$$k_s = \frac{\sin(\theta_s/2)}{\theta_s/2}, \quad k_{s\nu} = \frac{\sin(\nu\theta_s/2)}{\nu\theta_s/2} \tag{4.11}$$

となる。ν は高調波の次数である。$k_s, k_{s\nu}$ を**斜めスロット係数** (skew factor) という。

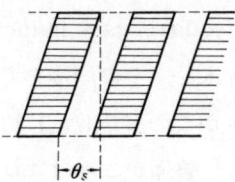

図 **4.14** 斜めスロット

を**巻線係数** (winding factor) という。一相分の実際の巻数 w_a と巻線係数との積

$$w_e = k_w w_a, \quad w_{e\nu} = k_{w\nu} w_a \tag{4.13}$$

を**有効巻数** (effective number of turns) という。巻数 w_a の短節巻分布巻の巻線は，基本波分に関しては，起磁力についても起電力についても巻数 w_e の全節巻集中巻の巻線と等価である。

4.3　誘導電動機の種類と構造

　固定子鉄心はけい素鋼板をドーナツ形または扇形に打ち抜いて作った固定子鉄板を軸方向に積み重ねて作る。その内側表面のスロットに一次巻線のコイルを納める。これらのコイルを接続して三つの相巻線を作り，その巻線をΔまたはY接続にして三相巻線として使う。

　ギャップは通常 0.3〜2.5 mm であるが，励磁電流を小さくするためにできるだけ狭くしてある。また，スロットも半閉スロットが多く用いられるが，高圧機では型巻コイルを使用するために開放スロットになる。

　回転子鉄心も一般にはけい素鋼板を積み重ねて作る。誘導電動機は回転子巻線の構造によってつぎのように区別される。

$$\text{誘導電動機}\begin{cases} \text{巻線形} \\ \text{かご形} \begin{cases} \text{普通かご形} \\ \text{特殊かご形} \begin{cases} \text{深溝かご形} \\ \text{二重かご形} \end{cases} \end{cases} \end{cases}$$

〔1〕　**かご形誘導電動機** (squirrel-cage induction motor)　　回転子鉄心の各スロットに裸の銅棒を挿入し，その両端を導体の**端絡環** (end ring) に溶接またはろう付けして，(リスかごの形をした) 短絡された電気回路としたものである (**図 4.15**，**図 4.16**)。**普通かご形**はスロット深さがあまり深くない構造のものである。

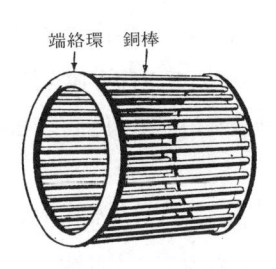

図 4.15　かご形巻線　　　　図 4.16　アルミ鋳込回転子とその固定子

　低圧の一般用誘導電動機では鉄心に鋳造わくをはめ，溶融したアルミニウムを注ぎ込んで，かご形導体棒・端絡環・通風翼を一度に作ることが多い。

〔2〕　**深溝かご形誘導電動機** (deep-bar-squirrel-cage induction motor)

　かご形回転子のスロットの深さを特に深くした構造のものである（図 4.17）。誘導電動機では二次抵抗が小さいほど運転時の効率は高いが，始動トルクも小さくなる。

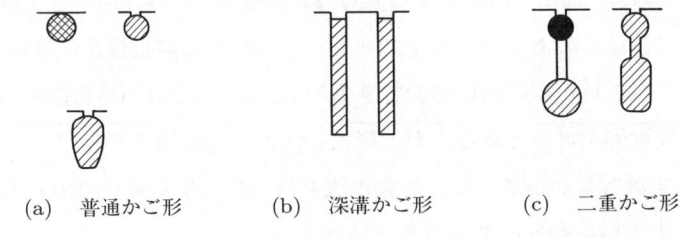

(a)　普通かご形　　　(b)　深溝かご形　　　(c)　二重かご形

図 4.17　各種回転子のスロット

　深溝かご形にすると，始動時の二次周波数の高い間は表皮効果によって電流がスロット上部に集中し，運転時の二次周波数の低いときには電流がスロット内導体断面にほぼ一様に分布するので，始動時の実効的な二次抵抗が高く，運転時の二次抵抗は低い。したがって，深溝かご形は普通かご形に比べて始動電流が小さく，始動トルクが大きい

〔3〕　**二重かご形誘導電動機** (double-cage induction motor)　　深溝かご形と同様に始動特性の改善を目的としたもので，スロットは2段になってい

て，その上部には高抵抗の導体棒（黄銅または銅の特殊合金）を納め，スロット下部には普通の硬引銅の棒を納め，その両端を上下別々または共通の端絡環に接続したものである（図 4.17）。始動時には電流は主として上部導体を流れ，運転時には電流は主として下部導体を流れるので，始動時の実効的な二次抵抗が高く，運転時の二次抵抗は低い。

〔4〕 **巻線形誘導電動機**（wound-rotor induction motor） 固定子と同様に絶縁を施したコイルを回転子のスロットに納めて三相巻線とした回転子を持つものである（図 4.18）。

図 4.18 巻線形回転子

回転子巻線は，回転子内部でYまたは△に接続し，その3端子を3個のスリップリングに接続してある。スリップリングを三相の加減抵抗器に接続することによって二次抵抗を広範囲に加減できるので，すぐれた始動特性が得られ，広範囲の速度制御が可能である。かご形電動機よりも高価であるが

（ⅰ） 電源容量が小さくて，始動電流を特に制限する必要のある場合
（ⅱ） 大きい始動トルクが必要な場合
（ⅲ） 始動頻度が高くて，かご形機では回転子が過熱する場合
（ⅳ） 速度制御が必要な場合

に使われてきた。今日では巻線形電動機の代わりにインバータ駆動のかご形電動機を採用することが多いが，二次励磁で制御する場合は巻線形電動機でなければならない。

4.4 三相誘導電動機の等価回路

4.4.1 漏れリアクタンスと励磁リアクタンス

電気機器において，その目的とする誘導起電力の発生に役立たない磁束を漏れ磁束という。変圧器と同様に，回転機においても巻線の周囲に漏れ磁束が発生し，巻線に交流が流れるときはこれが漏れリアクタンスとして作用する。

電機子コイルに電流が流れると，そのコイル端には空気中を通って図 **4.19** のような漏れ磁束ができる。これをコイル端漏れ磁束といい，これに基づくリアクタンスを**コイル端漏れリアクタンス** (end-winding-leakage reactance) という。また，コイルの鉄心中にある部分では図 **4.20** のようにスロット内を横切って局部的に電流と鎖交する漏れ磁束が生ずる。これをスロット漏れ磁束といい，これによるリアクタンスを**スロット漏れリアクタンス** (slot-leakage reactannce) という。

図 **4.19** コイル端漏れ磁束

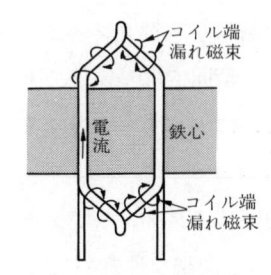

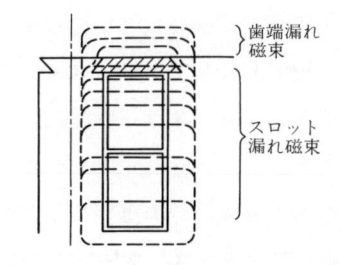

図 **4.20** スロット漏れ磁束と歯端漏れ磁束

なお，同期機のようにギャップの広い機械の場合は同じ図に示したように一つの歯から隣の歯へギャップを経て通る漏れ磁束があり，これを歯端漏れ磁束といい，これによる漏れリアクタンスを**歯端漏れリアクタンス** (tooth-top-leakage reactance) という。

電機子巻線に交流を流したとき発生する磁束は時間的には正弦波状に変化して，その巻線には基本波電圧だけを誘導するが，その磁束のギャップに沿っての空間分布は多少の高調波を含む（例えば1個のコイルの電流による磁束分布

は方形波である)。この空間高調波磁束による回転磁界は電動機の同期速度とは著しく異なる速度で回転するので、電動機のエネルギー変換にはほとんど役立たない。このような空間高調波磁束はもとの巻線には基本波電圧を発生させるが、主磁束の空間基本波分とは異なって有効な磁束ではないので、これによる影響は等価的に漏れリアクタンスとして取り扱うことができる。このリアクタンスを**高調波漏れリアクタンス** (harmonic-leakage reactance) と呼ぶ。

交流機の電機子巻線の漏れリアクタンスは以上の4種類の漏れリアクタンスの総和であり、誘導機の一次巻線および二次巻線の漏れリアクタンスはそれぞれ以上の成分からなっている。ただし、誘導機ではギャップが狭いので、歯端漏れリアクタンスは考えなくてよい。

なお、ギャップ磁束分布に高調波が生じるのはスロット数と相数が有限であるためなので、高調波漏れリアクタンスのうち、スロット数が有限であることに基づく成分を千鳥漏れリアクタンスといい、相数が有限であること(すなわち相帯角が零でないこと)に基づく成分を相帯漏れリアクタンスという。

誘導機の漏れリアクタンスは、定格電流以下の範囲では一定値であるが、定格電流を超えるとスロット漏れ磁束の飽和のために少しずつ小さくなるのが普通である。

誘導機のもう一つの重要なリアクタンスは励磁リアクタンスである。誘導機の**励磁リアクタンス**は変圧器の励磁リアクタンスと同様な性質のものであるが、誘導機では主磁束の通路にギャップがあるので、変圧器に比べて励磁リアクタンスが小さく、励磁電流が大きい。また、一般に定格電圧のおよそ70%以下の範囲では磁路の飽和の影響は少なくて励磁リアクタンスは一定と見なせるが、それ以上の電圧では電圧の上昇とともに励磁リアクタンスが小さくなる。

4.4.2　普通かご形誘導電動機の等価回路

三相誘導電動機は単相変圧器とよく似た等価回路で表して、定常状態の諸特性を計算することができる。したがって、誘導機の等価回路は、誘導機の定常運転に対する理論の中心となっている。

4.4 三相誘導電動機の等価回路

対称な三相巻線を持つ誘導電動機に対称三相電圧を加えた場合，各相に流れる電流は位相が 120° ずつ異なるだけであるから，そのうちの 1 相だけについて考察すれば十分である。

以下に最も基礎的な場合として，普通かご形誘導電動機の等価回路を導出し，その利用方法を説明する。

〔1〕 **回転子が静止しているときの等価回路** 回転子が静止しているとき，一次巻線に電圧を加えると二次巻線には変圧器作用で誘導起電力 $\dot{E}_{2t}$ が発生して二次電流が流れる。この場合の誘導機は二次の短絡された三相変圧器と同じで，その一次側の 1 相の巻線から見た等価回路は図 4.21 で表される。

ただし，誘導機および同期機の解析では，実際の三相巻線が三角結線であるか星形結線であるかに関係なく，つねに星形結線であるものとして取り扱う。したがって，等価回路の一次端子の電圧 V は誘導機の線路端子と中性点との間の電圧に相当し，三相機ではその大きさは線間電圧の $1/\sqrt{3}$ である。r_2 および x_2 は一次 1 相当たりに換算された等価的な二次巻線抵抗および二次漏れリアクタンスであり，$\dot{Y}_0$ は星形結線の 1 相分の励磁アドミタンスである。

図中の $\dot{E}_{2t}$ は，一次 1 相の誘導起電力であるが，変圧器作用によって二次巻線に発生した誘導起電力の一次側 1 相当りの換算値に相当する。

〔2〕 **回転子が滑り s で回転しているときの等価回路** 回転子が図 4.22 のように固定子電流の作る回転磁界（ϕ）と同方向に，回転磁界に対して滑り s で回転しているものとする。

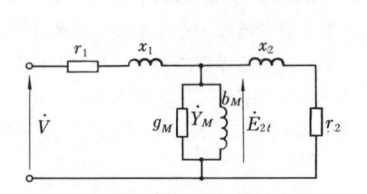

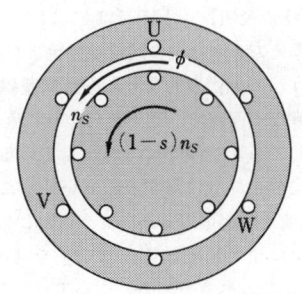

図 4.21 静止時の等価回路   図 4.22 磁束と導体との相対速度

図 4.21 の場合は回転磁界と回転子導体との相対速度は同期速度 n_S であったが，図 4.22 の場合の相対速度は sn_S である．したがって二次巻線中に発生する誘導起電力の大きさは静止時の s 倍になり，また，二次電圧の周波数も静止時の s 倍になる．すなわち，滑り s で回転しているときの二次１相の誘導起電力（一次側換算値）は

$$\dot{E}_{2i} = s\dot{E}_{2t}$$

であり，そのときの**二次電流**を $\dot{I}_2$ とすれば

$$s\dot{E}_{2t} = (r_2 + \mathrm{j}sx_2)\dot{I}_2 \tag{4.14}$$

が成り立つ．

上式の両辺を s で割ると

$$\dot{E}_{2t} = \left(\frac{r_2}{s} + \mathrm{j}x_2\right)\dot{I}_2 \tag{4.15}$$

となる．この式は図 4.21 の回路中の r_2 を r_2/s で置き換えた回路によって満足される．したがって，滑り s で回転している誘導電動機の一次１相分の等価回路は**図 4.23** になる．

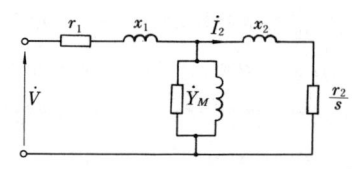

図 4.23 普通かご形誘導電動機の等価回路

【r_2/s の意味の説明】　上記〔２〕においては，回転磁界を基準にして導体の運動を考えた．このような考え方を回転機の回転磁界説または**回転磁界理論**（revolving-field theory）という．回転機のもう一つの代表的な考え方は**交差磁界理論**（cross-field theory）である．これは回転機の軸に垂直な平面内で，磁界をたがいに直角な x 方向と y 方向の成分に分け，磁界は（時間的には変化しても）空間的には静止しているとみる考え方である．そうすると，導体の速度としては当然，静止部分に対する速度を使うことになる．交差磁界理論の立場から考えると，上記の $\dot{E}_{2t}$ は変圧器起電力であって，これは回転子の速度に関係なく一定である．回転子が回転すると，新たに速度起電力 $\dot{E}_{2v}$ が $\dot{I}_2$ を妨げる向きに発生して，$\dot{E}_{2t}$ と $\dot{E}_{2v}$ との差が全誘導起電力 $\dot{E}_{2i}$ になるべきである．よって

$$\dot{E}_{2i} = \dot{E}_{2t} - \dot{E}_{2v} \quad \therefore \quad \dot{E}_{2v} = \dot{E}_{2t} - \dot{E}_{2i} = (1-s)\dot{E}_{2t} \tag{4.16}$$

$\dot{E}_{2v}$ は二次巻線中に発生するのであるから，図 4.21 の二次回路にこれを追加して，滑り s の回転時の等価回路として**図 4.24** が得られる。ただし，二次周波数が sf であることから二次漏れリアクタンスを sx_2 としてある。

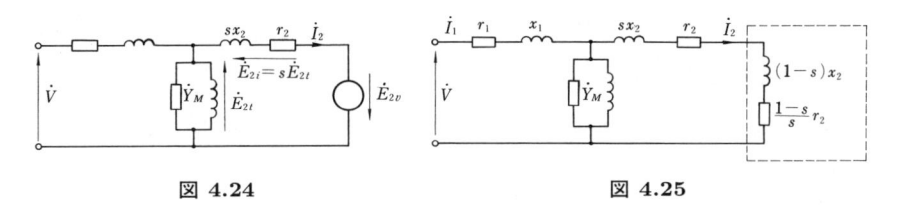

図 4.24

図 4.25

式 (4.15) と式 (4.16) とから

$$\dot{E}_{2v} = \frac{1-s}{s}\dot{E}_{2t} = \frac{1-s}{s}(r_2 + \mathrm{j}sx_2)\dot{I}_2 \tag{4.17}$$

の関係が得られる。そこで，図 4.24 の $\dot{E}_{2v}$ を $\dot{I}_2$ に対する等価インピーダンス（上式の $\dot{I}_2$ の係数）で置き換えると**図 4.25** となる。図の二次回路のインピーダンスを整理すると

$$(r_2 + \mathrm{j}sx_2) + \left\{ \frac{1-s}{s}r_2 + \mathrm{j}(1-s)x_2 \right\} = \frac{r_2}{s} + \mathrm{j}x_2 \tag{4.18}$$

となるので，図 4.25 は図 4.23 に一致する。

なお，回転子内部の現象としては（すなわち回転子に固定された座標軸から観察したときは），$\dot{I}_2, s\dot{E}_{20}, \dot{E}_{2v}$ はすべて sf〔Hz〕の量である。しかし，固定子側からみたときはこれらはすべて f〔Hz〕として観察される。その理由は，例えば $\dot{I}_2$ は，レンツの法則に従ってそれによる起磁力が固定子電流による f〔Hz〕の起磁力と平衡するように流れる電流であるからである。図 4.24 は $\dot{I}_2, \dot{E}_{2v}$ を f〔Hz〕の量と考えて構成されている。 ♡

〔3〕 発生動力とトルクの計算式 交差磁界理論では速度起電力によって吸収される電力が発生動力に等しいのであるから，図 4.25 の破線の内部で消費される有効電力が誘導電動機の 1 相分の発生動力に等しい。したがって，三相誘導電動機の発生動力は

$$P = 3\frac{1-s}{s}r_2 I_2{}^2 \quad \text{〔W〕} \tag{4.19}$$

で計算される。ただし，普通は図 4.25 の代わりに図 4.23 を使うので，図 4.23 の等価回路の二次側において消費される電力

$$P_2 = 3\frac{r_2}{s}I_2{}^2 \quad \text{〔W〕} \tag{4.20}$$

を**二次入力**といい，**発生動力** P を次式で計算できる。

$$P = (1-s)P_2 \quad [\text{W}] \tag{4.21}$$

$1-s$ を**二次効率**という。二次入力と発生動力との差は

$$P_2 - P = sP_2 = 3r_2 I_2{}^2 \quad [\text{W}] \tag{4.22}$$

で，これは**二次銅損**である。

つぎに**発生トルク**は，回転子の角速度を ω_m [rad/s]，同期角速度を ω_S [rad/s] とすれば

$$T = \frac{P}{\omega_m} = \frac{(1-s)P_2}{(1-s)\omega_S} \quad \text{したがって} \quad T = \frac{P_2}{\omega_S} \quad [\text{N}\cdot\text{m}] \tag{4.23}$$

または

$$T = \frac{P_2}{g_n \omega_S} \fallingdotseq \frac{P_2}{9.8\omega_S} \quad [\text{kgm}] \tag{4.24}$$

上 2 式において，ω_S は機械によって定まる定数であるから，**発生トルクは二次入力だけで定まる**。これは誘導機に関する重要な基礎事項である。

なお，機械損および漂遊負荷損を無視して取り扱う近似理論においては，誘導電動機の出力は発生動力に等しく，出力トルクは発生トルクに等しい。

例題 4.3 三相誘導電動機において，一次入力を 100 kW，一次銅損を 1.8 kW，二次銅損を 2.2 kW，鉄損を 1.2 kW，機械損を 1.0 kW とする。二次入力および出力はそれぞれいくらか。ただし，漂遊負荷損は無視できるものとする。

【**解答**】 二次入力 P_2 は一次入力から一次銅損と鉄損を差し引いたものに等しい。したがって

$$P_2 = 100 - 1.8 - 1.2 = 97.0 \quad \text{kW}$$

この二次入力から二次銅損を差し引いたものが発生動力であり，さらに機械損を差し引いたものが出力 P である。したがって

$$P = 97.0 - 2.2 - 1.0 = 93.8 \quad \text{kW} \tag{4.25}$$

◇

4.4.3 特殊かご形誘導電動機の等価回路

深溝かご形誘導電動機では，二次周波数（かご形導体に流れる電流の周波数）によって二次抵抗 r_2 および二次漏れインダクタンス x_2 の値が大幅に変化する。それゆえ，等価回路における二次抵抗 r_2 および二次漏れリアクタンス x_2 は滑り s の関数となる。

滑りがほとんど零のとき $(s \fallingdotseq 0)$ の等価回路における二次抵抗および二次漏れリアクタンスをそれぞれ r_{20} および x_{20} とするとき

$$r_2 = K_r r_{20}, \quad x_2 = K_l x_{20} \tag{4.26}$$

とおくと，深溝かご形誘導電動機の等価回路は**図 4.26** (a) になる。ここに，K_r および K_l は滑り s の関数である。

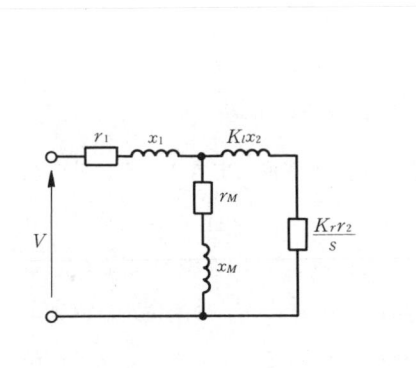

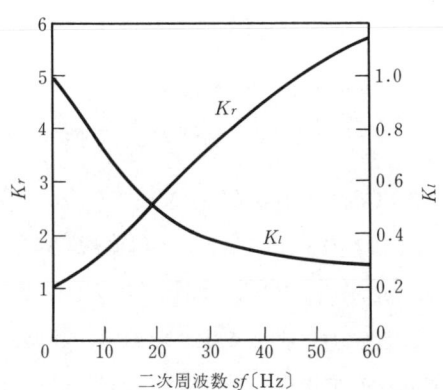

(a) 等 価 回 路　　(b) K_r および K_l の滑り s による変化

図 4.26 深溝かご形誘導電動機の等価回路

K_r および K_l の滑り s による変化の様子はスロットの深さおよびかご形導体の断面の形状によって異なるが，長方形スロットで，かご形導体の高さが幅の5倍である場合にはおよそ図 (b) のように変化する。

定常運転時のように滑りが非常に小さい範囲における電動機の特性は，二次抵抗および二次漏れリアクタンスをそれぞれ r_{20} および x_{20} であるものとして算定することができる。

図 4.27 (a) は d 方向から変圧器としてみた場合の二重かご形誘導電動機の磁気回路を示す略図で, d 方向に起磁力を生じる電流だけを描いてある. 回転子は上部巻線と下部巻線との並列回路からなり, 漏れ磁束は各巻線に単独に鎖交する ϕ_{l33}, ϕ_{l44} のほかに両巻線に共通に鎖交する ϕ_{l34} がある.

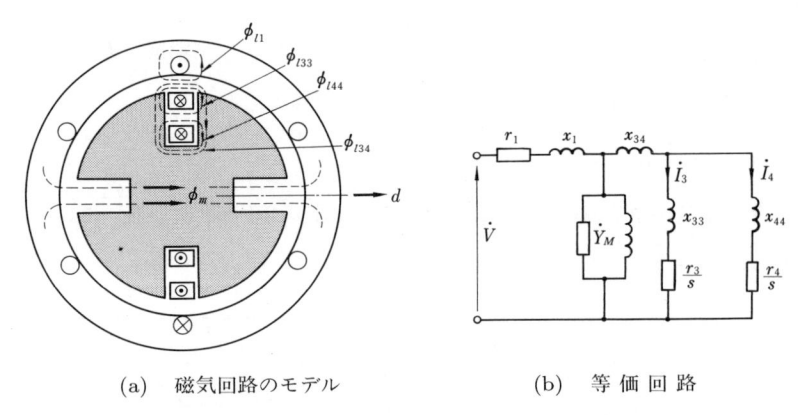

(a) 磁気回路のモデル　　　(b) 等価回路

図 4.27　二重かご形誘導電動機の等価回路

この磁気回路を 3.7.2 項で述べた方法で等価回路に変換してもよいが, その結果が図 (b) のようになることは直観的に理解できる. x_{33}, x_{44}, x_{34} はそれぞれ $\phi_{l33}, \phi_{l44}, \phi_{l34}$ による漏れリアクタンスであり, ϕ_{l34} は両巻線の電流 $\dot{I}_3, \dot{I}_4$ の合成起磁力によって生じるので, 等価回路中では $\dot{I}_3, \dot{I}_4$ の両枝路に直列の共通漏れリアクタンス x_{34} となる. この等価回路は複雑であるが, 定常運転時のように滑りが小さい範囲における電動機の特性は, 普通かご形電動機の等価回路を用いて, その二次抵抗および二次漏れリアクタンスをそれぞれ一定の値, r_{20} および x_{20} であるものとして算定することができる.

4.4.4　簡易等価回路

変圧器の簡易等価回路と同様な考えかたから, 誘導機の基礎理論においても図 4.28 のような**簡易等価回路** (approximate equivalent circuit), すなわち, 図 4.23 の等価回路における励磁アドミタンス $\dot{Y}_0$ を一次端子側に移した近似

的な等価回路が使われる．ただし，図 4.28 においては $\dot{Y}_0$ の代わりに $\dot{Y}_n$ と書いてある．$\dot{Y}_n$ は無負荷電流に対する一次端子から見たアドミタンスであって，$\dot{Y}_0$ よりも少し小さい．

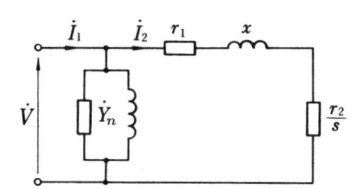

図 4.28 簡易等価回路

わが国では，図 4.23 に示した精密な等価回路を T 形等価回路と呼び，図 4.28 の簡易等価回路を L 形等価回路と呼ぶことが多い．

誘導機では主磁束通路にギャップがあるために励磁電流が大きく，励磁アドミタンス $\dot{Y}_0$ を一次端子側に移したために生じる誤差は変圧器の場合ほど小さくはないが，簡易等価回路は誘導電動機の基本的な動作を理解するのに便利であるので，ここでは簡易等価回路による理論を説明する．実務面では，より正確な取り扱いが要求される．そのための精密な等価回路に関する理論は 4.9 節で説明する．

なお，わが国の以前の誘導機の規格 (JEC-37) では，等価回路を基礎として構成された円線図によって特性を算定する方法を採用してきたが，2000 年の規格改訂で円線図法は廃止された．

4.4.5 簡易等価回路による特性計算の基礎

簡易等価回路から電動機の発生トルク T を求めると

$$T = \frac{P_2}{\omega_S} = \frac{3}{\omega_S}\frac{r_2}{s}I_2{}^2 = \frac{1}{\omega_S}\frac{V_1{}^2 r_2/s}{(r_1 + r_2/s)^2 + x^2} \quad [\text{N}\cdot\text{m}] \quad (4.27)$$

ただし，V_1 は線間電圧で，相電圧を V とすれば $V_1 = \sqrt{3}V$ であり，x は等価的な全漏れリアクタンスであって，一次漏れリアクタンスと二次漏れリアクタンスの和に近い値である．二次入力の $(1-s)$ 倍が発生動力である．誘導電動機の機械損 W_m は発生動力の中から供給されるので，出力 P は次式で表すことができる．

$$P = 3\frac{1-s}{s}r_2 I_2{}^2 - W_m$$

$$= \frac{V_1{}^2(1-s)r_2/s}{(r_1+r_2/s)^2+x^2} - W_m \quad \text{[W]} \tag{4.28}$$

任意の出力 P を発生する滑り s は上式を s について解いて求められ，つぎのようになる．

$$s = \frac{b-\sqrt{b^2-4ac}}{2a} = \frac{2c}{b+\sqrt{b^2-4ac}} \tag{4.29}$$

ここに

$$a = (x^2+r_1{}^2)(P+W_m) + r_2 V_1{}^2$$
$$b = r_2 V_1{}^2 - 2r_1 r_2(P+W_m)$$
$$c = r_2{}^2(P+W_m)$$

指定された出力に対する滑りの値が定まれば，等価回路による計算によってそのときの一次電流・入力・効率・力率を計算することができる．出力および効率を正確に求める場合には漂遊負荷損をも考慮しなければならないが，ここでは漂遊負荷損を無視しておく（4.9.4 項参照）．

式 (4.27) から $dT/ds = 0$ となる滑りを求めると

$$s_t = \frac{r_2}{\sqrt{r_1{}^2+x^2}} \tag{4.30}$$

となる．誘導電動機はこの滑り s のときに最大のトルクを発生する．このトルクを**停動トルク**（breakdown torque）という．

同様に，**最大出力**を与える滑り s を式 (4.28) から求めると

$$s_p = \frac{r_2}{r_2+\sqrt{(r_1+r_2)^2+x^2}} \tag{4.31}$$

となる．ただし，停動トルクまたは最大出力を発生するときの二次電流は定格負荷時のおよそ 2 倍程度になるので，漏れリアクタンスの飽和の可能性を考えると，s_t および s_p を計算するときの x は定格電流のおよそ 2 倍程度の電流を

流して測定した拘束試験の結果から求めた値を使うべきである。

例題 4.4　3 000 V, 50 Hz, 6 極, 100 kW の三相誘導電動機の等価回路が図 4.29 のようであるとき，この電動機の滑り 2.2 ％ における特性を計算せよ．ただし，機械損および漂遊負荷損は無視できるものとする．

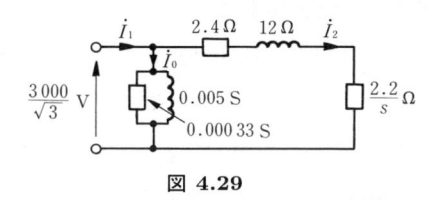

図 4.29

【解答】

無負荷電流　$\dot{I}_0 = (g_0 - j b_0)\dot{V} = (0.000\,33 - j0.005) \times 1\,732$

$\qquad\qquad\qquad = 0.572 - j8.65$

$\qquad\qquad I_0 = \sqrt{0.572^2 + 8.65^2} = 8.67$　A

負荷電流　$\dot{I}_2 = \dfrac{V}{r_1 + \dfrac{r_2}{s} + jx} = \dfrac{3\,000/\sqrt{3}}{2.4 + \dfrac{2.2}{0.022} + j12} = \dfrac{1\,732(102.4 - j12)}{102.4^2 + 12^2}$

$\qquad\qquad\qquad = 16.7 - j1.95$

$\qquad\qquad I_2 = \sqrt{16.7^2 + 1.95^2} = 16.8$　A

一次電流　$\dot{I}_1 = \dot{I}_0 + \dot{I}_2 = 17.27 - j10.6 = I_{1w} - jI_{1l}$

$\qquad\qquad I_1 = \sqrt{I_{1w}^2 + I_{1l}^2} = 20.3$　A

二次入力　$P_2 = 3I_2^2 \dfrac{r_2}{s} = 3 \times 16.8^2 \times \dfrac{2.2}{0.022} = 84.7 \times 10^3$　W

発生動力　$P = (1-s)P_2 = (1-0.022) \times 84.7 \times 10^3 = 82.8 \times 10^3$　W

入　力　$P_1 = 3VI_{1w} = 3 \times 1\,732 \times 17.27 = 89.7 \times 10^3$　W

効　率　$\eta = \dfrac{P}{P_1} \times 100 = \dfrac{82.8}{89.7} \times 100 = 92.2$　％

力　率　$\cos\varphi = \dfrac{I_{1w}}{I_1} \times 100 = \dfrac{17.27}{20.3} \times 100 = 85.1$　％

速　度　$N = (1-s)\dfrac{60f}{p} = (1-0.022)\dfrac{60 \times 50}{3} = 978$　min^{-1}

158   4. 誘　導　機

$$ \text{トルク} \quad T = \frac{P_2}{\omega_S} = \frac{p}{2\pi f}P_2 = \frac{3}{2\pi \times 50} \times 84.7 \times 10^3 = 808 \quad \text{N·m} $$

$$ T = \frac{P_2}{9.8\omega_S} = 82.4 \quad \text{kgm} $$

【注】　上記の効率は機械損および漂遊負荷損を無視した場合の値であり，上記のトルクもその場合の値である。　　　　　　　　　　　　　　　◇

4.4.6　簡易等価回路の定数の決定法

普通かご形および小形の巻線形電動機に対してはつぎのようにして簡易等価回路の定数を定めることができる（精密な等価回路の定数の決定および特殊かご形電動機の等価回路定数の決定については 4.9.2 項および 4.9.3 項参照）。

〔1〕　**抵抗測定と温度補正**　　一次各端子間の巻線抵抗を直流で測定し，その平均値を R_1 とすると，一次巻線を Y 接続と見なしたときの 1 相の抵抗は

$$ r_{1d} = \frac{R_1}{2} \quad [\Omega] $$

である。この測定における周囲温度を t〔°C〕とする。この抵抗を負荷時の巻線温度における値に補正する必要があるが，規格では負荷時の巻線温度の規約値として**基準巻線温度** T〔°C〕を使い，次式で補正する。

$$ r_1 = \frac{R_1}{2}\frac{235+T}{235+t} \quad [\Omega] $$

T は，絶縁の耐熱クラスが A，E の場合は 75 °C, B の場合は 95 °C, F の場合は 115 °C, H の場合は 130 °C にとる。

〔2〕　**無負荷試験と機械損の決定**　　定格周波数定格電圧の対称三相電圧を加えて無負荷運転し，一次電圧を定格電圧よりも少し高い電圧からしだいに低下させ，ほぼ同期速度を保つ最低値までの各点で一次電圧，一次電流および入力を測定する。

（ⅰ）　鉄損はほぼ電圧の 2 乗に比例して変化するが，回転速度は電圧によってはあまり変化しないから機械損は不変と考えられ，したがって，**図 4.30** のように一次電圧を安定に運転できる最低電圧まで変化させて入力の変化を求め，その曲線を一次電圧零の点まで延長して**機械損** W_m〔W〕を求める（実際には横軸に一次電圧の 2 乗をとってプロットして，直線を延長するのがよい）。

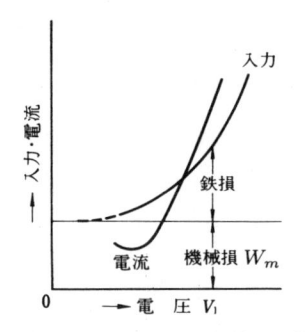

図 4.30 鉄損と機械損の分離

(ii) 定格電圧 V_1 〔V〕のときの一次電流 I_0 〔A〕, 入力 W_0 〔W〕からつぎの計算を行って, 機械損がないとしたときの無負荷アドミタンス $(g_n + jb_n)$ を求める.

$$I_{0w} = \frac{W_0}{\sqrt{3}V_1}, \quad I_{0l} = \sqrt{I_0{}^2 - I_{0w}{}^2},$$

$$I_{nw} = \frac{W_0 - W_m}{\sqrt{3}V_1}, \quad I_{nl} = I_{0l},$$

$$g_n = \frac{\sqrt{3}I_{nw}}{V_1}, \quad b_n = \frac{\sqrt{3}I_{nl}}{V_1},$$

〔3〕 **拘束試験と漏れインピーダンスの決定** 回転子に回り止めをしてから, 一次側に定格周波数の低い三相電圧を加えて定格電流に等しい電流を流し, 一次電圧 V_s', 一次電流 I_s' および入力 W_s' を測定する. 拘束試験時の一次電流中に含まれるわずかな励磁電流を無視することにし, つぎの計算を行う.

$$r_{2L} = \frac{W_s'}{3I_s'^2} - r_{1L}, \quad x = \sqrt{\left(\frac{V_s'}{\sqrt{3}I_s'}\right)^2 - (r_{1L} + r_{2L})^2}$$

ただし, r_{1L} としては拘束試験直後に測定した一次巻線の1相の直流抵抗（星形換算値）を使う. r_{2L} は拘束試験時の温度における一次1相当りに換算された二次巻線の交流抵抗である. JEC-2137 では, 運転時の二次抵抗 r_2 を, 耐熱クラス A, E の場合は $r_2 = r_{2L}$ とし, クラス B の場合は $1.06\,r_{2L}$, クラス F の場合は $1.13\,r_{2L}$, クラス H の場合は $1.18\,r_{2L}$ としている.

4.5 三相誘導電動機の特性

4.5.1 速度特性曲線と出力特性曲線

図 4.31 (a) のように滑り s を横軸にとり，トルク・入力・出力・電流・力率などの諸量を縦軸にとって表した曲線を，誘導電動機の**速度特性曲線**という。このうち，滑りとトルクとの関係を示す曲線は**トルク速度特性曲線**である。

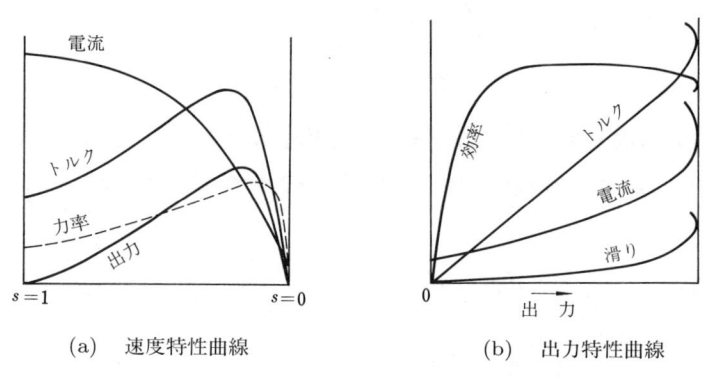

(a) 速度特性曲線 (b) 出力特性曲線

図 4.31 誘導電動機の特性曲線

一般に，誘導電動機のトルクはある滑りにおいて最大値を取る。このトルクを**停動トルク** (breakdown torque) という。電動機が安定に運転できるのは，図の停動トルクの点よりも右側（滑りの小さい方）の範囲である。

無負荷からおよそ定格出力付近までの滑りのごく小さい範囲では式 (4.27) からつぎのように近似でき，トルクは滑りに比例するものと考えてよい。

$$T = \frac{P_2}{\omega_S} \fallingdotseq \frac{1}{\omega_S}\frac{V_1^2}{r_2}s \quad [\mathrm{N\cdot m}] \tag{4.32}$$

また，停動トルクを T_m，そのときの滑りを s_t とすると，式 (4.27) からつぎの式が得られる。

$$T = \frac{P_2}{\omega_S} = \frac{2 + 2s_t r_1/r_2}{s/s_t + s_t/s + 2s_t r_1/r_2} T_m \fallingdotseq \frac{2}{s/s_t + s_t/s} T_m \tag{4.33}$$

図 4.31 (b) のように横軸に出力をとり，縦軸にその他の諸量をとったときの曲線を**出力特性曲線**という。

4.5.2 比 例 推 移

式 (4.27) において s と r_2 は, r_2/s という形でだけはいっているので, r_2/s が一定である限り二次入力は一定で, 発生トルクは一定である。言い換えれば, **同一のトルクを発生する滑りは二次抵抗に比例する**（トルク速度特性曲線の各点は二次抵抗の増加に比例して図 4.32 のように左方へ移動する）。これを**トルクの比例推移**という。巻線形誘導電動機の二次抵抗の加減による始動トルクの改善および速度制御はこの現象に基づくものである。

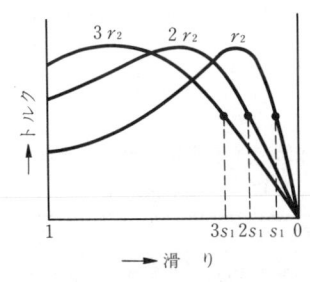

図 4.32 比 例 推 移

例題 4.5 巻線形三相誘導電動機があり, その二次 1 相の巻線抵抗は 0.05 Ω であり, 二次端子を短絡した場合, 定格負荷状態において滑り 3 % で回転する。定格電圧および定格周波数のもとで, この電動機に 100 % の始動トルクを発生させるために二次端子に接続すべき 1 相当りの外部抵抗は何オームか。

【解答】 r_2/s の値が不変であればトルクは不変である。したがって, 二次 1 相の巻線抵抗を r_2, 1 相当りの外部抵抗を R とすれば

$$\frac{r_2}{0.03} = \frac{r_2 + R}{1}$$

$$\therefore \quad R = \frac{r_2}{0.03} - r_2 = \frac{0.05}{0.03} - 0.05 = 1.62 \quad \Omega$$

◇

4.5.3 一般用三相誘導電動機の特性

小形および中形の三相誘導電動機はいろいろな用途に適しており、また、使用される台数も著しく多いので、**一般用電動機**（general-purpose motor）として標準化されている。表 4.1 は JIS による一般用誘導電動機の特性の例である。また、一般用のものは互換性の点から寸法の標準化も重要であって、寸法も規定されている。37 kW を超え、200 kW までのものの寸法は日本電機工業会標準規格 JEM 1400 に規定されている。近年は省エネルギー化のために高効率かご形誘導電動機も使われるようになり、「JIS C 4212:2000 高効率低圧三相かご形誘導電動機」が制定されている。

表 4.1　一般用低圧三相かご形誘導電動機（保護形、4 極）の特性
(JIS C 4210 から抜粋)

定格出力 kW	全負荷特性 効率 η %	全負荷特性 力率 p_f %	参考値 無負荷電流 A	参考値 全負荷電流 A	参考値 全負荷滑り %
0.75	69.5 以上	70.0 以上	2.8	4.2	8.0
1.5	75.5 以上	75.0 以上	4.3	7.3	7.5
3.7	81.0 以上	78.0 以上	9.0	16.1	6.5
7.5	83.5 以上	79.0 以上	15	31	6.0
15	85.5 以上	80.5 以上	28	60	5.5
22	86.0 以上	81.0 以上	40	87	5.5
37	87.0 以上	82.0 以上	63	143	5.5

注．JIS には保護形（IP2X）および全閉形（IP4X）（全閉形には 0.2 kW, 0.4 kW 機も規定されている）の 2 極、4 極、6 極の電動機の特性が示されている。絶縁の耐熱クラスは、出力と極数によって E，B または F である。
JIS の高効率かご形誘導電動機の効率の基準値はこの表の効率の保証値（製品の効率はこれより少し高いことが多い）と比べて 3.7 ～ 37 kW 機で約 5 ％ 高い。

4.6　三相誘導電動機の始動，逆転および制動

4.6.1　始動電流と始動トルク

静止している電動機に電圧を加え、電動機が回り始めようとするときに流れ

る電流の定常値を始動開始電流 (breakaway current) といい，そのときの電動機のトルクを始動開始トルク (breakaway torque) という。従来からの慣習で，これらを**始動電流** (starting current) および**始動トルク** (starting torque) と呼ぶことが多い。

　静止しているかご形誘導電動機を直接に交流電源に接続する始動方法を**全電圧始動**という。このとき，定格電流の 4 ～ 8 倍前後の始動電流が流れる。大きな始動電流を取ると電源電圧を動揺させるので，一般にかご形電動機では 4.6.2 項に述べるような方法によって始動電流を制限する。

　始動電流を制限すると始動トルクも減少する。始動電流を制限した結果として始動トルクが不足になる場合には巻線形誘導機を使わなければならない。

　固定子と回転子のスロットの相対位置によって始動電流や始動トルクの値が少し異なるので，その電流の最大値を**最大始動電流**といい，そのトルクの最小値を**最小始動トルク**という（図 4.33）。

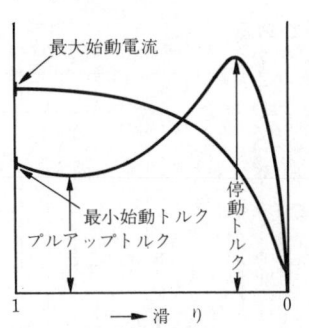

図 4.33 始動に関する特性量

　電動機によっては静止から停動トルクを発生する回転速度までの間でトルクが始動トルクよりも小さくなるものがある。そのときのトルクの最小値を**プルアップトルク** (pull-up torque) という。

　VVVF インバータによってかご形誘導電動機を運転する場合には，始動時のインバータの出力周波数と電圧は非常に低い値から徐々に上昇していくので，特に始動電流を制限する装置を用いる必要はなく，また，インバータの出力周波数が低いときには同期速度が低いために小さい二次入力でも大きいトルクが得

られるので，通常はトルクが不足になることはない．

4.6.2　かご形電動機の始動

〔**1**〕　**全電圧始動**（full-voltage starting）　　電源容量が大きい場合に一般的に採用される．定格出力 11 kW 未満の一般用誘導電動機は，始動電流があまり大きくないので全電圧始動で使うことになっている．これらの小容量の電動機は**じか入れ電動機**と呼ぶことがある．

〔**2**〕　**スターデルタ始動**（star-delta starting）　　定格出力 5～37 kW の電動機によく使われる方式で，最初は一次巻線を Y 形に接続して始動し，ほぼ全速度に達したときに一次巻線を Δ 接続に切り換える．

始動時のインピーダンスは運転時の 3 倍になるから，始動電流は最初から Δ 接続で始動する場合の 1/3 になり，始動トルクも 1/3 になる．この始動装置を**スターデルタ開閉器**（図 4.34）という．電動機の一次巻線は 6 端子全部を引き出してあることが必要である．

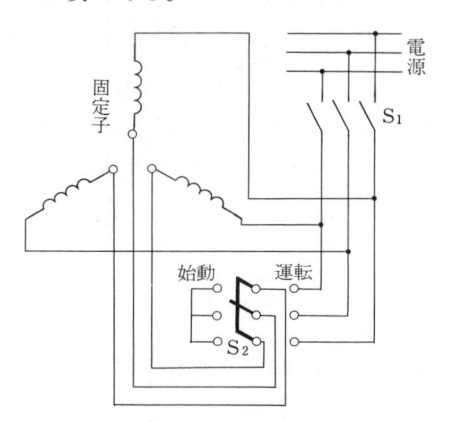

図 4.34　スターデルタ始動

〔**3**〕　**補償器始動**（autotransformer starting）　　主として出力 22 kW 程度以上の電動機に使用される方式である．これは単巻変圧器によって電動機端子電圧を電源電圧より低くして始動し，運転時には全電圧を加える始動方式である（図 4.35）．単巻三相変圧器とタップ切換用開閉器とを一体にしたもの

を**始動補償器**(starting compensator)または始動変圧器という．タップ電圧の標準は 50，65，80 % であり，タップの選択によって始動トルクの値を調整できる．この始動方式では，単巻変圧器の励磁電流を無視すると，変圧比が m（電動機に電源電圧の $1/m$ の電圧を加える）のとき電源側の始動電流が $1/m^2$ になり，始動トルクも $1/m^2$ になる．

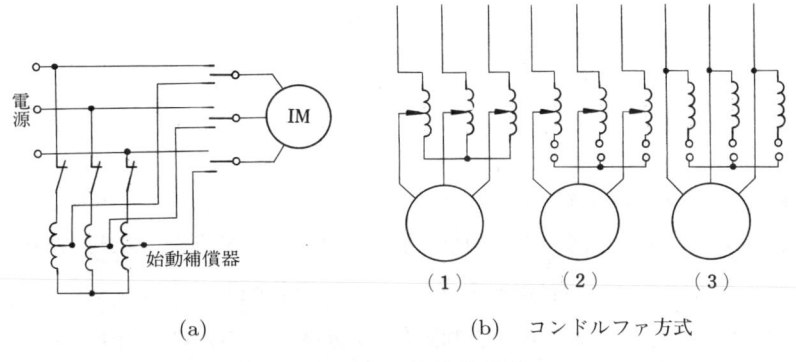

図 4.35 補償器始動

(a)　　　(b) コンドルファ方式

タップ電圧から全電圧に切り換える際，電動機一次側をいったん回路から切り離してから電源に接続すると，その瞬間に電動機内部の誘導起電力と電源電圧とが加わり合う向きに担っている場合にはきわめて大きな過渡電流が流れる（一次が開路されても二次電流が磁束変化を妨げる向きに発生するので，電動機内部の磁束はすぐには消滅しない）．これを避けるために図 4.35 (b) のように切換えに際してまず単巻変圧器の中性点を開いて直列巻線をリアクトルの形で回路中に残し，つぎにこのリアクトルを短絡する方式が広く用いられている．これを**コンドルファ方式**という．

例題 4.6　定格電圧 200 V，定格出力 11 kW のかご形三相誘導電動機があり，その全電圧始動電流は 240 A である．始動補償器を使用して，この電動機に 130 V の電圧を加えて始動するとき，電源から取る始動電流は何アンペアになるか．

【解答】 電動機に流れる始動電流を I_{stm} とすると

$$I_{stm} = 240 \times \frac{130}{200} = 156 \quad \text{A}$$

電源から取る始動電流を I_{sts} とすると，変圧器の高圧側と低圧側の皮相電力が等しいことから

$$\sqrt{3} \times 200 \times I_{sts} = \sqrt{3} \times 130 \times 156$$

ゆえに

$$I_{sts} = 156 \times \frac{130}{200} = 101.4 \quad \text{A} \qquad \diamondsuit$$

〔4〕 **リアクトル始動**（primary-reactance starting） 一次巻線に直列に三相リアクトルを接続して始動し，加速後はこれを短絡する方式である。

この始動方式では，始動電流を $1/m$ にすると始動トルクは $1/m^2$ になる。この方式は主として始動トルクを制限して負荷をなめらかに加速するため使用される。ポンプ・送風機を駆動する場合に適し，小容量から大容量まで実用されている。

〔5〕 **一次抵抗始動**（primary-resistance starting） 上記のリアクトルの代わりに抵抗器を接続するもので，抵抗器はリアクトルよりも価格が安いが，速度上昇に伴う電動機の端子電圧の上昇が遅いので始動時間が長くなる。

4.6.3 巻線形電動機の始動

巻線形電動機の始動は，二次側にスリップリングを通して始動抵抗器（三相加減抵抗器）を接続して一次側を交流電源に接続する。加速とともに始動抵抗器の抵抗値を減らし，最後にこれを短絡して運転状態に入る。この始動方式を**二次抵抗始動**（secondary-resistance starting）といい，始動電流を十分制限しながら 4.5.5 項で述べた比例推移の現象によって大きい始動トルクを得ることができる。

クレーン，鉱山やセメント工場におげるチューブミル，ターボ送風機その他重負荷始動の要求される場合に広く使用される。ただし，かご形電動機には適

4.6.4 逆　　　　転

三相誘導電動機の回転方向を変えるには，図 4.36 のように一次側 3 線のうち任意の 2 線の接続を交換すればよい．それによって回転磁界の回転方向が逆になるからである．

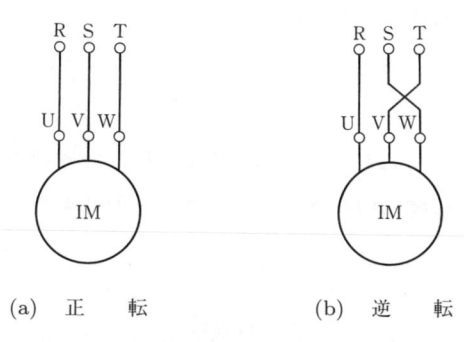

(a) 正　転　　　　(b) 逆　転

図 4.36

4.6.5 制　　　　動

誘導電動機の電気的な制動法としては，直流機と同様に発電制動・逆転制動・回生制動があるが，そのほかに不平衡制動・単相制動がある．

〔1〕**発電制動**　　一次巻線を交流電源から切り離し，一次巻線に直流を流して静止磁界を作る．この磁束を切って二次回路に起電力が発生し，二次電流が流れる．この二次電流は磁界との相対運動を妨げるような力を発生するので，制動作用が行われる．この場合，回転部分の運動エネルギーは二次回路中で熱になる．直流励磁による制動法であることから直流制動ともいう．

〔2〕**逆転制動**　　一次側を逆転接続に切り換えて減速させ，逆方向に加速する前に電源から切り離す．この制動法は低速時にも大きな制動トルクが発生し，急速な停止ができる．制動に伴う電力損の大きいことが欠点である．

〔3〕**不平衡制動**　　例えば逆転接続にして，一次一相にだけ抵抗を入れる

ことにより，電動機端子電圧を逆相分の大きな不平衡電圧にして制動を行う．逆転制動に比べてゆるやかな制動ができる．

〔4〕 回生制動　誘導電動機が負荷によって同期速度以上の速度で回転させられると，滑りは負となり，二次入力 $3I_2{}^2r_2/s$ が負となって，電力は二次側から一次側に与えられる．この場合，電動機は一時的に誘導発電機として動作し，負荷の運動エネルギーを吸収して交流電源に電力を送り返すので，損失の少ない制動が行われる．巻上機・クレーンなどで重量物を巻き下ろすときなどに利用されるが，低速度を得ることはできず，速度制限を目的とする運転制動になる．

〔5〕 単相制動　これは巻線形誘導電動機にだけ適用できる制動方式である．一次側を単相接続に切り換え，二次抵抗を十分大きくすると制動トルクが発生する．

4.6.6　誘導ブレーキ

誘導電動機の回転子が，負荷によって回転磁界と逆方向に回転させられている状態を誘導ブレーキ (induction brake) といい，重量物の低速度巻下しなどに利用される．これは逆転制動の状態を速度制限の目的に使ったことになる．回生制動との関係は図 4.37 から理解できよう．二次回路に抵抗を入れると，電流が制限されるとともに大きな制動トルクが得られる．

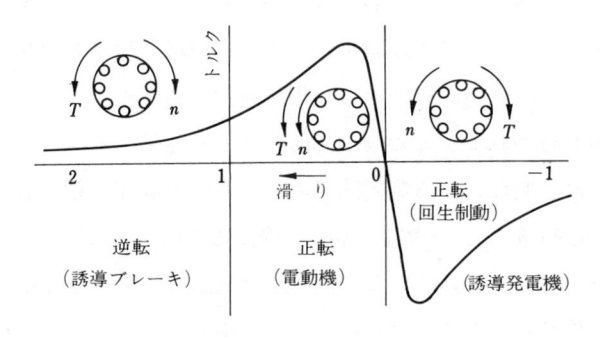

図 4.37

4.7　三相誘導電動機の速度制御

誘導電動機は基本的に同期速度よりも少し低い速度で回転する性質のものであるので，一定周波数の電源によって運転する場合は，広範囲の速度制御を行うことは簡単にはできない。そのような制約の中で従来から用いられてきた速度制御方式と，歴史的な方式であるセルビウス方式とクレーマ方式を説明する。

4.7.1　一次周波数制御

誘導電動機に専用の可変周波数電源がある場合には，電源周波数を変えると同期速度が変わるので，円滑な速度制御ができる。これを一次周波数制御（line-frequency control）という。以前は誘導周波数変換機を電源とする紡績工場のポットモータの運転が代表的な例であったが，今日では可変周波数インバータによるかご形誘導電動機の運転が広く用いられている（4.8.1項参照）。

4.7.2　一次電圧制御

普通の誘導電動機の運転速度は同期速度より少し低い速度であって，一次電圧を下げても速度はごくわずかしか低下しない。また，停動トルクは一次電圧の2乗に比例するから電圧を下げるとトルク不足で急に停止してしまうおそれが大きい。

しかし，ごく小形の誘導電動機や二次抵抗を特に大きく設計した小形の誘導電動機では，一次電圧を下げることによってある程度の範囲の速度制御を行うことができ，装置が簡単なものですむことから特殊な用途に使われている。

4.7.3　極数切換電動機

一次巻線の巻線接続を切り換えることによって極数が変わるようにした誘導電動機を極数切換電動機（pole-changing motor）という。例えば図 **4.38** の場合は 2：1 の速度制御ができる。単一の巻線を設けてその接続換えをする場合と，スロット中に極数の異なる2個の巻線を設けた場合とがある。速度を段階

的に変えればよい場合には経済的な方法である．巻線形電動機では，一次巻線と同時に二次巻線の極数をも切り換える必要があるために極数切換の1段ごとにスリップリングの数が3個ずつ増加するが，その各段で二次抵抗制御による速度の微調整を行えば損失の少ない速度制御ができる．

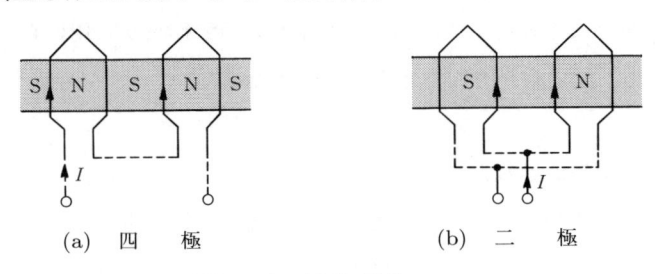

(a) 四極　　　　　　　(b) 二極

図 4.38　極数切換

4.7.4　二次抵抗制御

巻線形誘導電動機の二次側に可変抵抗を接続すれば，比例推移の現象によって同一トルクを発生する回転速度が変えられる．これを**二次抵抗制御**(rotor-resistance control) という．この方式は巻上機・クレーンの速度制御をはじめ各種の工場で広く使われてきた．直流機の抵抗制御と同様に電力損の大きいこと，軽負荷時の速度調整が困難なこと，抵抗の大きい場合には分巻特性が失われることなどの欠点があるので，多くの場合，可変周波数インバータによるかご形誘導電動機の運転に置き換えられている．

4.7.5　セルビウス方式

巻線形誘導電動機の二次端子における滑り周波数の電力を，回転変流機に供給して直流電力に変換し，これを電源周波数の電力に変換して交流電源に返還することにより，大きな損失を生じることなく速度を変化できるようにした方式をセルビウス方式（Scherbius system）という．**図 4.39** にその構成を示す．この方式は今日の静止セルビウス方式に発展した．

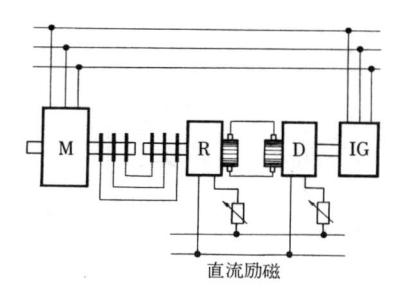

図 4.39　セルビウス方式

4.7.6　クレーマ方式

巻線形誘導電動機の二次端子における滑り周波数の電力を回転変流機で直流電力に変換し，これを主機に直結された直流電動機に加えることにより，大きな損失を生じることなく速度を変化できる方式をクレーマ方式 (Krämer system) という。図 4.40 にその構成を示す。セルビウス方式が定トルク特性であるのに対し，この方式は定出力特性である。回転変流機を整流器で置き換えたものを静止クレーマ方式という。

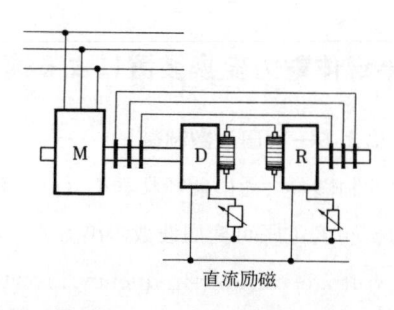

図 4.40　クレーマ方式

4.7.7　同　期　運　転

2 台の巻線形誘導電動機の二次側を図 4.41 のように共通二次抵抗に接続して運転すると，両電動機は同一速度で回転する。装置が簡単なので，同期化ト

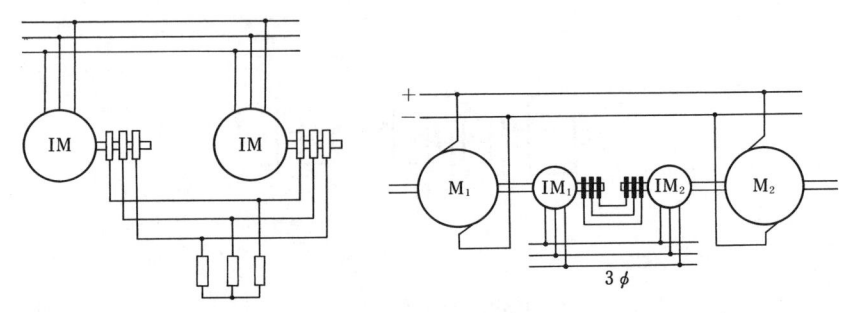

図 4.41 共通二次抵抗による方式　　図 4.42 動力シンクロ方式

ルクがあまり大きくなくてよい場合に用いられる。

　また，2個以上の負荷を同期運転させる場合に，**図 4.42** のように主電動機軸または作業機械の軸に補助の誘導電動機を連結する方式があり，これを**動力シンクロ**または動力セルシンという。図において，例えば M_1 が M_2 よりも速く回転しようとすると，IM_1 の二次電圧の位相が IM_2 のそれよりも遅れるため二次電力は IM_2 から IM_1 に流れ，IM_2 は電動機，IM_1 は発電機として動作するので，二つの軸は同じ速度で回転する。

4.8　半導体電力変換装置による速度制御

4.8.1　インバータによる一次周波数制御

　三相誘導電動機の速度制御のために使われるインバータ（直流電力を交流電力に変換する装置）は，可変電圧可変周波数の出力のものであって，**VVVFインバータ**（variable-voltage variable-frequency inverter）と呼ばれている。インバータの出力周波数を下げた場合に電動機が磁気飽和を起こさないためには，周波数低下にほぼ比例してインバータ出力電圧を低下させなければならないから可変電圧とすることが必要である。

　インバータの電圧と周波数をほぼ比例して変化させる制御を V/f **一定制御**という。ただし，V と f を正確に比例させて変化させると，低速時に一次抵抗

による電圧降下の影響が大きくなるために主磁束が減少して**図 4.43** のように停動トルクが小さくなる．電動機の誘導起電力と周波数の比が一定，したがって，ギャップ磁束が一定になるようにインバータを制御すれば停動トルクは周波数に無関係に一定になる．

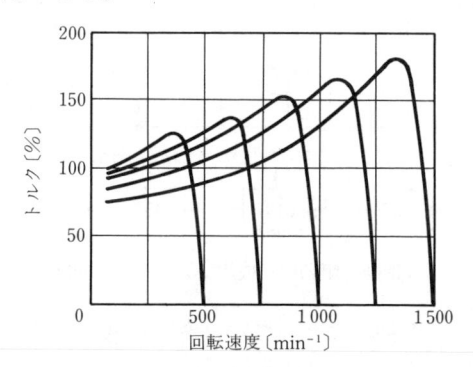

図 4.43 インバータ駆動誘導電動機のトルク速度特性
(V/f 一定制御の場合)

定格出力 0.1 kW ないし 200 kW 程度までの一般用低圧三相誘導電動機（およびインバータ駆動用誘導電動機）の運転用に**一般用インバータ**が開発され，各製造業者が標準化して生産している．**図 4.44** はその回路の例である．一般用インバータは，IGBT を用いた **PWM 制御**の電圧形インバータと，商用電源から直流電力を得るための整流装置を一つの箱の中に組み込んだ装置となっている．したがって，本来は一定電圧・一定周波数の交流電力を可変電圧可変周波数の交流電力に変換する**周波数変換装置**と呼ぶべきものである．インバータは手動で設定された運転条件に従ってマイクロプロセッサによって制御される．出力周波数の可変範囲は，例えば 0.1 〜 400 Hz である．始動時には自動的にインバータの出力電圧が低くなるので，始動抵抗は不要である．運転速度の設定，正転と逆転の切換え，始動トルクおよび制動トルクの大きさの設定，ベクトル制御機能，運転継続時間の設定，過電流保護，瞬時停電保護，その他多くの機能を内蔵している．

PWM 制御はインバータの 1 サイクル中の出力電圧を幅の異なる多数のパル

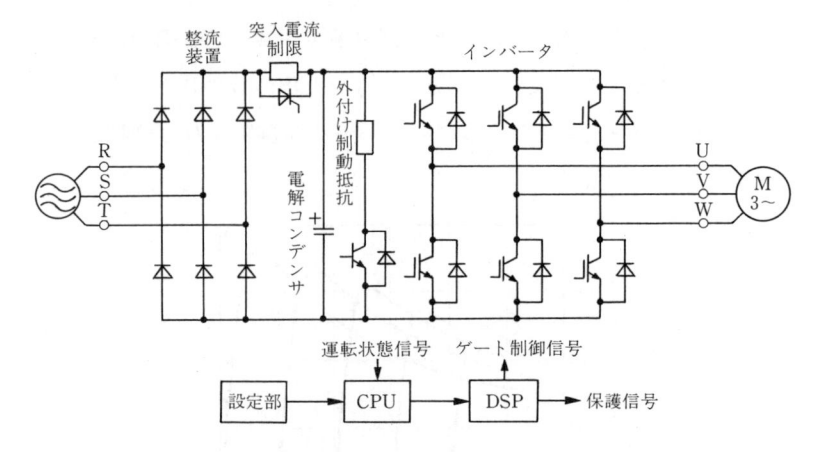

図 4.44 誘導電動機駆動用一般用インバータの回路構成の例

ス状電圧で構成して，電動機にとって特に有害な低い次数の高調波の発生を抑制する制御である。

　一般用誘導電動機をインバータによって低速で運転する場合には，電動機の冷却効果の減少による過熱が起こらないように注意しなければならない。また，商用周波数よりも著しく高い周波数で運転する場合には，高速運転用に設計されたインバータ駆動用電動機を使わなければならない。

4.8.2　誘導電動機のベクトル制御

　誘導電動機のベクトル制御は，インバータまたはサイクロコンバータでかご形誘導電動機を運転し，電動機に供給される一次電流の大きさ，位相および周波数を同時に制御することによって直流電動機のワード・レオナード方式と同様なトルク制御の速応性を得る制御である。

　直流電動機のトルクは

$$T = K\Phi I_a \quad [\text{N}\cdot\text{m}]$$

で与えられる。Φ は通常一定である。したがって，トルクを制御するには電機子電流 I_a を制御すればよい。電機子回路のインダクタンスは小さいので制御の遅れは小さい。

4.8 半導体電力変換装置による速度制御

誘導電動機では，一次電流の中に磁化電流（磁束を作る電流成分）とトルク電流（二次電流）が含まれており，通常の方法では両者を独立に制御することはできない。

図 4.45 をインバータで運転されている三相誘導電動機の定常状態の1相分の等価回路とする。誘導電動機のトルクは二次入力に比例するから，トルクを急速に変化させるためには二次電流を急速に変化させなければならない。

理解を容易にするために，まず，二次漏れインダクタンス $l_2 = 0$ の場合を考える。電動機の磁化電流を I_M とする。磁化電流は磁界のエネルギーに関係していて急速に変化させることは困難であるから，トルクを急速に変化させるために，トルクを発生する二次電流を $\dot{I}_{20}$ から $\dot{I}_2$ に急速に変化させたいものとする。そのためには，図 4.46 (a) のように一次電流の大きさと位相を $\dot{I}_{10}$ から $\dot{I}_1$ に変化させればよいことになる。

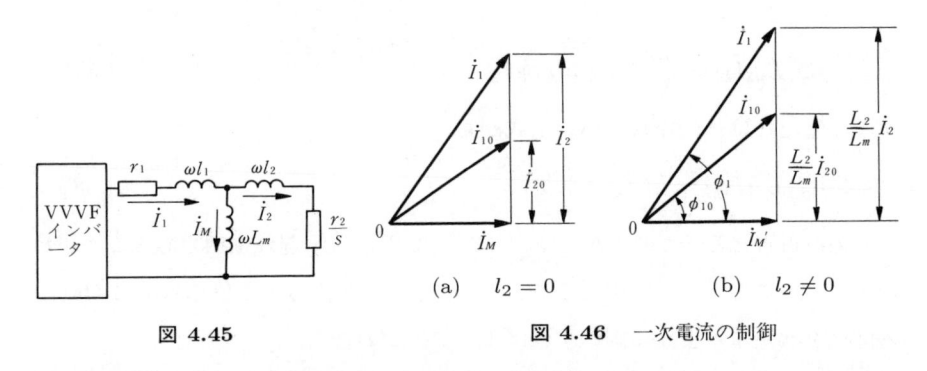

図 4.45

図 4.46 一次電流の制御

ところで，閉路された巻線の磁束鎖交数は過渡現象の初期においては不変でなければならない。もし，磁束鎖交数が時間に対して不連続的に変化したら無限大の誘導起電力が発生するからである。したがって，$l_2 \neq 0$ の場合には上記の磁化電流を一定にするという条件ではなく

$$(L_m + l_2)i_2 - L_m i_1 = 一定 \tag{4.34}$$

という条件を満足させなければならない。ここに，i_1, i_2 はそれぞれ $\dot{I}_1, \dot{I}_2$ の瞬時値である。以下，式を簡単にするために

$$L_m + l_2 = L_2$$

と書く。ここで

$$i_M' = i_1 - \frac{L_2}{L_m} i_2 \tag{4.35}$$

によって定義される電流 i_M' を考え，これを**仮想磁化電流**と呼ぶことにする。式 (4.34) から明らかなように，この電流はトルクを急変させる制御の直前と直後において不変でなければならない。

トルク急変の制御の結果として，二次電流の実効値が I_{20} から I_2 に変化したとする。この変化の際，過渡現象なしで新しい定常状態に移行するための十分条件として，上式に対応して次式が成り立たてばよい。

$$\dot{I}_M' = \dot{I}_1 - \frac{L_2}{L_m} \dot{I}_2 = 一定 \tag{4.36}$$

トルク急変の制御後のインバータ出力電圧の角周波数を ω_1 とすると，図 4.45 から

$$j\omega_1 L_m \dot{I}_M = \left(\frac{r_2}{s} + j\omega_1 l_2\right) \dot{I}_2 \tag{4.37}$$

が成り立たなければならない。上式から

$$j\omega_1 L_m \dot{I}_M' = \frac{r_2}{s} \dot{I}_2 \tag{4.38}$$

の関係が得られる。この式から $\dot{I}_M'$ は $\dot{I}_2$ よりも 90° 遅れ位相であることがわかる。このことと式 (4.36) とから，一次電流 $\dot{I}_1$ の大きさと位相は図 4.46 (b) の関係を満足するように制御すればよいことがわかる。

また，電動機の回転子および負荷の慣性モーメントのために，回転速度の不連続的な変化は許されないから，トルク急変の制御の直前と直後において回転の角速度 ω_m は一定でなければならない。

式 (4.38) から

$$s\,\omega_1 = \frac{r_2}{L_m} \frac{I_2}{I_M'}$$

であるから

$$\omega_1 = p\,\omega_m + s\,\omega_1 = p\,\omega_m + \frac{r_2}{L_m} \frac{I_2}{I_M'} \tag{4.39}$$

によってインバータの出力電圧の角周波数 ω_1 が定まる。p は極対数である。

この計算には回転子の角速度 ω_m を使うので，基本的には速度検出器が必要であるが，電動機の等価回路定数から回転の角速度を計算して制御する速度センサレスベクトル制御も実用化されている。

なお，三相の各相電流の大きさと位相をそれぞれ別個に制御すると全体としての動作に誤差が生じるおそれがある。対称三相固定子電流 i_u, i_v, i_w を二相固定子電流 i_α, i_β に変換（三相二相変換という。7.2節参照）し，さらにこれを回転磁界とともに回転する仮想二相巻線の電流 i_d, i_q に変換（dq変換という。7.3節参照）すると，i_d, i_q は直流量になる。そこで，dq座標系上での仮想磁化電流およびトルク電流の設定値 i_d^*, i_q^*（直流量）を与え，これを上記と逆の変換を行って三相固定子電流の指令値 i_u^*, i_v^*, i_w^* を得て電動機電流のフィードバック制御を行う方式が採用されている。

4.8.3 静止セルビウス方式

セルビウス方式において主機の二次電力を整流装置によって整流して直流電力とし，これをインバータによって電源周波数に変換して，電源に返すようにした方式である（図 4.47）。この方式はセルビウス方式に比べて主機以外に回転機を使わないので効率が高く，自動制御の実施も容易であり，保守の手数も少ないという利点がある。また，この方式は，速度制御範囲が狭くてよい場合

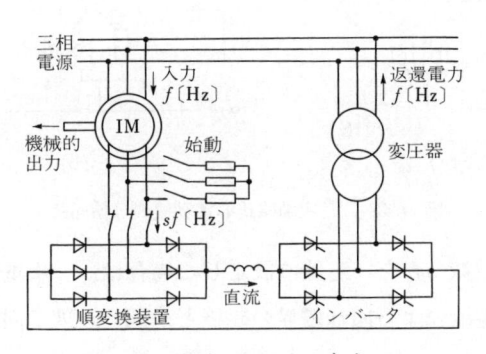

図 4.47 静止セルビウス方式

178   4. 誘導機

にインバータによる一次周波数制御よりも経済的である。ただし，二次側に整流装置を接続しているので，回生制動はできず，また，同期速度以下の速度制御しかできない。

4.8.4 二次励磁制御の理論

図 4.48(a) のように，巻線形誘導電動機の一次側に f〔Hz〕，星形換算の相電圧 $\dot{V}_1$〔V〕の電源電圧を加え，二次側に sf〔Hz〕，星形換算の相電圧 $\dot{E}_{2x}$〔V〕の励磁電圧を二次電流を妨げる向きに加え，滑り s で回転しているとすれば，二次回路の電圧方程式は

$$s\dot{E}_{2t} = (r_2 + \mathrm{j}\,sx_2)\dot{I}_2 + \dot{E}_{2x} \tag{4.40}$$

となる。ここに，$\dot{E}_{2t}$ は滑り 1 において二次を開放した場合の二次一相の誘導起電力（一次側換算値）である。上式の両辺を s で割ると

$$\dot{E}_{2t} = \left(\frac{r_2}{s} + \mathrm{j}\,x_2\right)\dot{I}_2 + \frac{\dot{E}_{2x}}{s} \tag{4.41}$$

となるので，この運転状態に対する等価回路は図 (b) になる。二次励磁誘導電動機の運転時の特性はこの等価回路に基づいて計算することができる。ただし，二次入力は $\dot{E}_{2x}/s$ の部分の電力をも含めて計算する。

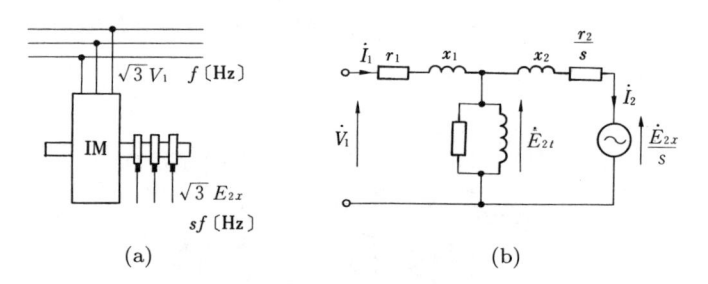

図 4.48 二次励磁誘導電動機の等価回路

二次励磁の周波数 sf を一定値に設定した場合は，一次電流による回転磁界の磁極と回転子電流による回転磁界の磁極とが同一速度で回転しなければならないという条件から，電動機は負荷の大きさに関係なく，一定の滑り s で，し

たがって一定の回転速度で回転する。二次励磁の周波数 sf が電動機の回転速度に応じて定まるような制御方式では，二次励磁電圧の大きさおよび負荷の大きさによって回転速度が変化する。後者の場合の無負荷滑りは次式で与えられる。

$$s_0 = \frac{\dot{E}_{2x}}{\dot{E}_{2t}} \tag{4.42}$$

式 (4.41) において x_2 が十分小さければ

$$\dot{I}_2 \fallingdotseq \frac{s\dot{E}_{2t}}{r_2} - \frac{\dot{E}_{2x}}{r_2} \tag{4.43}$$

となる。上式から $\dot{E}_{2x}$ の位相を $\dot{E}_{2t}$ よりも遅らせれば $\dot{I}_2$ は $\dot{E}_{2t}$ よりも位相が進み，力率の改善を行うことができることがわかる。

sf [Hz] の二次励磁電圧 V_{2t} [V] の相順を変えて，二次励磁電流によって回転子上に発生する回転磁界が一次電流による回転磁界と逆方向に回転するようにすると，一次電流による回転磁界の磁極と二次電流による回転磁界の磁極とが一定の空間的角度差を保って回転しようとする結果，回転子は同期速度以上に加速されて $s_0 < 0$ となり，$(1-s)N_S = (1+|s|)N_S$ の速度で電動機として回転する。

4.8.5 超同期セルビウス方式

巻線形誘導電動機の二次側に可逆の電力変換装置を接続し，同期速度の上下の任意の速度で運転する方式を超同期セルビウス方式といっている。図 **4.49** は超同期セルビウス方式の動作の説明のための原理図である。図中の2台の電力変換装置は，どちらか一方を整流装置として動作させ，他方をインバータとして動作させる。この運転方式の動作はつぎのとおりである。

(ⅰ) 二次側に接続された電力変換装置を整流装置として動作させれば，静止セルビウス方式と同じように，同期速度以下の速度で電動機として動作する。

(ⅱ) 二次側に接続された電力変換装置をインバータとして動作させて，滑り周波数 sf [Hz] の電圧を加えて二次励磁を行って，二次電流の方向を電動機動作のときと逆の方向にすれば，(二次入力が負になるので) 同

期速度以下の速度での回生制動になる。

(iii) 滑り周波数 sf〔Hz〕の二次励磁によって発生する回転磁界が一次電流による回転磁界と逆方向になるようにインバータを制御すると，前項で述べた理由により，電動機は同期速度以上の速度に加速され，$(1-s)N_S = (1+|s|)N_S$ の速度で電動機として動作する。

(iv) 同期速度以上の速度で回転しているときに，二次側に接続された電力変換装置を整流装置として動作させれば，(かご形誘導発電機と同じように) 誘導発電機として動作し，回生制動となる。

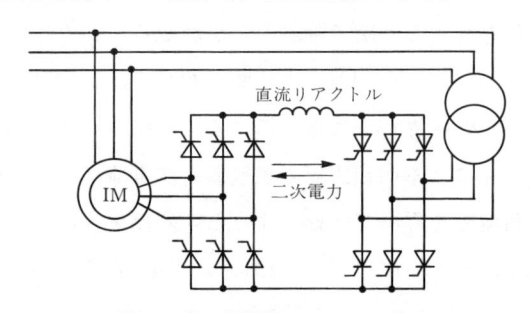

図 4.49 超同期セルビウス方式

このように超同期静止セルビウス方式は，同期速度の上下の速度で電動機動作と回生制動が可能であるほか，速度制御範囲の中心を同期速度に選定すれば，電力変換装置の容量を静止セルビウス方式の半分にすることができるという利点がある。なお，実際には同期速度付近での電力変換装置の転流の問題があるので，インバータの代わりにサイクロコンバータを使う。

4.8.6 可変速発電電動機

発電電動機 (generator/motor) とは発電機の定格と電動機の定格の両方を持った回転機である。

近年の揚水発電所では，30 ないし 400 MV·A の**可変速発電電動機** (adjustable-speed generator/motor) が使われている。これは**図 4.50** のようにサイクロコンバータまたは GTO インバータによる二次励磁装置を持った巻線形誘導機

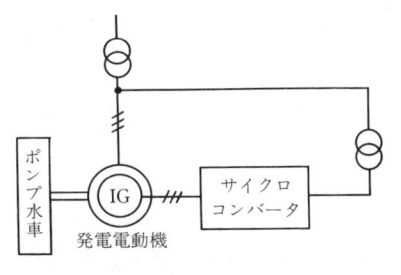

図 4.50 可変速発電電動機

で，同期速度の上下 10% 程度の範囲内で電動機として揚水運転することができるように作られている．

揚水運転時の入力は運転速度のほぼ 3 乗に比例するので，速度の調整によって電力系統の夜間の余剰電力の調整を有効に行うことができ，発電用エネルギーの蓄積と同時に**自動周波数調整**（AFC）に役立っている．発電機運転はポンプ水車の最適速度の観点から同期速度以下の範囲で行われるが，落差と使用水量に応じて効率が最大になるように速度を調整する．さらに，マイクロプロセッサを使った高速高精度の二次励磁制御により，回転部分の慣性を利用して電力系統の急峻な電力動揺を軽減させることができ，無効電力を制御して系統の過渡的な電圧変動を抑制することもできる．

4.9　三相誘導電動機の運転特性の決定方法

4.9.1　概　　　説

三相誘導電動機の運転特性の決定は，実負荷試験によるのが確実な方法であるが．実負荷試験ができない場合が多いので，一般には等価回路による特性計算を行う．

図 4.23 に示した（普通かご形誘導電動機に対する）等価回路は世界中で標準的な等価回路として認められてきた．わが国ではこれまで，等価回路による特性算定の精度を改善するため，または数値計算を簡単化するためなどの理由で，等価回路の変形がしばしば提案され，その一部は規格の中に取り入れられ

てきたが，基本となる等価回路はあくまで図 4.23 に示した精密な等価回路であることを注意しておきたい。

ここでは，まず 4.9.2 項および 4.9.3 項において精密な等価回路の定数決定法を説明し，その後で JEC 規格における特性決定方法その他を説明する。

JEC-2137-2000 （誘導機）では，国際化の観点から円線図による特性算定法を廃止し，つぎの 6 種類の特性決定方法を規定し，特に指定されない場合は等価回路法を使うことにしている。

（ⅰ） 等価回路法：4.9.4 項参照。

（ⅱ） 損失分離法：漂遊負荷損は規約値を用い，その他の損失は試験で決定する。

（ⅲ） 損失の和による効率算定法：巻線形誘導機に適用。

（ⅳ） ブレーキ法または動力計法：4.9.5 項参照。

（ⅴ） 返還負荷法：同一仕様の 2 台の誘導機がある場合に適用。

（ⅵ） 低減電圧負荷試験法：軽負荷試験による方法。

以上の方法のうち，(ⅱ), (ⅳ) および (ⅴ) は実負荷状態で試験するので結果の精度が高いが，試験設備が高価になる。(ⅵ) はその簡便法である。なお，JIS C 4212:2000 （高効率低圧三相かご形誘導電動機）では「ブレーキ法または動力計法」だけを採用している。

4.9.2　普通かご形電動機の等価回路定数の決定方法

定数を決定すべき等価回路は図 4.23 の精密な等価回路である。

普通かご形および小形の巻線形電動機に対してはつぎのようにして等価回路の定数を定めることができる。

〔1〕　抵抗測定と温度補正　　4.4.6 項に述べた方法で行う。

〔2〕　無負荷試験と機械損の決定　　定格周波数定格電圧の対称三相電圧を加えて無負荷運転し，一次電圧を定格電圧よりも少し高い電圧からしだいに低下させ，ほぼ同期速度を保つ最低値までの各点で一次電圧，一次電流および入力を測定する。

（ⅰ）　鉄損と機械損の分離を 4.4.6 項の方法で行う。

（ⅱ）　定格電圧 V_1〔V〕のときの一次電流 I_0〔A〕，入力 W_0〔W〕からつぎの計算を行って，機械損 W_m がないとしたときの無負荷インピーダンス $(r_n + jx_n)$ を求め，さらに鉄損抵抗 r_M を求める。

$$I_{0w} = \frac{W_0}{\sqrt{3}V_1}, \quad I_{0l} = \sqrt{I_0{}^2 - I_{0w}{}^2} \tag{4.44}$$

$$I_{nw} = \frac{W_0 - W_m}{\sqrt{3}V_1}, \quad I_{nl} = I_{0l} \tag{4.45}$$

$$g_n = \frac{\sqrt{3}I_{nw}}{V_1}, \quad b_n = \frac{\sqrt{3}I_{nl}}{V_1} \tag{4.46}$$

$$r_n = \frac{g_n}{g_n{}^2 + b_n{}^2}, \quad x_n = \frac{b_n}{g_n{}^2 + b_n{}^2} \tag{4.47}$$

$$r_M = r_n - r_1 \tag{4.48}$$

ここに，r_1 は無負荷試験直後に測定した一次巻線抵抗とする。

（ⅲ）　定格電圧の 60 ～ 70 % 程度の電圧 $V_1{}'$〔V〕のときの一次電流 $I_0{}'$〔A〕，入力 $W_0{}'$〔W〕から (b) と同様の計算を行って，無負荷インピーダンスのリアクタンス分の不飽和値 $x_n{}'$ を求める。

〔3〕 **拘束試験と漏れインピーダンスの決定**　　回転子に回り止めをしてから，一次側に定格周波数の低い三相電圧を加えて定格電流に等しい電流を流し，一次電圧 $V_s{}'$，一次電流 $I_s{}'$ および入力 $W_s{}'$ を測定する。この結果からつぎの計算を行う。

$$R_{2L}{}' = \frac{W_s{}'}{3I_s{}'^2} - r_{1L}, \quad X_L{}' = \sqrt{\left(\frac{V_s{}'}{\sqrt{3}I_s{}'}\right)^2 - (r_{1L} + R_{2L})^2} \tag{4.49}$$

ただし，r_{1L} は拘束試験時の温度における一次巻線の 1 相の抵抗値（星形換算値）である。一般に，一次漏れリアクタンスと二次漏れリアクタンスはほぼ同程度の大きさであることから

$$x_1 = \frac{X_L{}'}{2} \tag{4.50}$$

と近似しても，特性算定結果には大きな影響はない．上式によって x_1 が決定されれば

$$x_M = x_n - x_1, \quad x_M' = x_n' - x_1 \tag{4.51}$$

として励磁リアクタンスの飽和値 x_M および不飽和値 x_M' が求まる．

以上の値を用いてつぎの計算により滑りが 1 に等しい場合の二次抵抗 r_2' および二次漏れリアクタンス x_2' を求める．

滑りが 1 の場合に図 4.23 の x_1 から右側の等価リアクタンスを X_{2L}' とおくと

$$X_{2L}'(= \frac{X_L'}{2}) = x_1 \tag{4.52}$$

であり，また，拘束試験時の励磁リアクタンスは不飽和値 x_M' であるから

$$g_3' = \frac{R_{2L}'}{R_{2L}'^2 + X_{2L}'^2}, \quad b_3' = \frac{X_{2L}'}{R_{2L}'^2 + X_{2L}'^2} \tag{4.53}$$

$$g_M' = \frac{r_M}{r_M^2 + x_M'^2}, \quad b_M' = \frac{x_M'}{r_M^2 + x_M'^2} \tag{4.54}$$

$$g_2' = g_3' - g_M', \quad b_2' = b_3' - b_M' \tag{4.55}$$

$$r_2' = \frac{g_2'}{g_2'^2 + b_2'^2}, \quad x_2' = \frac{b_2'}{g_2'^2 + b_2'^2} \tag{4.56}$$

普通かご形誘導電動機では，滑りによる二次抵抗および二次漏れリアクタンスの値の変化が小さいので，上式の r_2' および x_2' を図 4.23 の r_2 および x_2 として用いて特性計算をすることができる．ただし，JEC-2137 では

$$r_2' = k_R \frac{g_2'}{g_2'^2 + b_2'^2} \tag{4.57}$$

とし，耐熱クラスが B, F, H の場合はそれぞれ $k_R = 1.06$, $k_R = 1.13$ および $k_R = 1.18$ として運転時の温度上昇による抵抗増加を考慮している．

停動トルクまたは最大出力を発生するときの一次電流は，一般に定格電流の 2 倍程度になり，漏れリアクタンスの飽和が起きるので，停動トルクまたは最大出力を算定するためには，定格電流の約 2 倍の電流を流して拘束試験を行い，その結果から上記と同様の計算を行って等価回路定数を定める必要がある．

4.9.3 特殊かご形誘導電動機の等価回路定数の決定方法

特殊かご形誘導電動機および大形の巻線形誘導電動機では，二次抵抗および二次漏れリアクタンスの値が二次周波数，したがって滑りによって大きく変化するが，滑りがおよそ 0.1 以下の範囲ではこれらはほぼ一定の値になる。それゆえ，滑りの小さい通常の定常運転の場合の特性算定は普通かご形電動機の場合と同じ形の等価回路を用いて行うことができる。

ところで，特殊かご形誘導電動機においては，定格周波数拘束試験の場合の二次抵抗および二次漏れリアクタンスは二次周波数が定格周波数に等しい場合の値であって，二次周波数が数ヘルツ以下の定常運転時の値とは著しく異なる。それゆえ，特殊かご形誘導電動機に対しては，前項で述べた抵抗測定，無負荷試験，定格周波数拘束試験の他に**低周波拘束試験**を行って，滑りが零に近い場合の二次抵抗および二次漏れリアクタンスを算定することが必要である。

低周波拘束試験の周波数は，定格周波数の 1/4 の周波数を用いることが算定精度の点から望ましいが，わが国で開発された h **定数法**（以下の定数 h を使う方法）を使えば低周波拘束試験の周波数を定格周波数の 1/2 の周波数としてもかなり精度が高いことが確認されている。h 定数法による二次定数の算定の理論的根拠はつぎのとおりである。ただし，以下に述べるのは（図 4.23 の形の）精密な等価回路の定数を定める場合の h 定数法であり，現在の誘導機の規格（JEC-2137）における h 定数法とは少し異なる点がある。

定格周波数 f における拘束インピーダンスを $R_s' + jX_s'$ とする。

特殊かご形誘導電動機の滑りの小さい運転時の二次漏れリアクタンスは一般に一次漏れリアクタンスよりもかなり大きいが，定格周波数で拘束試験を行った場合の二次漏れリアクタンスは一次漏れリアクタンスとほぼ同程度の大きさであることから，一次漏れリアクタンスを

$$x_1 = \frac{X_s'}{2} \tag{4.58}$$

と仮定することができる。

$R_s' + jX_s'$ から一次漏れインピーダンス $r_{1L} + jx_1$ を差し引いた（$R_s' -$

$r_{1L}) + \mathrm{j}(X_s' - x_1)$ の逆数を計算し，励磁アドミタンス（不飽和値）を差し引いてから再び逆数を計算して，この試験時の二次インピーダンス $r_2' + \mathrm{j}x_2'$ を求める。ここに，r_{1L} はこの試験時の巻線温度における一次抵抗である。

周波数 kf の低周波拘束試験における拘束インピーダンスを $R_s'' + \mathrm{j}X_s''$ とする。k は $1/2$（または $1/4$）に近い値とする。

$R_s'' + \mathrm{j}X_s''$ からこの周波数における一次漏れインピーダンス $r_{1L} + \mathrm{j}kx_1$ を差し引いた $(R_s'' - r_{1L}) + \mathrm{j}(X_s'' - kx_1)$ の逆数を計算し，周波数 kf のときの励磁アドミタンス（不飽和値）を差し引いてから再び逆数を計算して，この試験時の二次インピーダンスを求め，そのリアクタンス分だけを k^{-1} 倍して定格周波数に換算したものを $r_2'' + \mathrm{j}x_2''$ とする。

以上の結果から次式によって定数 h を計算する。

$$h = \frac{x_2'' - x_2'}{r_2' - r_2''} \tag{4.59}$$

さらに，次式によって定数 m を計算する。

$$m = \frac{k^2(1+h^2)}{1-k^2} \tag{4.60}$$

運転時（滑り $s \fallingdotseq 0$）の一次1相当りに換算された二次抵抗 r_2 および二次漏れリアクタンス x_2 は

$$r_2 = k_R \{r_2'' - m(r_2' - r_2'')\} \tag{4.61}$$

$$x_2 = x_2'' + m(x_2'' - x_2') \tag{4.62}$$

として算定される。なお，k_R は二次抵抗を運転時の温度における値に換算するための係数である（4.9.2項参照）。

【h 定数法の説明】 図 4.27(b) の二重かご形誘導電動機の等価回路において x_{33} の枝路を二重かご形回転子のスロット上部側のかご形巻線の枝路とする。上側かご形巻線は抵抗が大きく，漏れリアクタンスが小さいので，x_{33} を無視して考える。これが h 定数法の理論の出発点である。定数 h を

$$h = \frac{x_{44}}{r_3 + r_4}$$

と定義し，x_{33} 以外の等価回路定数と周波数低減比 k および定数 h を用いて，R_s'，X_s'，R_s''，X_s'' の式を立て，やや長い代数計算を行うと，r_2 および x_2 の式が得られる。

以上のように，h 定数法は二重かご形誘導電動機の等価回路を基礎として構成された方法であるが，深溝かご形誘導電動機に適用しても良い結果が得られることが確認されている。♡

4.9.4 JEC-2137 の等価回路法

JEC-2137 の等価回路法では，精密な等価回路からわずかの近似を行って数学的に変形して得た図 4.51 の T-II 形等価回路を使う。この等価回路が成り立つものとして，無負荷試験，拘束試験等の結果から直接に T-II 形等価回路の定数を決定する。そのため，精密な等価回路との等価性はわずかに失われるが，特性算定結果の精度にはほとんど差がないことが確かめられている。

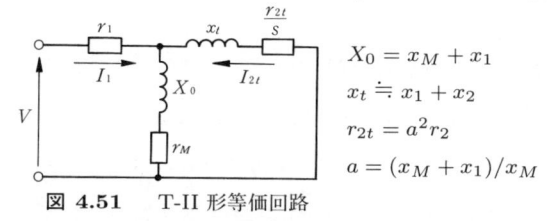

$$X_0 = x_M + x_1$$
$$x_t \doteqdot x_1 + x_2$$
$$r_{2t} = a^2 r_2$$
$$a = (x_M + x_1)/x_M$$

図 4.51　T-II 形等価回路

JEC-2137 の等価回路法ではつぎの 3 種類の拘束試験法を規定している。

（ⅰ）　拘束試験法 A：定格周波数と 1/2 周波数で拘束試験を行い，h 定数法によって運転時の二次定数を算定する。

（ⅱ）　拘束試験法 B：1/2 周波数と 1/4 周波数で拘束試験を行い，その結果から直線近似で運転時の二次定数を算定する。

（ⅲ）　拘束試験法 C：拘束試験は定格周波数拘束試験だけを行う。回転子巻線の表皮効果を無視できる小形機にだけ適用する。

一般には拘束試験法 A が使われることになるものと思われる。拘束試験法 B は試験用電源として拘束試験法 A よりも大きい三相同期発電機が必要である。拘束試験法 C による場合は 4.9.2 項に述べた方法に近い方法で定数を算定することになるが，小形機に対しては等価回路法よりも実負荷試験による方法を用いることが望ましい。

特性算定は，指定された出力を発生する滑りの値を仮定し，図 4.51 の等価回路の回路計算によって行う。出力は一次入力から総損失を差し引いて計算する。計算された出力と指定された出力との差が 0.1 % を超える場合は滑りの値

を修正して回路計算を繰り返す。等価回路の r_{2t} を流れる電流を I_t とするとき，二次抵抗損は $3I_t^2 r_{2t}$ として計算する。漂遊負荷損は定格出力のときに定格出力の 0.5 % とし，I_t の 2 乗に比例するものとして計算する。

停動トルクおよび最大出力を発生する滑りは，それぞれ式 (4.30) および式 (4.31) において r_2 を r_{2t} で，x を x_t で置き換えた式で算定される。ただし，4.9.2 項で述べたように，停動トルクまたは最大出力をより正確に算定するためには，定格電流の約 2 倍の電流を流して拘束試験を行い，その結果から上記と同様の計算を行って等価回路定数を定める必要がある。

4.9.5　ブレーキ法または動力計法

IEC の回転機試験法分科会が新たに開発し，新しい JEC および JIS 規格に採用された試験法である。ブレーキ法はおもに 1 kW 以下の電動機に適用される。

（ｉ）　25 % 負荷から 150 % 負荷までの間でほぼ等間隔の 6 点の負荷に対して，入力 P_1〔W〕，一次電流 I_1〔A〕，滑り s（小数），トルク T〔N·m〕，端子間の一次巻線抵抗 R_1'〔Ω〕を測定する。

（ⅱ）　電動機出力 P および総損失 W_t を次式から求める。

$$P = 0.10472\,T\,n \quad 〔\mathrm{W}〕 \tag{4.63}$$

$$W_t = P_1 - P \quad 〔\mathrm{W}〕 \tag{4.64}$$

ここに，n は回転速度〔min^{-1}〕である。

（ⅲ）　総損失から算定または測定可能な損失を差し引いて，漂遊負荷損暫定値 W_G' を求める。

$$\text{漂遊負荷損暫定値} \quad W_G' = W_t - (W_s + W_m + W_h + W_r) \quad 〔\mathrm{W}〕 \tag{4.65}$$

ここに，$W_s = 3I_1^2 R_1'/2$ は一次抵抗損，W_m は機械損，W_h は鉄損，$W_r = s(P_1 - W_s - W_h)$ は二次抵抗損である。

(iv) 6点の負荷について漂遊負荷損暫定値を算定し，これをトルクの2乗に対する直線回帰分析を実施して漂遊負荷損暫定値を平滑化する．

$$W_G'' = AT^2 + B \quad 〔\text{W}〕 \tag{4.66}$$

(v) B は負荷の大きさに無関係な成分であって，ブレーキまたは動力計の風損と考えられるので，平滑化された漂遊負荷損は

$$W_G = AT^2 \quad 〔\text{W}〕 \tag{4.67}$$

となる．

(vi) 以上の結果を用いて効率は次式で計算される．

$$\eta = \frac{P_1 - W_{c1} - W_m - W_h - W_{c2} - W_G}{P_1} \times 100 \quad 〔\%〕 \tag{4.68}$$

ここに，$W_{c1} = 3I_1^2 r_1'$ は負荷時の一次抵抗損〔W〕，r_1'〔Ω〕は基準巻線温度に換算した一次1相の抵抗または25°Cに定格負荷時の温度上昇値を加えた温度における一次1相の抵抗であり

$$W_{c2} = \frac{2r_1'}{R_1'} W_r \quad 〔\text{W}〕 \tag{4.69}$$

は負荷時の温度に補正した二次抵抗損である．

(vii) (iv)における定数 A および B は次式で算出される．

$$A = \frac{N \sum_{i=1}^{N}(T_i^2 \cdot W_{Gi}') - \left(\sum_{i=1}^{N} T_i^2\right) \cdot \left(\sum_{i=1}^{N} W_{Gi}'\right)}{N \sum_{i=1}^{N}(T_i^2)^2 - \left(\sum_{i=1}^{N} T_i^2\right)^2}$$

$$B = \frac{1}{N} \left(\sum_{i=1}^{N} W_{Gi}'\right) - A \left\{\frac{1}{N} \left(\sum_{i=1}^{N} T_i^2\right)\right\}$$

4.9.6 漂遊負荷損の試験法と規約値

誘導電動機の効率を正確に決定するためには，漂遊負荷損の考慮が不可欠である．変圧器および同期機では短絡試験によって抵抗損と漂遊負荷損の和を測定できるが，誘導機ではそのようにように簡単には測定できない．

実負荷試験によらずに漂遊負荷損を測定する方法としては，アメリカの誘導機試験法規格（ANSI/IEEE Std.112）に採用されている**逆回転法**（reverse rotation method）がある。この方法は，固定子単独試験と逆回転試験の二つの試験によって漂遊負荷損を決定する。

〔1〕 **固定子単独試験**（removed-rotor test）　回転子を引き抜き，ブラケットなどは取り付けて，一次巻線に低い対称三相電圧を加え，一次電流 I_t および入力 W_s を測定する。定格電流 I_n の運転時の漂遊負荷損を決定したい場合は，このときの電流を

$$I_t = \sqrt{I_n{}^2 - I_0{}^2} \tag{4.70}$$

とする。ここに，I_0 は定格電圧における無負荷電流である。

基本波電流による漂遊負荷損（一次電流による漂遊負荷損）LL_s は次式で定められる。

$$LL_s = W_s - 3I_t{}^2 r_1 \tag{4.71}$$

ここに，r_1 は一次巻線一相の抵抗（星形換算値）で，試験直後に測定する。

〔2〕 **逆回転試験**（reverse rotation test）　図 **4.52** のように，一次巻線に低い対称三相電圧を加えて運転し，別の駆動用電動機 M_d によって回転磁界と逆方向に同期速度で回転させる。一次電流を (a) の I_t に等しくし，三相電源からの入力 W_r および駆動用電動機の出力（動力）P_r を測定する。また，一次巻線に電流を流さないときの駆動用電動機の出力（動力）P_f をも測定する。

高周波漂遊負荷損（二次電流による漂遊負荷損）LL_r は次式で定められる。

$$LL_r = (P_r - P_f) - (W_r - LL_s - 3I_t{}^2 r_1) \tag{4.72}$$

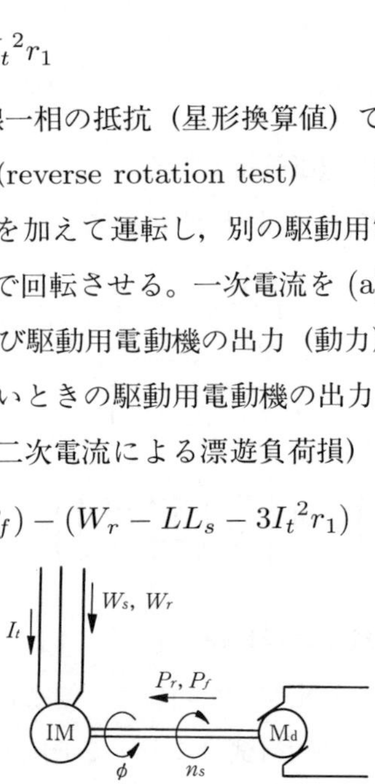

図 **4.52**　逆回転試験

〔3〕 **全漂遊負荷損**　全漂遊負荷損 W_G は次式で決定される。
$$W_G = LL_s + LL_r \tag{4.73}$$

定格電流以外の電流における全漂遊負荷損を求める場合は，I_n の代わりに指定の負荷に対する一次電流 I を使って I_t を定める。

【逆回転法の説明】　式 (4.72) の根拠はつぎのとおりである。逆回転試験における誘導電動機の二次入力は
$$P_2 = W_r - LL_s - 3I_t{}^2 r_1$$
である。この電動機の発生動力は，滑りが 2 であるから
$$P_M = (1-s)P_2 = -P_2 = -(W_r - LL_s - 3I_t{}^2 r_1) < 0$$
である。すなわち，発生動力は負であって，ブレーキパワーである。

駆動用電動機の動力は，このブレーキパワーに打ち勝つ動力と誘導電動機の機械損 P_f と高周波漂遊負荷損の和
$$P_r = (W_r - LL_s - 3I_t{}^2 r_1) + P_f + LL_r$$
でなければならない。これを LL_r について解けば式 (4.72) が得られる。　　♡

〔4〕 **漂遊負荷損の規約値**　逆回転法が適用できない場合には規格等による漂遊負荷損の規約値を使うことになる。

JEC-2137 の等価回路法では，IEC 34-2 の従来の規定を参考にして，漂遊負荷損の規約値を定格出力のときに定格出力の 0.5 % としているが，欧米ではこの値は小さすぎると考えられており，IEC では現在，定格出力時の誘導電動機の漂遊負荷損の規約値を，1 kW 機で入力 2.5 %，10 kW 機で入力の 2 %，100 kW 機で入力の 1.5 %，1 000 kW 機で入力の 1 %，10 000 kW 機で入力の 0.5 % とすることが提案されている。国際整合化の観点から，JEC の誘導機の漂遊負荷損の規約値は今後変更される可能性が大きい。

4.9.7　三相誘導電動機の等価回路の変換

三相誘導電動機の定常状態の（滑りの小さい場合の）等価回路として，基本となるのは図 4.23 の精密な等価回路（T 形等価回路）である。以下に，精密な等価回路を出発点とする別の等価回路の導出を説明する。

〔1〕 **精密な L 形等価回路**　四端子網の電圧方程式を

$$\begin{bmatrix} \dot{I}_1 \\ \dot{V}_2 \end{bmatrix} = \begin{bmatrix} \dot{g}_{11} & \dot{g}_{12} \\ \dot{g}_{21} & -\dot{g}_{22} \end{bmatrix} \begin{bmatrix} \dot{V}_1 \\ \dot{I}_2 \end{bmatrix}$$

の形に書くと，線形可逆回路の場合は $\dot{g}_{12} = \dot{g}_{21}$ が成り立つから，図 **4.53** (a) の等価回路が得られる．ここに $\dot{g}_{11}$ は二次開放時の一次入力アドミタンスであり，$\dot{g}_{22}$ は一次短絡時の二次入力インピーダンスである．

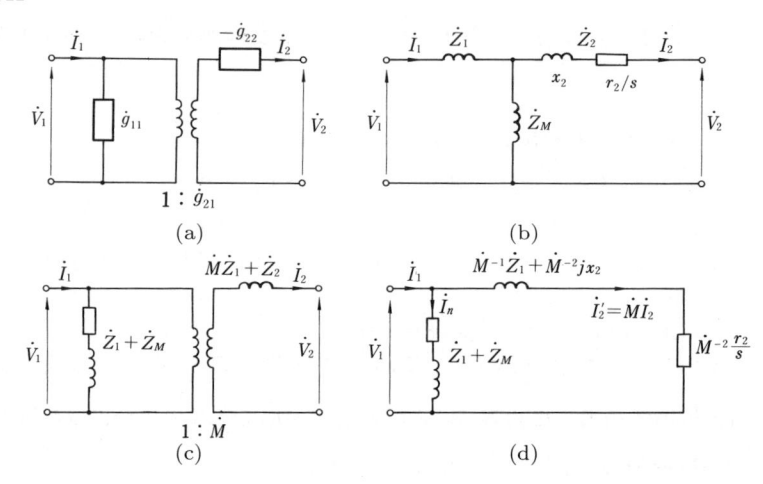

図 **4.53** 等価回路の変換

精密な等価回路において，図 (b) のように仮に二次回路を切り開いて二次端子電圧を $\dot{V}_2$ とし，以上の G パラメータを視察によって求めれば

$$\begin{aligned} \dot{g}_{11}{}^{-1} &= \dot{Z}_1 + \dot{Z}_M, \\ \dot{g}_{12} &= \frac{\dot{Z}_M}{\dot{Z}_1 + \dot{Z}_M}, \\ \dot{g}_{22} &= \frac{\dot{Z}_M}{\dot{Z}_1 + \dot{Z}_M}\dot{Z}_1 + \dot{Z}_2 \end{aligned} \tag{4.74}$$

である．ここで

$$\frac{\dot{Z}_M}{\dot{Z}_1 + \dot{Z}_M} = \dot{M} \tag{4.75}$$

と置けば，図 (b) と等価な回路として 図 (c) が得られる．図 (c) において $\dot{V}_2 = 0$ とし，かつ，二次側を一次側に換算すれば 図 (d) が得られる．これは精密な等価回路と同一の正確さを持ったL形等価回路である．

4.9 三相誘導電動機の運転特性の決定方法

図 (d) の等価回路を利用する場合，誘導電動機の二次入力 P_2 は $\dot{M}^{-2}r_2/s$ の部分の皮相電力に等しいとして計算しなければならない．なぜなら

$$|\dot{I}_2'|^2 \cdot \left|\dot{M}^{-2}\frac{r_2}{s}\right| = |\dot{M}\dot{I}_2|^2 \cdot \left|\dot{M}^{-2}\frac{r_2}{s}\right| = I_2^2\frac{r_2}{s} \tag{4.76}$$

だからである．以下，星形換算の一次相電圧を V で，一次線間電圧を V_1 で表す．一次電流の計算は簡易等価回路の場合と同じでよく

$$\dot{I}_1 = \frac{\dot{V}}{\dot{Z}_1 + \dot{Z}_2\dot{Z}_M/(\dot{Z}_2 + \dot{Z}_M)} \tag{4.77}$$

$$\dot{I}_0 = \frac{\dot{V}}{\dot{Z}_1 + \dot{Z}_M} \tag{4.78}$$

である．また，任意の出力に対する滑りの値はつぎのように計算する．

機械損を W_m〔W〕，漂遊負荷損を W_G〔W〕とし，漂遊負荷損はすべて発生動力の中から供給されるものと仮定すれば，出力 P は次式で表される．

$$P = (1-s)P_2 - W_m - W_G \,〔\text{W}〕$$

それゆえ

$$\dot{M}^{-1}Z_1 + \dot{M}^{-2}\mathrm{j}x_2 = r_{1t} + \mathrm{j}x_{2t}, \quad \dot{M}^{-2}\frac{r_2}{s} = \frac{r_{2t}}{s} + \mathrm{j}\frac{x_{2t}}{s}$$

とすれば，任意の出力 P〔W〕を発生する滑り s は次式によって求められる．

$$s = \frac{b - \sqrt{b^2 - 4ac}}{2a} = \frac{2c}{b + \sqrt{b^2 - 4ac}} \tag{4.79}$$

ここに

$$c = r_{2t}{}^2 + x_{2t}{}^2$$
$$b = \frac{V_1{}^2\sqrt{c}}{P + W_m + W_G} - 2(r_{1t}r_{2t} + x_{1t}x_{2t})$$
$$a = r_{1t}{}^2 + x_{1t}{}^2 + \frac{V_1{}^2\sqrt{c}}{P + W_m + W_G}$$

漂遊負荷損 W_G は規約値または実測値を用いる（4.9.6 項参照）．

滑りの値が決定されれば，等価回路の数値計算によって，一次電流・入力・力率が容易に求められ，効率も算定される．

最大トルクおよび最大出力を与える滑り s_t および s_p は次式で与えられる．

194   4. 誘 導 機

$$s_t = \frac{\sqrt{r_{2tm}^2 + x_{2tm}^2}}{\sqrt{r_{1tm}^2 + x_{1tm}^2}} \tag{4.80}$$

$$s_p = \frac{\sqrt{r_{2tm}^2 + x_{2tm}^2}}{\sqrt{r_{2tm}^2 + x_{2tm}^2} + \sqrt{(r_{1tm} + r_{2tm})^2 + (x_{1tm} + x_{2tm})^2}} \tag{4.81}$$

ここに，$r_{1tm}, x_{1tm}, r_{2tm}, x_{2tm}$ は，定格電流のおよそ2倍の電流で定格周波数拘束試験および低周波拘束試験を行って，その結果から $r_{1t}, x_{1t}, r_{2t}, x_{2t}$ の決定と同じ方法で計算した回路定数である。

〔2〕 **T-II 形等価回路**　　図 4.23 の精密な等価回路において，図中の r_1 の右側の部分の回路を図 4.53 と同じ方法で変換する。今の場合は，図 4.53 で使った $\dot{M}$ の代わりに

$$\dot{M}' = \frac{r_M + j x_M}{r_M + j (x_M + x_1)} \tag{4.82}$$

を使うことになる。$\dot{M}'$ の逆数を $\dot{\alpha}$ と書くと

$$\dot{\alpha} = \frac{r_M + j (x_M + x_1)}{r_M + j x_M} = 1 + \frac{j x_1}{r_M + j x_M} \tag{4.83}$$

であり，変換後の等価回路は**図 4.54** になる。

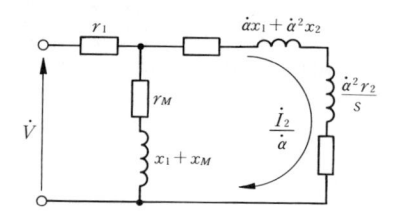

図 4.54　正確に変換された等価回路

この回路変換は，二次電流を $1/\dot{\alpha}$ 倍にし，二次回路中の電位差（抵抗降下とリアクタンス降下）を $\dot{\alpha}$ 倍にした変換になっている。このように，電圧・電流の変換比が複素数の場合はその部分の皮相電力が不変ではあるが，有効電力は不変ではないことに注意する必要がある。例えば二次銅損は正確にはつぎのように計算しなければならない。

$$W_{c2} = 3 \left| \frac{\dot{I}_2}{\dot{\alpha}} \right|^2 |\dot{\alpha}^2 r_2|, \qquad \because \left| \frac{\dot{I}_2}{\dot{\alpha}} \right|^2 |\dot{\alpha}^2 r_2| = |\dot{I}_2^2| r_2 \tag{4.84}$$

$\dot{\alpha}$ の虚部は1に比べてかなり小さいので，この虚部を無視すると**図 4.55** の

等価回路が得られる．これが JEC-2137 の T-II 形等価回路である．この回路から計算した $3|\dot{I}_{2t}{}^2|r_{2t}$ は上式による二次銅損と完全には一致しないが，その差は小さい．

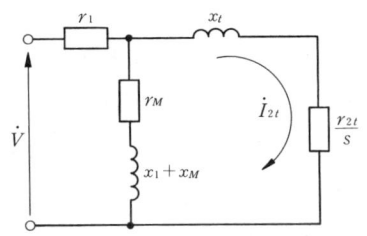

図 4.55 $\dot{\alpha}$ の虚部を無視した等価回路

〔3〕 **鉄損を一次端子側で考慮した等価回路**　　図 4.56 は，精密な等価回路の励磁インピーダンスをアドミタンスに書き換え，そのうちの励磁コンダクタンス g_m だけを電源端子側に移動した近似等価回路において r_1 よりも右側の部分の回路を図 4.55 を導出したのと同様な方法で変換した等価回路である．

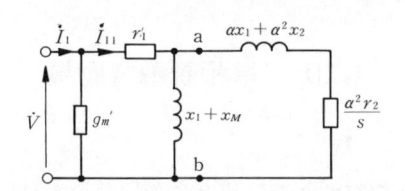

図 4.56　鉄損を電源側で考慮した等価回路

この場合は

$$\alpha = \frac{x_M + x_1}{x_M} = 1 + \frac{x_1}{x_M} \tag{4.85}$$

であって，α が実数であるので図 4.55 のような $\dot{\alpha}$ の虚部を無視するという近似は不要である．ただし，励磁コンダクタンス g_m を電源端子側に移動するときに，鉄損を正しく考慮できるように補正した g_m' を使うことが望ましい．なお，図 4.56 の a–b 端子から左側をテブナンの定理によって等価電圧源回路に書き直すと，きわめて簡単な回路となり，指定された出力を発生する滑りの値を容易に計算することができる．

滑りの値を決定したあと，図 4.56 の等価回路の数値計算によって，鉄損

を考慮しない場合の入力電流 $\dot{I}_{11}$ を計算する。これと別に負荷時の鉄損電流 $I_{iL} = g_m' V_1$ を計算して，負荷時の一次電流を

$$\dot{I}_1 = \dot{I}_{11} + I_{iL} \tag{4.86}$$

として求め，これを用いて入力，力率，効率を算定すればよい。

〔4〕 π形等価回路　　三相誘導電動機の特性算定のための等価回路としては，従来種々の回路が提案されてきた。その代表的なものは精密な等価回路の励磁コンダクタンスの接続位置を r_1 と x_1 の接続点に移した π形等価回路である。この接続位置の変更は誘導電動機においては一次漏れ磁束によってもかなりの鉄損が発生するためと説明されてきたが，これによって漏れ磁束による鉄損が正確に考慮できるという保証はなく，また，一次漏れ磁束による鉄損の少なくとも一部分は漂遊負荷損に含まれるものであるので，全漂遊負荷損を実測値または規約値によって後で考慮する場合には，この一部分が二重に考慮されてしまうおそれがある。

4.10　単相誘導電動機

4.10.1　概　　説

単相誘導電動機は三相電源がない場合に使う誘導電動機で，出力数 W 程度ないし 750 W 以下の小形の ものが家庭用電気機器や小形作業機械などに，きわめて数多く使われている。

単相誘導電動機の固定子には，主巻線と補助巻線が設けられる。補助巻線を始動時だけ使う機種と，運転時にも使う機種とがある。回転子は普通かご形回転子である。

4.10.2　主巻線だけによる定常運転

図 4.57 (a) は単相誘導電動機の固定子の主巻線だけを示したものである。いま，回転子は引き抜いてあるものとする。この固定子巻線に単相交流電圧を加えると，単相交流電流が流れ，図 (b) の ϕ_m のような磁束が発生する。この磁

4.10 単相誘導電動機

束は巻線の磁気軸方向で，その大きさと極性が時間とともに変化する交番磁束である。大きさが ϕ_m の最大値の半分で，たがいに反対方向に同期速度で回転する二つの回転磁束 ϕ_1 および ϕ_2 を考えると，それらのベクトル和は ϕ_m となる。このことから交番磁束 ϕ_m によって起こる現象は二つの回転磁束 ϕ_1 および ϕ_2 によって起こる現象を重ね合わせたものに等しいことになる。

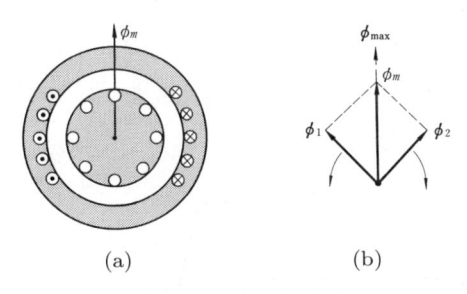

図 4.57 主磁束の分解

ここで，この固定子の中にかご形回転子を入れた場合を考える。回転子が静止しているときは，回転磁束 ϕ_1 および ϕ_2 はたがいに逆方向に回転子を回転させようとするので，回転子が回り始めることはない。

しかし，外部から力を加えて回転子をどちらかの方向に少し動かしてやると，回転子はその方向に加速し，同期速度に近い速度で定常運転に入る。その理由はつぎのとおりである。回転子が最初に ϕ_1 の方向に回り始めたとすると，ϕ_1 に対する回転子の滑りは 1 よりも少し小さい。そのとき ϕ_2 に対する滑りは 1 よりも少し大きい。回転磁界中の誘導電動機の回転子は，滑り 1 の付近では，滑りの小さいほうのトルクが滑りが大きいほうトルクよりも大きいので，ϕ_1 によるトルクが ϕ_2 による逆方向トルクを上回り，回転子は引き続き ϕ_1 の方向に加速されることになるのである。

回転子が ϕ_1 の方向に滑り s で回転しているときの ϕ_2 に対する滑りは

$$s' = \frac{n_S - (-n)}{n_S} = \frac{n_S + n}{n_S} = \frac{n_S + (1-s)n_S}{n_S} = 2 - s \qquad (4.87)$$

となる。

回転子が ϕ_1 に対してほぼ同期速度，すなわち，$s \fallingdotseq 0$ で回転しているときは，ϕ_1 に対する回転子の等価的な二次抵抗 r_2/s はかなり大きいが，ϕ_2 に対する回転子の等価的な二次抵抗 $r_2/(2-s) \fallingdotseq r_2/2$ は非常に小さいので，二次が短絡された変圧器では鉄心中の磁束が小さいのと同じような理由で，ϕ_2 が小さくなり，主巻線だけによる定常運転時にはギャップ磁束の大部分が ϕ_1 となって，三相誘導電動機の定常運転時と同様な運転特性が得られる。

主巻線だけで運転する単相誘導電動機の理論上のトルク速度曲線は図 **4.58** のようであって，どちらの方向に回転しても特性はまったく同じであり，また，無負荷速度は同期速度より少し低い。

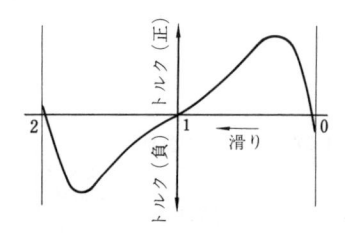

図 **4.58** 主巻線による運転特性

4.10.3 分相始動誘導電動機

固定子上で主巻線と直角（多極機では電気角で $90°$）の位置に高抵抗・低リアクタンスの補助巻線を設けたものを分相始動誘導電動機 (resistance-split-phase induction motor) という。主巻線の電流と補助巻線に流れる電流の位相差によって不完全ながら回転磁界ができて始動トルクが発生する。

補助巻線は高抵抗とするために細い銅線を使用し，低リアクタンスにするために巻数を主巻線の半分ぐらいにしてある。補助巻線は電力損が多いので，同期速度の $75 \sim 80$ ％ の速度まで加速したときに遠心力スイッチによって自動的に切り離し，主巻線だけによる定常運転に入る。図 **4.59** はこの電動機の構造と特性の例である。始動電流が大きいので出力 200 W 以下のものが普通である。

(a) 巻線の構成　　　(b) トルク速度特性

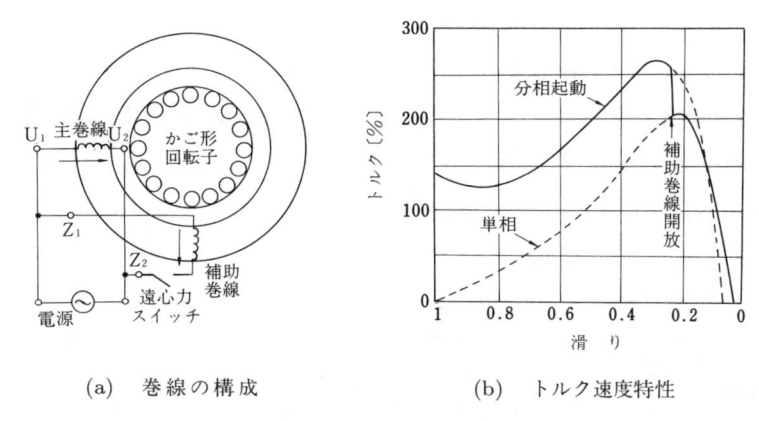

図 4.59　分相始動誘導電動機

4.10.4　コンデンサモータ

補助巻線に直列にコンデンサを接続して使用する単相誘導電動機で，これにはつぎの 3 種類がある。

〔1〕 **コンデンサ始動誘導電動機**（capacitor-start induction motor）
コンデンサを直列に接続した補助巻線を始動時だけ使用し，加速後は主巻線だけで運転するものである。分相始動形に比べて小さい始動電流で大きい始動トルクが得られる（**図 4.60**）。

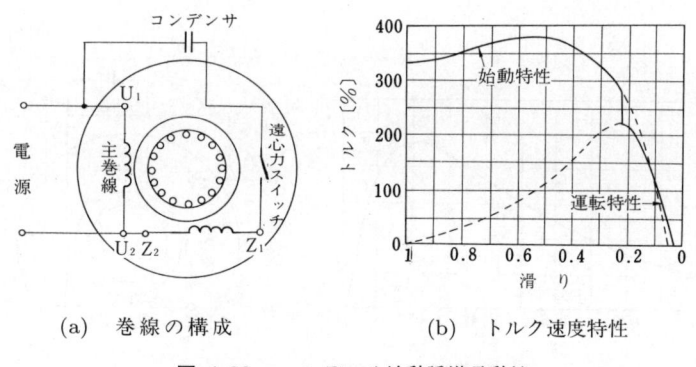

(a) 巻線の構成　　　(b) トルク速度特性

図 4.60　コンデンサ始動誘導電動機

4極，100V，50Hz の場合，始動トルクを 200～300% にするのに必要なコンデンサ容量はおよそ表 4.2 のようである．始動用コンデンサとしては短時間定格の電動機始動用電解コンデンサが使われる．JIS C 4905 に定格電圧 110 V，125 V，静電容量 50～400 μF のものが規定されているが，その定格電圧は 1 回 3 秒間ずつ，1 時間に 20 回の割合で印加することのできる交流電圧実効値を意味するものである．

表 4.2 コンデンサ始動誘導電動機のコンデンサ容量

電動機定格出力　〔kW〕	0.1	0.2	0.4	0.75
始動用コンデンサ　〔μF〕	80～100	150～200	250～300	400～500

〔2〕 **コンデンサ誘導電動機** (permanent-split capacitor motor) 　始動時・運転時ともに同一のコンデンサを補助巻線に直列に接続して使用する単相誘導電動機．コンデンサとしては連続定格の MP コンデンサまたは金属化フィルムコンデンサを使う．コンデンサ容量は定常運転時に良好な特性が得られるように選ばれるので，50 W 機で 8 μF，100 W および 200 W 機で 16 μF 程度である．始動トルクは 50～100 % 程度で大きくはないが，運転時の力率および効率が高く，トルクの脈動が少ないので騒音が少ない（図 4.61）．

〔3〕 **コンデンサ始動コンデンサ誘導電動機** (two-value capacitor motor)
補助巻線に接続された運転用コンデンサと並列に，始動時だけ大容量のコンデ

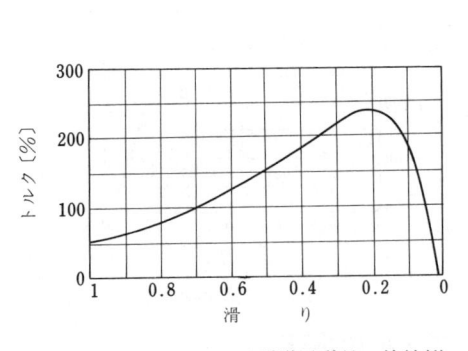

図 4.61　コンデンサ誘導電動機の特性例 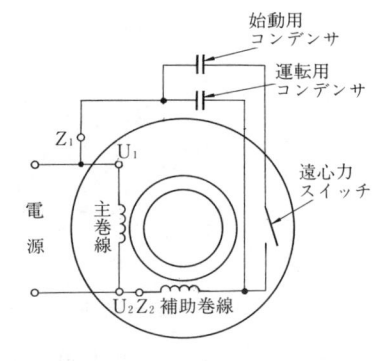　　図 4.62　コンデンサ始動コンデンサ誘導電動機

ンサを接続するようにした単相誘導電動機。この電動機は始動トルクが大きく，かつ運転特性もよい（図 4.62）。

4.10.5　くま取りコイル形誘導電動機

図 4.63 のように，突極形主磁極の磁極面の 1/2 ないし 1/4 の部分に，1 回巻きの銅線の短絡環をはめ込んだ構造の固定子を持つ単相誘導電動機をくま取りコイル形誘導電動機（shaded-pole induction motor）という。

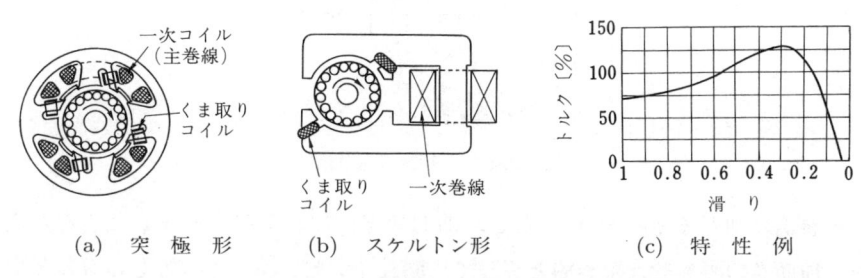

(a) 突極形　　(b) スケルトン形　　(c) 特性例

図 4.63　くま取りコイル形誘導電動機

くま取りコイルで囲まれた部分から回転子に入る磁束は他の部分の磁束よりも位相が遅れるので不完全ながら回転磁界ができて，かご形回転子は図に矢印で示した方向に回転する。この電動機は逆転させることはできない。くま取りコイルの銅損のために効率が低い（出力 10 W のもので 20 %，出力 0.2 W のもので 2 % 程度）が，小形の単相誘導電動機としては最も低価格であるので，扇風機・小形機器の冷却ファンなどに 0.2 〜 75 W のものが数多く使われている。

4.10.6　単相誘導電動機の理論

〔1〕　二相対称座標法による理論　　図 4.64 のような二相誘導電動機について考えよう。主巻線に電流 $\dot{I}_M$ 流れて，図の矢印の M 方向に起磁力を発生し，補助巻線の電流はそれより空間的に 90°進んだ矢印の A 方向に起磁力を発生する。補助巻線電流 $\dot{I}_A$ の位相が主巻線電流よりも遅れていれば左回りの回転磁界が発生し，回転子は左回りに回転する（実際の単相誘導電動機では補

助巻線の電流が主巻線の電流よりも位相が進んでいるので，回転子は右回りに回転することになるが，この説明では対象座標法を使う関係で，形式的に左回りに回転するものとして取り扱う)．

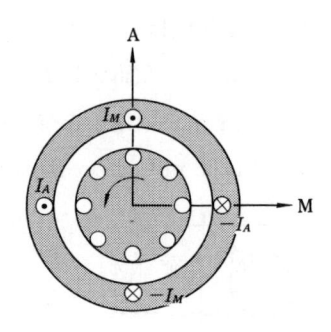

図 4.64 二相誘導電動機

主巻線に加わる電圧を $\dot{V}_M$ とし，補助巻線に加わる電圧を $\dot{V}_A$ とする．また，補助巻線の巻数は主巻線と等しく，漏れインピーダンスも等しいものとする．すなわち，この固定子巻線は対称二相巻線であるものとする．そうすると，二相対称座標法を使うことができる．

二相対称座標法では電流および電圧をつぎのように変換する．

$$\left.\begin{array}{l} \dot{I}_1 = \dfrac{1}{2}(\dot{I}_M + j\dot{I}_A) \\ \dot{I}_2 = \dfrac{1}{2}(\dot{I}_M - j\dot{I}_A) \end{array}\right\} \tag{4.88}$$

$$\left.\begin{array}{l} \dot{V}_1 = \dfrac{1}{2}(\dot{V}_M + j\dot{V}_A) \\ \dot{V}_2 = \dfrac{1}{2}(\dot{V}_M - j\dot{V}_A) \end{array}\right\} \tag{4.89}$$

これからもとの電流・電圧を求めると

$$\left.\begin{array}{l} \dot{I}_M = \dot{I}_1 + \dot{I}_2 \\ \dot{I}_A = -j\dot{I}_1 + j\dot{I}_2 \end{array}\right\} \tag{4.90}$$

4.10 単相誘導電動機

$$\left.\begin{array}{l}\dot{V}_M = \dot{V}_1 + \dot{V}_2 \\ \dot{V}_A = -\mathrm{j}\dot{V}_1 + \mathrm{j}\dot{V}_2\end{array}\right\} \qquad (4.91)$$

式 (4.90) の $\dot{I}_M$, $\dot{I}_A$ の右辺にある $\dot{I}_1$, $-\mathrm{j}\dot{I}_1$ なる成分は図中の二相巻線に流れたときに正方向回転磁界（左回り）を作る電流成分であり，この一組の電流を $\dot{I}_1$ で代表させて，これを**正相電流**という。同様に $\dot{I}_2$, $\mathrm{j}\dot{I}_2$ なる成分は逆方向回転磁界（右回り）を作る電流成分であって，この一組の電流を $\dot{I}_2$ で代表させて，これを**逆相電流**という。

$\dot{V}_M$, $\dot{V}_A$ 中の $\dot{V}_1$, $-\mathrm{j}\dot{V}_1$ なる成分は $\dot{I}_1$, $-\mathrm{j}\dot{I}_1$ を流すような電流であって，$\dot{V}_1$ を正相電圧といい，同様に考えて $\dot{V}_2$ を逆相電圧という。

図において回転子が $\dot{V}_1$ に対して滑り s で動作しているとすれば，この回転子は $\dot{V}_2$ に対しては滑り $2-s$ で動作していることになる。

$\dot{V}_1$, $\dot{I}_1$ および $\dot{V}_2$, $\dot{I}_2$ は一相の電圧・電流（$\dot{V}_M$, $\dot{I}_M$ に含まれる二つの成分）であるから，この電動機の一相分の現象は**図 4.65** の二つの等価回路で表される。これらの回路から $\dot{I}_1$, $\dot{I}_2$ を解いて式 (4.90) に代入すれば巻線電流 $\dot{I}_M$, $\dot{I}_A$ が容易に決定できる。このように，変数を計算に便利なように変換し，計算がすんでからもとの変数に戻すのが，対称座標法の要点である。

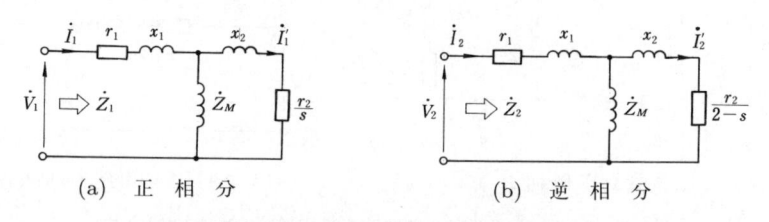

(a) 正相分　　　　　(b) 逆相分

図 4.65　対称座標法における等価回路

逆相分によるトルクは正相分によるトルクと逆方向に働くから，合成トルク（2相分）は

$$T = T_1 - T_2 = \frac{2}{\omega_S}\left(I_1'^2 \frac{r_2}{s} - I_2'^2 \frac{r_2}{2-s}\right) \;\text{[N·m]} \qquad (4.92)$$

図 4.65 (a) の V_1 の端子からみた回路の等価インピーダンス $\dot{Z}_1$ を誘導機の正相インピーダンスといい，図 (b) の $\dot{V}_2$ の端子からみたインピーダンス $\dot{Z}_2$

を逆相インピーダンスという。

主巻線だけで運転している単相誘導電動機では補助巻線電流 $\dot{I}_A = 0$（ただし，$\dot{V}_A = 0$ とおくことはできない）であるから，式 (4.88) から

$$\dot{I}_1 = \dot{I}_2 = \dot{I}_M/2$$

であり，また，式 (4.91) から

$$\dot{V}_M = \dot{V}_1 + \dot{V}_2$$

である。この二つの条件を満足する電気回路を作るには，図 4.65 (a)，(b) の回路を縦に直列につなぎ，かつ，すべてのインピーダンスを 1/2 にすればよい。

したがって，主巻線だけで運転する単相誘導電動機の等価回路は **図 4.66** (a) になる。また，図 (a) で $s = 1$ の場合は図 (b) になる。図 (b) から，図 (a) における r_1, x_1, x_M, x_2, r_2 の意味が理解できるであろう。

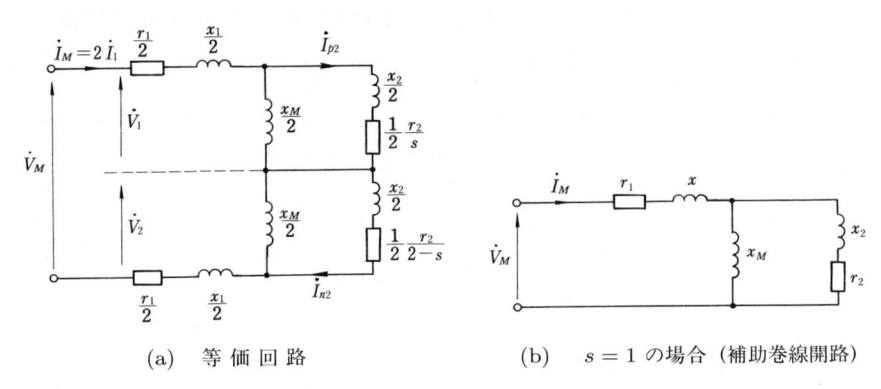

図 4.66 補助巻線を開路した単相誘導電動機の等価回路

図 (a) の等価回路を使う場合の電動機の発生トルクは次式で与えられる。

$$T = \frac{1}{2\omega_S} \left(I_{p2}^2 \frac{r_2}{s} - I_{n2}^2 \frac{r_2}{2-s} \right) \quad [\mathrm{N \cdot m}] \tag{4.93}$$

〔2〕 **コンデンサモータの理論** 図 **4.67** (a) のコンデンサ誘導電動機について述べる。補助巻線は巻数 w_a で，リアクタンス x_c（キャパシタンス $C = \omega^{-1} x_c^{-1}$）のコンデンサが直列に接続されている。F_a, F_m は $\dot{I}_a$ および

$\dot{I}_M$ による起磁力で，$\dot{I}_a$ が $\dot{I}_M$ より進み位相であるので，回転磁界は F_a から F_m の方向に回転する．補助巻線と主巻線との巻数比を

$$a = w_a/w_m \tag{4.94}$$

とし，補助巻線回路を巻数 w_m に換算すると図 (b) が得られる．ここに

$$r_\Delta + \mathrm{j}x_\Delta = a^{-2}(r_a + \mathrm{j}x_a) - (r_1 + \mathrm{j}x_1) \tag{4.95}$$

である．こうすると，この電動機は図の $\dot{V}_M$ と $\dot{V}_A$ の端子からみたときに対称二相構造の電動機となり，前項で使った二相対称座標法が適用できる．

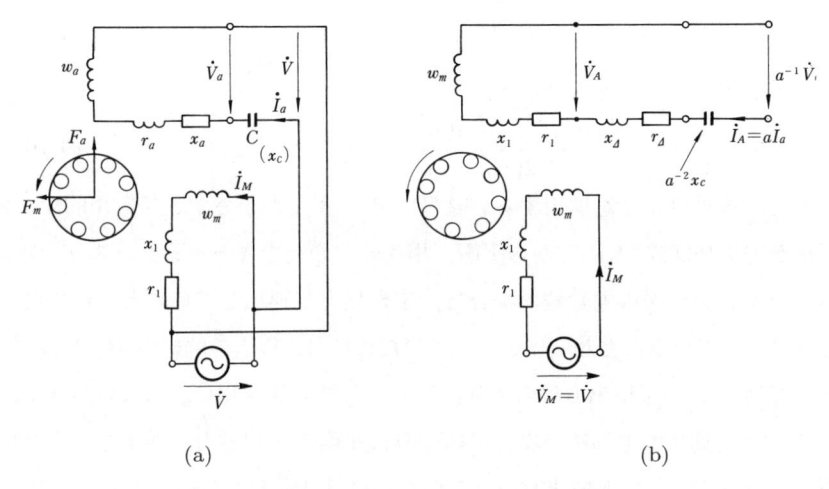

図 4.67 コンデンサ誘導電動機の解析

以下，実用上最も興味ある場合として，この電動機が平衡二相運転をするための条件（a と x_c の値）を求める．

$\dot{V}_M$ または $\dot{V}_A$ の端子からみた二相誘導電動機としての一相分の正相インピーダンスを

$$\dot{Z}_p = R_p + \mathrm{j}X_p \tag{4.96}$$

とおく．等価回路定数が与えられれば $\dot{Z}_p$ は次式によって計算できる．

$$\dot{Z}_p = r_1 + \mathrm{j}x_1 + \frac{\mathrm{j}x_M(r_2/s + \mathrm{j}x_2)}{\mathrm{j}x_M + r_2/s + \mathrm{j}x_2} \tag{4.97}$$

平衡二相運転が実現できたとすると

$$\dot{V}_A = j\dot{V} \tag{4.98}$$

$$\dot{V}_A = \dot{Z}_p \dot{I}_A = (R_p + jX_p)\dot{I}_A \tag{4.99}$$

が成り立つ。また図 (b) から

$$a^{-1}\dot{V} = (r_\Delta + jx_\Delta - ja^{-2}x_c)\dot{I}_A + j\dot{V} \tag{4.100}$$

式 (4.100) から $\dot{I}_A$ を求めて上式に代入し，両辺の実部と虚部を分離すると

$$a^{-1}X_p - R_p = a^{-2}r_a - r_1 \tag{4.101}$$

$$a^{-1}R_p + X_p = a^{-2}x_c + x_1 - a^{-2}x_a \tag{4.102}$$

式 (4.101) から a を求めると

$$a = \frac{w_a}{w_m} = \frac{X_p \pm \sqrt{X_p - 4(R_p - r_1)r_a}}{2(R_p - r_1)} \tag{4.103}$$

となる。複号は正号を採用する。負号のほうは a が小さすぎて実用的でない。

a が定まれば式 (4.102) から平衡二相運転に必要なキャパシタンス x_c が求まる。コンデンサ誘導電動機の場合は，定格出力で運転しているときに平衡二相運転になっていることが望ましい。このためには，以上の解析の R_p および X_p として滑り s が定格出力時の滑りに等しいときの値を用いればよい。また，コンデンサ始動誘導電動機の場合は始動時に平衡二相起磁力が発生して大きい始動トルクを得ることが望ましい。このためには R_p および X_p として滑り s が1のときの値を用いればよい。

なお，コンデンサ誘導電動機の場合は一般に

$$R_p \gg a^{-2}r_a - r_1$$

$$a^{-1}R_p + X_p \gg x_1 - a^2 x_a$$

が成り立つから，式 (4.101)，式 (4.102) からつぎの近似式が得られる。

$$\left.\begin{array}{l} a \doteqdot \dfrac{X_p}{R_p} \\ x_c \doteqdot (1+a^2)X_p \end{array}\right\} \tag{4.104}$$

ここで，この電動機の補助巻線を主巻線と同じ構造にした二相誘導電動機を考え，その電動機を平衡二相電源によって（コンデンサを用いないで）定格出力で運転したと仮定した場合の電動機の力率を $\cos\varphi_2$ とすれば

$$\cos\varphi_2 = \frac{R_p}{\sqrt{R_p{}^2 + X_p{}^2}} \fallingdotseq \frac{1}{\sqrt{1+a^2}}$$

となり，コンデンサ誘導電動機の平衡二相運転のための a の値は

$$a \fallingdotseq \tan\varphi_2$$

として求めることもできる．例えば，$\cos\varphi_2 = 0.6$ ならば $a = 1.33$，$\cos\varphi_2 = 0.5$ ならば $a = 1.73$ となる．これらの a の値は実例に近い値である．一般に小出力の機械になるほど，仮想的な力率 $\cos\varphi_2$ が低くなるので，a は大きくなる．

4.11 その他の誘導機

4.11.1 誘導電圧調整器

三相誘導電圧調整器（three-phase induction voltage regulator）は三相交流電源に接続される**分路巻線**（common winding）と負荷に直列に接続される**直列巻線**（series winding）の相対的位置を変化させることにより，出力電圧を連続的に広範囲に変えられるようにした変圧器である．

構造上は巻線形三相誘導電動機と同じような構造で，回転子に分路巻線を設け，固定子に直列巻線を設けて，両巻線を三相単巻変圧器のように結線している．回転子は約 180°（電気角）の範囲で外力により回転させることができる．

回転子巻線を三相電源に接続すると，誘導機と同様にギャップ中に回転磁界が発生する．**図 4.68** (a) のように，固定子に回転子と同相の起電力が発生する回転子位置から回転子を回転磁界（磁束 ϕ）と同方向に α だけ回転させると，固定子巻線は回転子巻線よりも α に相当するだけ早い時刻に回転磁界によって切られるので，固定子誘導起電力 E_s は回転子誘導起電力 E_c よりも α だけ位相が進む．

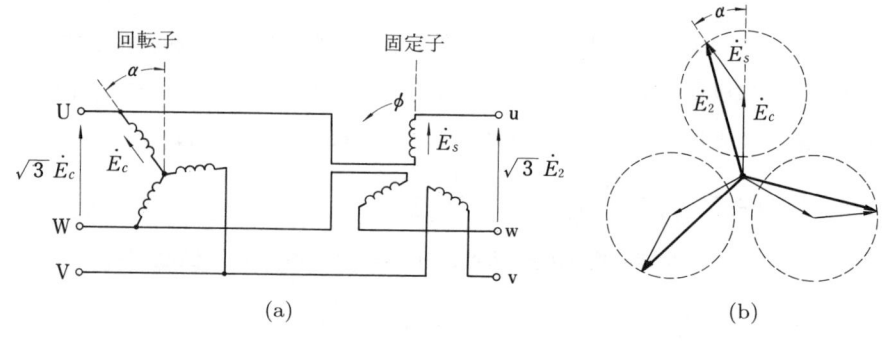

図 4.68 三相誘導電圧調整器の原理

したがって，出力端子の合成相電圧は図 (b) の E_2 のようになる。α を $0 \sim \pi$ の範囲で変化させると E_2 は $E_c \pm E_s$ の範囲で変化する。三相誘導電圧調整器では出力電圧の大きさとともにその位相も変わることに注意しなければならない。

また，出力端子に単相負荷をつなぐことはさしつかえないが，一次側は必ず三相電源に接続しなければならない。一次側を単相電源に接続した場合は，回転子軸を回すことによって無負荷電圧を変えることはできるが，負荷電流を取ると，一次起磁力と二次起磁力とが完全には打消し合うことができないために出力電圧が大幅に低下してしまう。

誘導電圧調整器に負荷電流が流れると誘導電動機と同じ理由でトルクが発生して回転子がみずから回り出そうとするので，回転子軸には非可逆性伝動装置であるウォーム歯車装置を取り付け，外力によってウォームを回わしたときだけ回転子が回わるようにしてある。小形のものはウォーム軸にハンドルを付けて手動で回わすが，中形以上のものは操作用電動機を取り付けて操作する。その電動機を自動制御回路によって駆動して，出力電圧を自動的に一定に保つようにすることも多い。

4.11.2 誘 導 発 電 機

三相電源に接続されたかご形誘導電動機を原動機によって駆動して同期速度以上の速度で回転させると，滑りが負になるので二次誘導起電力の方向が同期

速度以下の場合と逆になり，その結果二次電流の方向が逆になり，一次負荷電流の方向も逆になる。

この場合，誘導機は原動機から動力を受け，これを電力に変換して三相電源側に送り出しているので，誘導発電機として動作していることになる。ただし，かご形誘導発電機が誘導起電力を発生するためには，電力系統から励磁電流を受けてギャップ磁束を発生させる必要があり，その励磁電流は電力系統中の同期発電機から供給される。

かご形誘導発電機の特性は誘導電動機の等価回路において滑り s に負の値を代入することによって求められる。

かご形誘導発電機は
 (i) 回転子構造が簡単で安価である。
 (ii) 同期化の操作が不必要であり，乱調および同期はずれの現象がない。
 (iii) 短絡事故のときには励磁電流がなくなるので，短絡電流が小さく，また，その持続時間も短い。

などの利点があるので，大電力系統に接続される小出力の水力発電所などに数千 kV·A 以下のものが使われている。

巻線形誘導電動機の二次側に滑り周波数の電圧を加えて励磁し，その二次電流の方向を電動機運転の場合と逆方向にすれば，その滑り周波数によって定まる速度で回転する誘導発電機として動作する。これを他励誘導発電機という。揚水発電所の可変速発電電動機の発電機運転はその例である（4.8.6 項参照）。

章 末 問 題

(1) 200 V, 1.5 kW の巻線形三相誘導電動機についてつぎの試験結果を得た。これからT形等価回路の定数を決定せよ。励磁リアクタンスの飽和および機械損は無視して計算せよ。

一次1相の抵抗　$r_1 = 1.15\Omega$, (24 °C, 耐熱クラス E)
拘 束 試 験　$V_s' = 47.3$ V, $I_s' = 6.6$ A, $P_s' = 327$ W
無負荷試験　$V_1 = 200$ V, $I_0 = 2.87$ A, $P_0 = 109$ W

(2) 4極の三相誘導電動機が 50 Hz の電源に接続されて 1 470 min^{-1} で回転している。このときの二次入力（三相分）が 100 kW であるとすれば，発生動力は何 kW か。

(3) 周波数 60 Hz，極数 4 の三相誘導電動機がある。回転速度が 1 700 min^{-1}，トルクが 100 N·m で運転しているときの一次銅損が 1 200 W，鉄損が 1 000 W である場合，この電動機の効率はいくらか。ただし，機械損および漂遊負荷損は無視するものとする。

(4) 三相誘導電動機において，一次入力を 100 kW，一次銅損を 1.8 kW，二次銅損を 2.2 kW，鉄損を 1.2 kW，機械損を 1.0 kW とする。二次入力および出力はそれぞれいくらか。ただし，漂遊負荷損は無視できるものとする。

(5) 4極の三相誘導電動機が 50 Hz の電源から運転されている。この電動機の一次1相の抵抗は 2.8 Ω，一次側に換算された全漏れリアクタンスは 12.0 Ω，一次側に換算された二次1相の抵抗は 1.8 Ω である。この電動機が最大トルクを発生するときの回転速度〔min^{-1}〕はいくらか。

(6) 三相誘導電動機の電源周波数を 1/2 にするとき，電動機のトルク速度曲線はどう変わるかを図示して説明せよ。ただし，電動機の磁束密度が変わらないように電源電圧を変えるものとする（電験昭和 34 年 3 種）。

(7) 4極，20 kW，200 V，50 Hz の巻線形三相誘導電動機が全負荷のとき 1 440 min^{-1} で回転する。始動の際全負荷トルクで始動させるためには始動抵抗は何オームにすればよいか。ただし，回転子は Y 接続で，1 相当りの抵抗は 0.04 Ω である。

(8) 定格電圧 200 V，定格出力 11 kW のかご形三相誘導電動機があり，その全電圧始動電流は 240 A である。始動補償器を使用して，この電動機に 130 V の電圧を加えて始動するとき，電源から取る始動電流は何アンペアになるか。

(9) 6極，30 kW，440 V，50 Hz の定格を持つ，ある三相誘導電動機の拘束試験の結果はつぎのとおりである。

　　　　線間電圧 $V = 60$ V，線電流 $I = 60$ A，三相入力 $P = 3.2$ kW，
　　　　端子間の直流抵抗 $R = 0.212$ Ω

この電動機を全電圧で始動する場合，始動トルク〔kgm〕はいくらか（電験昭和 36 年 2 種）。

5 同期機

　同期機 (synchronous machine) とは，定常状態において同期速度で回転して動作する交流機械である。そのうちで最も重要なのは，同期発電機 (synchronous generator) で，火力発電所，原子力発電所および大出力の水力発電所の発電機はすべて同期発電機である。

　同期電動機 (synchronous motor) もまた応用上重要であって，100 kW 以上のものはしばしば誘導電動機よりも経済的であり，500 kW 以上のものは一般に誘導電動機よりも経済的であることが多いので，ポンプ・送風機などの運転によく使われる。また，小形ないし超小形の同期電動機も完全な一定速度が必要な場合に使われる。

5.1 同期機の原理

5.1.1 交流起電力の発生

　図 **5.1** (a) のような回転電機子形の機械で，ギャップ磁束分布が正弦波状であるとすれば，電機子コイルが一定速度で回転するとき，コイル中には図 (c) に示す正弦波の速度起電力が発生する。

　図 (b) の回転界磁形の場合には，静止した電機子コイル中に同じ波形の起電力が発生する。それは磁極とコイルの相対運動が同じだからである。

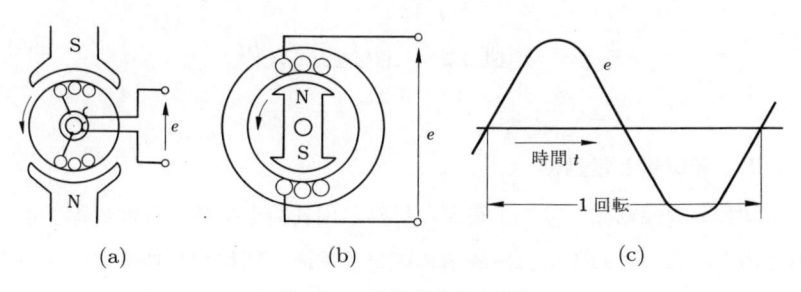

図 **5.1** 交流起電力の発生

二極機が n_S 〔s^{-1}〕 の速度で回転しているとすれば，1 秒間に n_S サイクルの波が発生するから，この交流電圧の周波数は

$$f = n_S \text{〔Hz〕}$$

であり，$2p$ 極機では，1 回転で p サイクルの波形が得られるから

$$f = p n_S \text{〔Hz〕} \tag{5.1}$$

となる．逆に，f〔Hz〕の交流を得るために必要な回転速度は

$$n_S = \frac{f}{p} \text{〔s}^{-1}\text{〕} \tag{5.2}$$

または

$$N_S = \frac{60f}{p} \text{〔min}^{-1}\text{〕} \tag{5.2'}$$

である．n_S および N_S は誘導機のときに述べた**同期速度**にほかならない．

三相交流を得るためには**図 5.2** (a) のように，空間的に 120° ずつずらして 3 個の巻線を固定子に設ける．これが三相同期発電機である．$2p$ 極機の場合は空間的に 120°$/p$ ずつずらしてコイルを配置する．

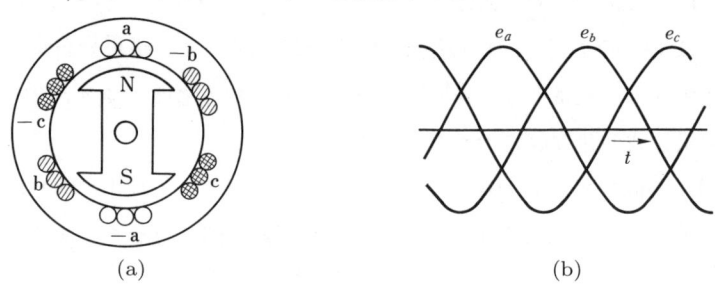

図 5.2　三相起電力の発生

5.1.2　発電機と電動機

図 5.2 (a) の発電機で電機子巻線に対称三相負荷を接続すれば対称三相電流が取り出される．この電流は誘導機の固定子電流と同様に同期速度で回転する不変回転磁界を作る．その磁極 N_a，S_a は**図 5.3** (a) のように界磁極 N，S よ

(a) 発電機　　　(b) 電動機

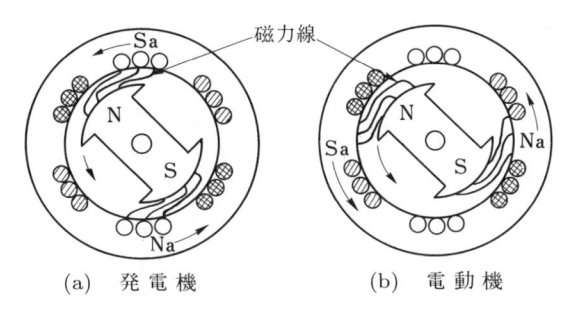

図 5.3

りも遅れた位置にあって，界磁が固定子磁極の吸引力に逆らって回転することにより，動力を吸収して電力を発生する。

　三相同期電動機では電機子巻線に対称三相電流を流すと，誘導電動機の場合と同じように不変回転磁界が生じ，界磁の磁極はこの回転磁界の磁極に引っ張られて回転磁界と同じ速度，すなわち**同期速度**で回転する。したがって，固定子磁極 N_a，S_a と界磁極 N，S との相対位置関係は図 (b) のようになる。この場合は，電機子が吸収した電力が動力に変換される。

　N と S_a（または S と N_a）の位置がずれるにしたがって磁気力の接線方向成分が大きくなって大きいトルクを発生するが，ある点で最大トルクに達する。そのトルクを同期電動機の脱出トルクという。

　同期発電機においても，固定子磁極と回転子磁極との相対位置のある点において**最大出力**に達する。

5.1.3　誘導起電力

　界磁によるギャップ磁束分布が**図 5.4** の曲線 B である場合，一定速度で回転する 1 個の電機子コイルがこの磁束を切って発生する起電力の時間的波形は図の曲線 e のように，曲線 B と同じ形になる。

　$2p$ 極機で基本波分磁束が角位置 θ に対して $B_{m1}\cos p\theta$ の形で分布しているとすれば，この磁束を切って電機子の 1 本の導体中に発生する起電力は

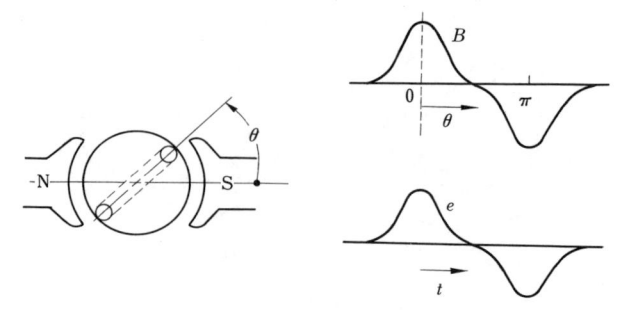

図 5.4

$$e = vBl = r\omega_m l B_{m1}\cos 2\pi p n_S t = \frac{\omega}{p} l r B_{m1}\cos\omega t$$

である。ただし，$\omega_m = 2\pi n_S$ は同期角速度，$2\pi p n_S = 2\pi f = \omega$ は電機子電圧の角周波数，r および l は電機子の半径および有効長さである。

ここで，1極当りの（空間）基本波分磁束

$$\Phi_1 = \int_{-\pi/2p}^{\pi/2p} B_{m1}\cos p\theta \cdot lr\, d\theta = \frac{2}{p} l r B_{m1}$$

を使うと上式は

$$e = \frac{\omega}{2}\Phi_1 \cos\omega t$$

となる。電機子1相の有効巻数（4.2節参照）を $k_w w$ とすれば，1相の直列導体数は $2k_w w$ であるから，1相分の合成起電力は

$$e_1 = k_w w \omega \Phi_1 \cos\omega t \quad [\mathrm{V}]$$

である。また，その実効値 E_1 は $k_w w \omega \Phi_1/\sqrt{2}$ であるから

$$E_1 = 4.44 k_w w f \Phi_1 \quad [\mathrm{V}] \tag{5.3}$$

である。これが同期機の**誘導起電力**を与える公式で，同期機の理論の基礎となるものである。

同期機の界磁には突極形と円筒形とがある（図 1.7 参照）。突極形では磁極片の形を磁極端部にゆくほどギャップ長を大きくして，磁束分布をできるだけ正弦波に近付けるようにしているが，図 5.5 のようにかなりの高調波分が残る。

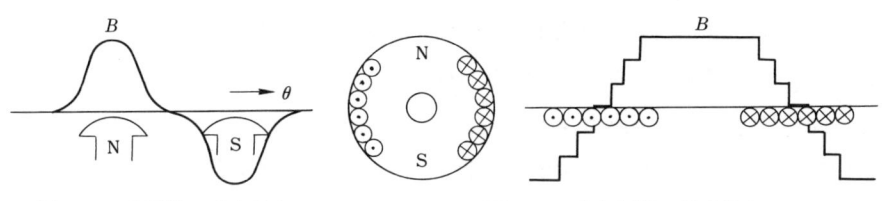

図 5.5　突極機の磁束分布　　　　図 5.6　非突極機の磁束分布

円筒界磁形では界磁巻線を図 5.6 のように分布巻にし，かつ，各スロット内の巻数を適当に変えて磁束分布を正弦波に近付ける．しかし，完全な正弦波にすることは困難である．

そこで，誘導起電力中の高調波を減らすために，電機子のスロット数を多くして分布巻とし，さらに短節巻を採用して高調波に対する分布係数 $k_{d\nu}$，および短節係数 $k_{p\nu}$ をなるべく小さくする．ただし，三相機では磁束の空間分布に第三調波が含まれていても，第三調波電圧は線間電圧には現れない．

5.2　同期機の種類と構造

5.2.1　概　　説

同期機の主要なものは同期発電機と同期電動機であるが，同期調相機も一部で使われている．それらは原理的にはほとんど同じ構造であるが，実際上の構造には種々の差異がある．

同期機はごく小出力のもの以外はすべて回転界磁形である．それは回転部分に高電圧の巻線を設けることを避けるためである．一般に，界磁電圧は 500 V 以下であるのに対し，中形および大形同期機の電機子電圧は 3 300 V ないし 24 kV である．

同期機の電機子の構造は誘導電動機の固定子と同様である．

突極形界磁を持った同期機を**突極形同期機** (salient-pole synchronous machine) といい，円筒形界磁を持った同期機を**非突極形同期機** (nonsalient-pole synchronous machine) または**円筒界磁形同期機** (cylindrical-rotor synchronous machine) という．

突極形界磁は界磁巻線の製作が容易で，極数を非常に多くすることも容易にでき，また，突極であるために生じる反作用トルクのために同一寸法の円筒界磁形同期機よりも最大出力が大きい。

円筒形界磁は，遠心力に対する強度を大きく作ることが容易なのでタービン発電機のような高速機に適し，また，巻線形誘導電動機として始動する誘導同期電動機に用いられる。突極機では負荷変動に伴って起こる負荷角の動揺（同期速度を中心とした回転速度の動揺）をすみやかに減衰させる目的で，磁極頭部に**制動巻線** (amortisseur [winding], damper winding) を設けることが多い。これは誘導機のかご形巻線と同様な構造のものであるが，磁極間の空間には導体棒がない。端絡環は各磁極ごとに導体棒の端を短絡する構造のものもあるが，全磁極にわたって短絡する環状のものの方が制動効果が大きい。タービン発電機では負荷角の動揺時に界磁の塊状鉄心の表面に生じる渦電流が制動効果を与える。

5.2.2　同期発電機

〔1〕 **タービン発電機**　蒸気タービンで駆動される発電機を**タービン発電機** (turbine-driven generator, turbine type generator) という[†]。タービンは蒸気を高温・高圧にするほど熱効率が高くなり，その結果蒸気の流速が大きいので高速回転になる。したがってこれと組み合わせる発電機は二極または四極の高速機となる（50 Hz では 3 000 または 1 500 min^{-1}，60 Hz では 3 600 または 1 800 min^{-1}）。単基出力が大きいほどタービンも発電機も効率が高くなり，また，1 kV·A 当りの価格および運転費が安くなるので，タービン発電機では大形化の努力が続けられてきた。1996 年における国内の最大容量機は 1 540 MV·A である。

タービン発電機はこのように高速・大容量機であるので，界磁は遠心力の点から直径が約 1～1.2 m 程度に制限されて**図 5.7** のように軸方向に長い構造

[†] ガスタービンで駆動される発電機もタービン発電機という。蒸気タービンに比べて建設費が安く，始動性がよいが，あまり大きいものはできず，40 MW 程度までである。

図 5.7　タービン発電機の回転子

となる．突極形構造は遠心力の点から採用されず，もっぱら円筒形界磁が使われる．回転子は薄鋼板（厚さ 1.5 mm）または厚鋼板（厚さ 50 mm ぐらい）を軸方向に重ねて作ることもあるが，現在は鉄心部も軸も一体にして 1 個の特殊鋼の鋼塊から鍛造して作ったものが多い．この回転子にスロットを切削し，界磁巻線を納め，非磁性金属のくさびで止める．コイル端部は遠心力による変形を防ぐために保持環をはめる．

　タービン発電機は軸方向に非常に長い構造なので，冷却が重要な問題となり，約 40 MW 以上の大形機では冷却効果の増大と風損の減少の目的で水素冷却方式がよく採用される．これは固定子内の空間に水素を密封し（ゲージ圧†で 0.05 kg/cm^{2}g，または 1～5 kg/cm^{2}g），この水素ガスをガス冷却器で冷却して循環させるものである．冷却効果の増大により，水素圧力 0.05 kg/cm^{2}g の場合に比べて，水素圧力 2 kg/cm^{2}g の場合には出力が 125 ％ になる．さらに大形で 100～200 MW 以上になると回転子または固定子のスロット内の導体に冷却媒体（水素，油または水など）を直接接触させてコイル導体を冷却する**直接冷却方式**（direct-cooling system）が採用される．

〔2〕**水車発電機**　　水車によって駆動される発電機を**水車発電機**（water-turbine generator）という．水車は流量と落差によって最適の回転速度が存在し，現用の発電所においてはその値は毎分数百回転以下のことが多い．このような低速で，しかも大容量の場合には立て形水車が適しており，発電機は立て形になる．一方，高速・小容量機では横形が適している．

---

†　ゲージ圧は圧力計の指示圧力で，絶対圧はこれに周囲の大気圧（1 気圧）を加えたものである．したがって，1 kg/cm^{2}g は絶対圧では約 2 気圧である．

218   5. 同 期 機

図 5.8 は普通形水車発電機の構造であり，図 5.9 はその固定子である。

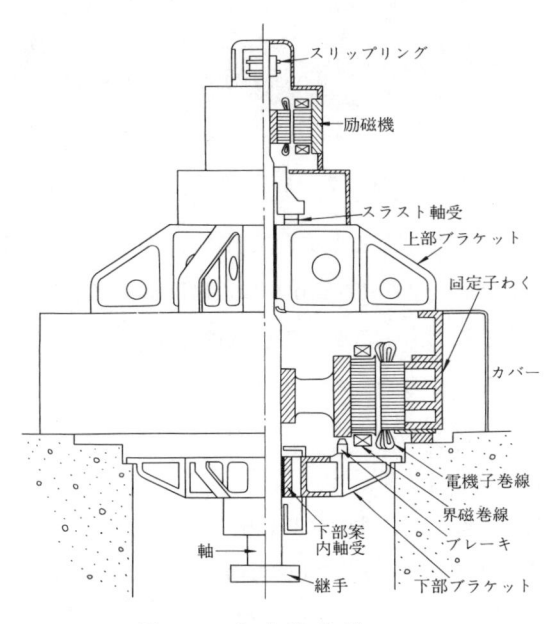

図 5.8 水車発電機

32極, 16.5 kV, 125 000 kV·A, 225/188 r/min

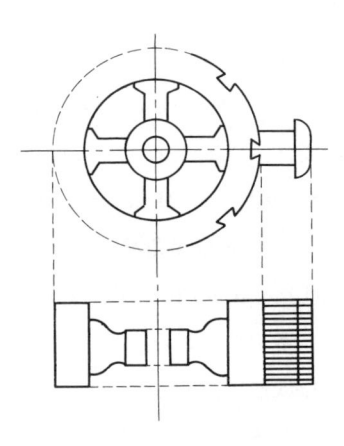

図 5.9   水車発電機の固定子コイル納め作業   図 5.10   水車発電機の回転子

固定子わくはきわめて強度の大きい構造にし，その上に巨大なブラケットを載せ，その上部にスラスト軸受を設けて，回転子・水車のランナその他回転部分の全重量と水流のスラストを支える．案内軸受は軸の横ぶれを防ぐためのもので，横形機の円筒軸受と似た構造である．回転子は**図 5.10** のように回転子スパイダ（鋼板溶接組立のものが多い）の周辺に厚さ 1.6〜8 mm の扇形鋼板をリム状に積み重ねて継鉄とし，その上に磁極鉄心をダブテール止めにして取り付けた構造になる．

回転子スパイダをかさ形にして，その下にスラスト軸受を設けたものを**かさ形発電機**（umbrella type generator）（**図 5.11**）といい，上部案内軸受を省くことができて発電機の高さおよび全重量を軽減できる．この形式は 60〜240 min^{-1} の低速大容量機に使用される．

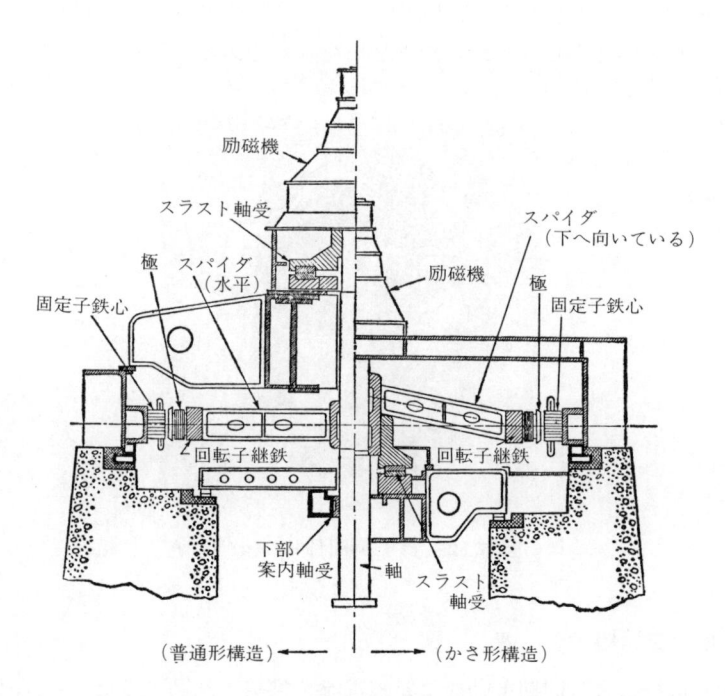

図 5.11 かさ形発電機と普通形発電機の構造比較

〔3〕 **エンジン発電機**　ディーゼルエンジン・ガソリンエンジンなどの内燃機関によって駆動される発電機を総称して**エンジン発電機**（engine generator）という。内燃機関は蒸気タービンに比べて短時間で始動でき，取扱いも簡単であるので，ビルディングの非常用予備電源・移動用電源・小部落の電灯および動力用電源に使用される。

エンジンはピストンの往復運動による動力をクランク軸によって回転運動に変えて供給するのであるから，軸トルクは時間的に一定ではなく，周期的に脈動する。その結果として瞬間角速度が脈動すると発電機の出力電圧が脈動する。これを避けるために，回転子に十分な慣性モーメントを持たせる必要がある。はずみ車付発電機は**図 5.12** のように回転子継鉄の側面にはずみ車を付けて，回転子とはずみ車（fly wheel）を一体にした構造のものであり，回転外側界磁形発電機（outer-pole type generator）は，界磁が電機子の外側で回転する構造にして大きな慣性モーメントを持たせたものである。

図 5.12　はずみ車付同期機の回転子

5.2.3　励磁装置

同期発電機および同期電動機に界磁電流を供給・制御するための直流電源装置を**励磁装置**（excitor）という。同期電動機では電動機自体または工場等の設

備全体の力率を高く保つように励磁電流を制御する。同期発電機では発電機自体または電力系統の電圧調整のために励磁電流を制御する。同期発電機の励磁装置は一般に自動電圧調整器（AVR, automatic voltage regulator）によって制御される。電力系統では事故時などの過渡的な電圧変動を抑制して系統の安定性を高めるために励磁装置の速応性が重視される。励磁装置にはつぎのような方式がある。

〔1〕 **直流励磁機方式**　　直流発電機の出力電流を主機の界磁巻線に供給する方式。この発電機を直流励磁機といい，主機と直結または別置きとする。

〔2〕 **交流励磁機方式**　　励磁用同期発電機の出力を整流器で直流に変換して主機の界磁巻線に供給する方式。この発電機を交流励磁機という。この発電機を回転電機子形にして主機と直結し，その出力を軸上に取り付けた整流装置で整流して主機の界磁巻線に供給する方式を**ブラシレス励磁方式**といい，スリップリングもブラシも使用しないので保守が容易である。図 5.13 はその例である。回転変圧器（一次巻線を固定部に設け，二次巻線を回転子上に設けた変圧器）で励磁電流の制御を行う方式もある。

〔3〕 **静止励磁方式**　　励磁装置が回転機を含まず，励磁用変圧器，励磁用変流器，整流装置などから構成されている方式。サイリスタ変換装置を用いた

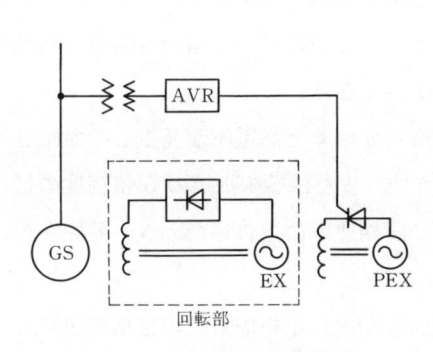

AVR: 自動電圧調整装置
EX: 主励磁機
PEX: 副励磁機

図 5.13　ブラシレス励磁方式

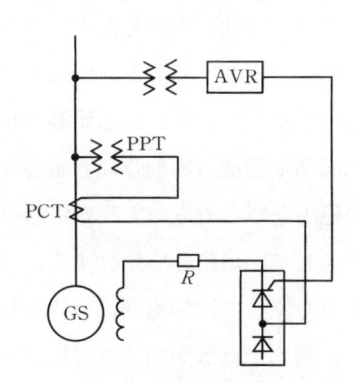

PPT: 励磁用変圧器
PCT: 励磁用変流器
R: スリップリング

図 5.14　サイリスタ励磁方式

場合は**サイリスタ励磁方式**(図 5.14) という。 励磁用電力は主機の電機子から取る場合(**自励交流発電機**)と発電所の所内電源などの別個の電源から取る場合とがある。励磁用変流器は同期発電機に複巻特性(直流複巻発電機の外部特性と同様な特性)を与えるためのものである。

新設される同期機では静止励磁方式およびブラシレス励磁方式が主流となっている。

5.2.4 同期電動機

5.1.2 項で述べたように,同期電動機は原理的には同期発電機と同じ構造でよい。ただし,同期電動機としてのトルクは同期速度においてだけしか生じないので,一定周波数の交流電源から運転される電動機では始動方式が重要な問題である。

〔1〕 **普通形同期電動機** 普通形同期電動機は一般に制動巻線を利用してかご形誘導電動機として始動し,同期速度に近い速度まで加速してから界磁巻線に直流電流を流して同期化する。この同期化を**同期引込み**(pull in)という(5.6.5 項参照)。

制動巻線は不完全なかご形巻線であるので,誘導電動機よりも始動トルクが小さい。始動トルクを大きくするために制動巻線を深溝かご形,または二重かご形にすることもある。始動電流を小さくする必要がある場合は補償器始動が行われるが,そうすると始動トルクも小さくなる。

同期電動機の始動時に界磁巻線を開路しておくと高電圧が発生して界磁巻線の絶縁をいためるので,界磁巻線を(直接,または巻線抵抗の 5 倍程度の抵抗を通じて)短絡して始動する。加速して同期速度に近付いたとき,界磁巻線に直流を流して同期速度に引き入れる。

始動してほぼ同期速度に近づいた同期電動機に定格周波数の定格電圧のもとに直流励磁を加えたとき,電動機自体および負荷の慣性に打ち勝って同期に入ることのできる最大の一定負荷トルクを**引入れトルク**(pull-in torque)という。このトルクは負荷の慣性モーメントが与えられないと定まらないものである。

公称引入れトルク（nominal pull-in torque）というのは同期電動機が5％の滑りにおいて誘導電動機として発生するトルクである。

大形同期電動機の始動時および揚水式発電所の発電電動機の電動機としての始動時には大きい始動電流を取ると電力系統を動揺させるので，始動装置が高価ではあるが，つぎのような始動方式が採用される。

無負荷で始動することが許される場合は小形の**始動電動機**によって主機を同期速度まで加速してから交流電源に接続して同期化させる方法が採用できる。始動電動機としては主機よりも極数が2極（または4極）少ない誘導電動機が使われる。

始動用電源として可変周波数の電源（インバータ）を使用し，定格周波数の30％ぐらいの周波数で界磁巻線に直流電流を流して同期化し，周波数を定格周波数まで上げてから主交流電源に切り換える始動方式を**低周波始動法**という。低周波では回転部分の運動エネルギーが小さいので，容易に同期化することができる。低周波で同期化した後は同期電動機としてのトルクによって加速するので，大きい始動電流を取ることなしに始動できる。

始動用電源として始動用発電機または可変周波数のインバータを使用し，静止状態で電動機の界磁巻線に直流電流を流し，始動用電源の周波数を徐々に上げて，最初から同期電動機としてのトルクによって始動する方式を**同期始動法**という。この方法もすぐれた始動特性が得られる。

〔2〕 **誘導同期電動機** 重負荷を負って始動する用途に対しては，**誘導同期電動機**（synchronous induction motor）が使用される。これは巻線形誘導電動機と同様の構造で，始動時には回転子巻線に始動抵抗を接続して加速し，運転時には回転子巻線を単相接続につなぎ変えてこれを直流電源に接続して同期化させる。巻線形誘導電動機と同様なすぐれた始動特性が得られる。

〔3〕 **半導体電力変換装置で駆動される同期電動機** 比較的小形の同期電動機の加減速運転は誘導電動機のインバータ駆動と同様にPWM制御の電圧形インバータで行われる。同期機は電機子電流と界磁電流を独立に制御できるので，トルクの速応制御（ベクトル制御）も容易に実施できる。

224　5. 同　　期　　機

　図 **5.15** のように，回転界磁形三相同期電動機の電機子巻線に直流電源から三相ブリッジ接続のサイリスタ回路を通して電流を供給するようにし，界磁磁極の電機子巻線との相対位置を検出する磁極位置検出器からの信号によってサイリスタの導通を制御して有効にトルクが発生するようにした電動機を**サイリスタモータ**という。

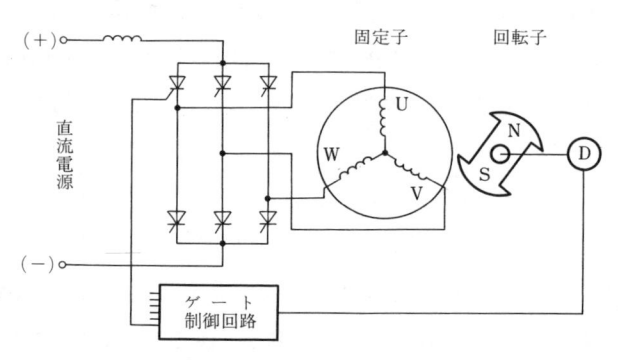

図 5.15　サイリスタモータ

　この電動機は，原理的には 3 スロットの小形直流モータの三つの整流子片からなる整流子の作用をサイリスタ回路で置き換えたものに相当し，直流電源側から見ると直流電動機と同等である。したがって，直流電源の電圧を変えることによって他励直流電動機の電圧制御と同様な速度制御ができ，また，発生トルクは入力電流に比例する。なお，図 5.15 におけるサイリスタ回路は直流電力を三相巻線の交流電力に変換するインバータであるので，インバータとしての転流動作が確実に行われるように制御する必要がある。電動機を交流電源から運転する場合には，交流電源とサイリスタモータとの間に整流装置を入れるか，または サイリスタ回路の部分をサイクロコンバータにする。なお，スリップリングとブラシを使用しないブラシレス方式のサイリスタモータとしては，界磁に永久磁石を使ったもの，回転子をくし形磁極構造にして界磁巻線を静止部分に設けたもの，回転変圧器を用いたもの，主機に直結した巻線形誘導機の一次巻線を軸の回転と逆方向に回転磁界が発生するように励磁し，その二次巻線を

回転子上に設けた整流装置を介して主機の界磁巻線に接続したものなどがある。

5.3 円筒界磁形同期機の理論

5.3.1 円筒界磁形同期機の等価回路

図 5.16 のような円筒形界磁を持つ同期機（非突極形同期機）について考える。

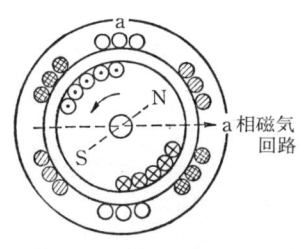

図 5.16

界磁巻線に一定の直流電流を流し，その界磁が一定速度で回転しているとする。その場合，電機子の任意の 1 相の巻線（の磁気回路）に作用する界磁起磁力は一定振幅の交番起磁力となる。これを変圧器と類推して考えると，界磁巻線は電機子の 1 相の巻線に対しては一定振幅の交流の流れている一次巻線のように作用し，電機子 1 相の巻線がそれに対する二次巻線に相当する。このことから，同期機の（星形結線の電機子の）1 相分の等価回路として**図 5.17** が得られる。ただし，$\dot{I}_f'$ は直流界磁電流 I_f を電機子 1 相当りに換算した仮想的な一次電流（一定振幅の交流電流）である。

定常状態における界磁電流の大きさは電機子電流の影響を受けないので，$\dot{I}_f'$

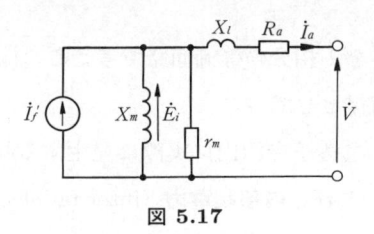

図 5.17

は等価回路では定電流源として扱われる。R_a, X_l, X_m はそれぞれ**電機子巻線抵抗，電機子漏れリアクタンス**，励磁リアクタンスであって，これらは変圧器または誘導電動機の r_1, x_1, x_M に相当する。r_m は鉄損を代表する抵抗である。

図 5.17 の相端子電圧 $\dot{V}$ の端子対についてテブナンの定理を適用し，かつ

$$jX_m\dot{I}_f' = \dot{E}_0 \tag{5.4}$$

とおけば図 5.18 が得られる。なお，同期機の基本的動作を考える場合は，理論を簡単にするために鉄損抵抗 r_m を無視するのが普通である。$\dot{E}_0$ は**無負荷誘導起電力** (synchronous internal voltage) で，無負荷試験から求められる[†]。

同期機の理論においては

$$X_a = X_m, \qquad X_s = X_l + X_a \tag{5.5}$$

とおいて X_a を**電機子反作用リアクタンス** (armature-reaction reactance), X_s を**同期リアクタンス** (synchronous reactance) と呼ぶ。

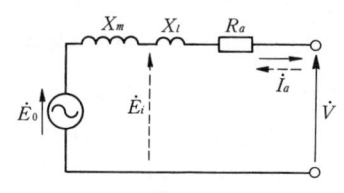

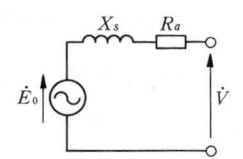

図 5.18　　　　　　　図 5.19　円筒界磁形同期機の等価回路

X_s を使えば図 5.18 は図 5.19 になる。これが非突極同期機に対して一般に使われている（1相分の）等価回路である。$\dot{V}$ の端子から電流 $\dot{I}_a$ が流れ込む場合が同期電動機であり，$\dot{V}$ の端子から電流 $\dot{I}_a$ が流れ出る場合が同期発電機である。

ただし，三相機の動作を1相分の等価回路で考えるのは，電機子電流が対称三相電流であることを前提としている。

なお，負荷時において電機子巻線内に実際に発生する起電力は図 5.17 または図 5.18 の $\dot{E}_i$ であり，これを**内部起電力** (internal electromotive force) と

[†]　「JEC-2130-2000 同期機」では E_0 を内部同期リアクタンス電圧と呼んでいる。

いう．

$$\dot{Z}_s = R_a + \mathrm{j}X_s \quad \text{または} \quad Z_s = \sqrt{R_a{}^2 + X_s{}^2} \tag{5.6}$$

を**同期インピーダンス** (synchronous impedance) という．ごく小形の同期機を除いて $X_s \gg R_a$ であるので，

$$Z_s = X_s \tag{5.7}$$

としてよい．X_s の中には，励磁リアクタンスに相当する電機子反作用リアクタンス X_a が含まれているので，X_s の値は一定ではなく，運転条件によって異なる値となる（5.4.1 項参照）．

三相機の理論においては，特にことわらない限り，X_l, X_a, X_s, R_a, Z_s などは電機子巻線を Y 接続と考えた場合の 1 相当りの値（端子と中性点との間の値）を意味することになっている．

図 5.17 において r_m を無視し，発電機として電機子電流 $\dot{I}_a$ が流れ出している場合を考えると，内部起電力は

$$\dot{E}_i = \mathrm{j}X_m(\dot{I}_f{}' - \dot{I}_a) = \dot{E}_0 - \mathrm{j}X_m\dot{I}_a \tag{5.8}$$

となる．図の励磁リアクタンス X_m の両端の電圧が無負荷時よりも $-\mathrm{j}X_m\dot{I}_a$ だけ変化したということは，$\dot{I}_a$ のために $-\mathrm{j}X_m\dot{I}_a$ に相当するだけの主磁束の変化が起こったことを意味する．電機子電流によって主磁束が変化することは**電機子反作用**と呼ばれる現象であって，その意味で**励磁リアクタンス**（X_m）を電機子反作用リアクタンス（X_a）と呼ぶのである．

発電機において $\dot{E}_0$ を基準フェーザにとり，$\dot{I}_a$ が $\dot{E}_0$ より 90° 進み位相であるとすれば

$$\dot{E}_i = \dot{E}_0 - \mathrm{j}X_m\mathrm{j}I_a = E_0 + X_mI_a$$

となる．すなわち，進み力率の場合には内部起電力が無負荷誘導起電力よりも大きくなる．このことはギャップ磁束が増加したことを意味する．それゆえ，このときの電機子反作用を**増磁作用**という．また，$\dot{I}_a$ が $\dot{E}_0$ より 90° 遅れ位相であるとすれば

$$\dot{E}_i = \dot{E}_0 - \mathrm{j}\,X_m(-\mathrm{j}\,I_a) = E_0 - X_m I_a$$

となる。このときの電機子反作用を**減磁作用**という。電動機においては $\dot{I}_a$ を入力電流とすれば以上の関係は逆になる。

$\dot{E}_0$ と $\dot{I}_a$ が同相であるときは，5.5.1 項に述べるように界磁を横方向に磁化するので，その電機子反作用を**交差磁化作用**という。

参考のために実際の界磁電流 I_f と式 (5.4) の $I_f{}'$ との関係を示しておく。界磁の巻数を w_f とし，1 極対当りの界磁起磁力の基本波分の振幅を $k_f w_f I_f / p$ とする。ここに，k_f は巻線係数に相当する係数とする。この起磁力が有効巻数 $k_w w_a$ の三相巻線に実効値 $I_f{}'$ の三相電流が流れたときの 1 極対当りの基本波分起磁力と等しいことが必要で

$$\frac{4}{\pi}\frac{3}{2}\frac{k_w w_a}{p}\sqrt{2}\,I_f{}' = \frac{k_f w_f}{p} I_f$$

ゆえに

$$I_f{}' = \frac{\pi}{6\sqrt{2}}\frac{k_f w_f}{k_w W_a} I_f \tag{5.9}$$

5.3.2　円筒界磁形同期発電機のフェーザ線図

同期発電機の定常状態の特性はフェーザ線図によって考えると便利な場合が多い。図 5.19 の等価回路から同期発電機のフェーザ線図を作ると，**図 5.20** (a) になる。$\dot{V}$ と $\dot{I}_a$ とのなす角 φ は力率角であって，$\cos\varphi$ は発電機の出力の力率を示す。$\dot{V}$ と $\dot{E}_0$ とのなす角 δ は**負荷角** (power angle) または**内部相差角**と呼ばれ，同期機の理論において重要な変数である。

図 (b) は負荷時の電機子巻線の実際の誘導起電力 $\dot{E}_i$ をも示したフェーザ線図である。この線図は同期発電機の動作を詳しく調べる場合に役立つ。

例題 5.1　　リアクタンスが $8.66\,\Omega$ の三相同期発電機が力率 0.8（遅れ）の負荷に 3 000 V，720 kV·A の電力を供給している。この発電機の無負荷誘導起電力 E_0 〔V〕の値はいくらか。ただし，電機子抵抗による電圧降

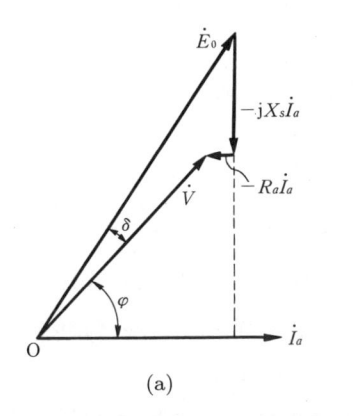

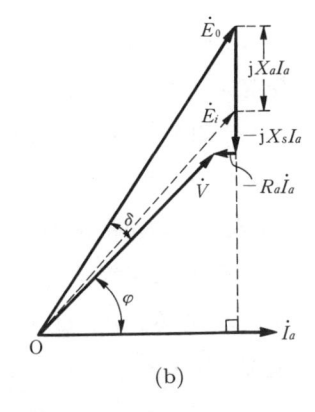

5.3 円筒界磁形同期機の理論   229

(a)   (b)

図 5.20　円筒界磁形同期発電機のフェーザ線図

下は無視できるものとする。

【解答】　円筒界磁形同期発電機のフェーザ線図から，電機子抵抗を無視した場合の無負荷誘導起電力は

$$E_0 = \sqrt{(V\cos\varphi)^2 + (V\sin\varphi + X_s I_a)^2}$$

で与えられる。電機子電流 I_a は

$$I_a = \frac{S}{\sqrt{3}V_t} = \frac{720 \times 10^3}{\sqrt{3} \times 3\,000} = 80\sqrt{3} = 138.6 \quad \text{A}$$

であり，相端子電圧 V は

$$V = \frac{3\,000}{\sqrt{3}} = 1\,732 \quad \text{V}$$

である。$\cos\varphi = 0.8$, $\sin\varphi = 0.6$, $X_s = 8.66$ 等を E_0 の式に代入すると

$$E_0 = \sqrt{(1\,732 \times 0.8)^2 + (1\,732 \times 0.6 + 8.66 \times 138.6)^2} = 2\,633 \quad \text{V} \quad (5.10)$$

となる。なお，線間の無負荷誘導起電力 E_{0t} はつぎのようになる。

$$E_{0t} = \sqrt{3}E_0 = 4\,561 \quad \text{V}$$

◇

5.3.3　負　荷　角

図 5.20 に現れた負荷角 δ の物理的意味を明らかにしよう。等価回路からわかるように理想的な無負荷すなわち $\dot{I}_a = 0$ の場合には $\dot{V} = \dot{E}_0$ であるから

$\delta = 0$ である。負荷時には $I_a \neq 0$ のために δ はある有限の値を持つ。そして，つねに

(ⅰ) 発電機では $\dot{V}$ は $\dot{E}_0$ より位相が遅れている

ことがフェーザ線図から容易に理解できる。また

(ⅱ) 電動機では $\dot{V}$ は $\dot{E}_0$ より位相が進んでいる

ことが等価回路からの回路計算によって理解できる。

負荷角 δ の場合，a 相端子電圧 $\dot{V}$ が最大値をとった瞬間の界磁の角位置は図 **5.21** のようになる。それは a 相巻線の導体を界磁磁極中心軸が横切る瞬間に a 相の無負荷誘導起電力 $\dot{E}_0$ が最大値をとるからである。

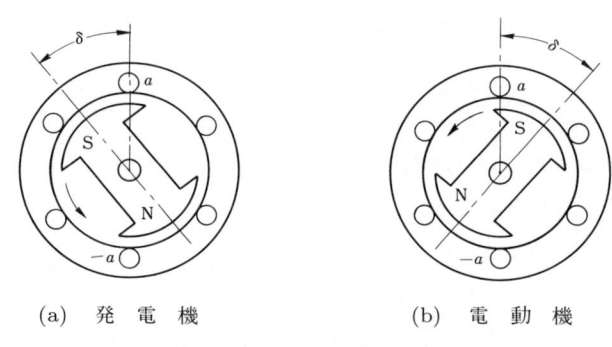

(a) 発電機　　　　(b) 電動機

図 **5.21**　a 相端子電圧が波高値に達した瞬間の界磁位置

したがって負荷角 δ は，端子電圧 $\dot{V}$ の位相を基準として観察した場合の，負荷時と無負荷時の界磁位置の差（角変位）に等しい[†]。多極機の場合の δ は以上の角変位を電気角で表した角である。

例題 5.2　定格出力 5 000 kV·A，定格電圧 6 600 V，定格力率 0.8（遅れ），同期リアクタンス 7.26 Ω の円筒界磁形三相同期発電機の内部相差角

[†] 負荷時においては界磁と電機子起磁力とによる合成磁界によって内部起電力 E_i が生じる。界磁磁極軸と合成磁界の磁極軸とのなす電気角 δ' はフェーザ線図における $\dot{E}_0$ と $\dot{E}_i$ との間の角に等しい。負荷角 δ は，δ' に $\dot{E}_i$ と $\dot{V}$ との間の（電気的）位相差に相当する小さい角を加えたものである。

（負荷角）はいくらか。ただし，電機子抵抗は無視するものとする。

【解答】 この同期発電機の定格電流は
$$I_{an} = \frac{S}{\sqrt{3}V_t} = \frac{5\,000 \times 10^3}{\sqrt{3} \times 6\,600} = 437.4 \text{ A}$$
である。図 **5.22** のフェーザ線図を描く。負荷角 δ を求めるために，図の破線 の補助線を引いて，直角三角形を作る。

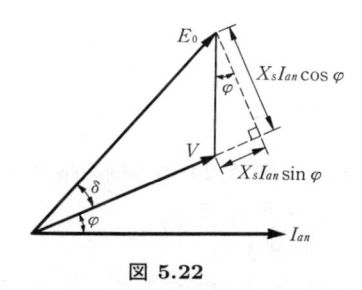

図 **5.22**

$$\begin{aligned}\delta &= \tan^{-1}\frac{X_s I_{an}\cos\varphi}{V + X_s I_{an}\sin\varphi} = \tan^{-1}\frac{7.26 \times 437.4 \times 0.8}{6\,600/\sqrt{3} + 7.26 \times 437.4 \times 0.6} \\ &= \tan^{-1} 0.4445 = 24.0°\end{aligned}$$

◇

5.3.4　出力およびトルク

まず，同期発電機について述べる。図 **5.23** の等価回路で，相端子電圧 $\dot{V}$ を基準フェーザにとり，負荷角を δ とすれば
$$\dot{I}_a = \frac{\dot{E}_0 - \dot{V}}{R_a + jX_s} = \frac{E_0 e^{j\delta} - V}{R_a + jX_s} \quad [\text{A}]$$
外部に取り出される電力（3相）は
$$\begin{aligned}\dot{P} &= 3\overline{\dot{V}}\dot{I}_a = 3\frac{VE_0 e^{j\delta} - V^2}{R_a + jX_s} \\ &= 3\frac{\{VE_0(\cos\delta + j\sin\delta) - V^2\}(R_a - jX_s)}{R_a^2 + X_s^2} \quad [\text{V·A}]\end{aligned}$$
有効出力は上式の実部であって
$$P = 3\left\{\frac{VE_0}{Z_s}\left(\frac{X_s}{Z_s}\sin\delta + \frac{R_a}{Z_s}\cos\delta\right) - \frac{V^2}{Z_s}\frac{R_a}{Z_s}\right\}$$

$$= 3\left\{\frac{VE_0}{Z_s}\sin(\delta+\alpha) - \frac{V^2}{Z_s}\sin\alpha\right\} \quad [\text{W}] \tag{5.11}$$

$$Z_s = \sqrt{R_a{}^2 + X_s{}^2}, \quad \alpha = \tan^{-1}\frac{R_a}{X_s}$$

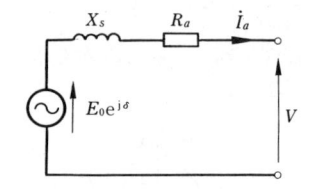

図 5.23　同期発電機

つぎに，同期電動機の場合は図 5.24 の等価回路から

$$\dot{I}_a = \frac{\dot{V} - \dot{E}_0}{R_a + jX_s} = \frac{V - E_0 e^{-j\delta}}{R_a + jX_s} \quad [\text{A}]$$

電動機の出力は図 5.24 において $E_0 e^{-j\delta}$ のところで吸収される有効電力に等しい。

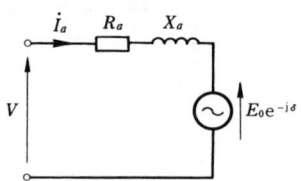

図 5.24　同期電動機

$$\dot{P} = 3\overline{E_0 e^{-j\delta}}\dot{I}_a = 3\frac{VE_0 e^{j\delta} - E_0^2}{R_a + jX_s} \quad [\text{V}\cdot\text{A}]$$

上式の有効分は発電機の場合とまったく同様にして

$$P = 3\left\{\frac{VE_0}{Z_s}\sin(\delta+\alpha) - \frac{E_0{}^2}{Z_s}\sin\alpha\right\} \quad [\text{W}] \tag{5.12}$$

となる。

ごく小形の機械以外は $R_a \ll X_s$ であって α が非常に小さく，また $Z_s \fallingdotseq X_s$ となるから，**発電機でも電動機でも，出力 P は**

$$P = 3\frac{VE_0}{X_s}\sin\delta \quad [\text{W}] \tag{5.13}$$

としてよい。これが円筒界磁形三相同期機の出力に関する公式である。

このように，同期機の出力は $\dot{V}$ と $\dot{E}_0$ との位相差 δ によって定まり，非突極同期機では $\delta = 90°$ のときに最大出力

$$P_{\max} = 3\frac{VE_0}{X_s} \quad \text{(W)} \tag{5.14}$$

を発生する。

同期電動機のトルクは ω_S を同期角速度とすれば

$$T = \frac{P}{\omega_S} = 3\frac{VE_0}{\omega_S X_s}\sin\delta \quad \text{(N·m)} \tag{5.15}$$

によって与えられ，$\delta = 90°$ のときに最大トルクを発生する。同期電動機の最大トルクを**脱出トルク** (pull-out torque) という。

例題 5.3 三相同期電動機があり，端子電圧および無負荷誘導起電力（いずれも線間値）は 6 600 V および 6 000 V であり，同期リアクタンスは 12 Ω である。負荷角 30° のときの出力と電機子電流はいくらか。電機子抵抗は無視する。

【解答】 同期機の出力の公式から

出力 $P = 3\dfrac{VE_0}{X_s}\sin\delta = 3 \times \dfrac{(6\,600/\sqrt{3})(6\,000/\sqrt{3})}{12}\sin 30°$

$\qquad = 1.65 \times 10^6 \quad \text{W} = 1\,650 \quad \text{kW}$

電機子抵抗を無視した場合，フェーザ線図において $\dot{V}$, $\dot{E}_0$, jX_sI_a は三角形を形成する。よって余弦定理により

$$X_s I_a = \sqrt{V^2 + E_0{}^2 - 2VE_0\cos\delta}$$

である。したがって

$$I_a = \frac{1}{12}\sqrt{\left(\frac{6\,600}{\sqrt{3}}\right)^2 + \left(\frac{6\,000}{\sqrt{3}}\right)^2 - 2 \times \frac{6\,600}{\sqrt{3}} \times \frac{6\,000}{\sqrt{3}} \times \frac{\sqrt{3}}{2}}$$

$$= \frac{10^3}{12 \times 3}\sqrt{6.6^2 + 6^2 - 6.6 \times 6 \times \sqrt{3}} = 100 \quad \text{A}$$

◇

5.4 同期機の基本的な特性

5.4.1 同期機の特性曲線

〔1〕 **無負荷飽和曲線と三相短絡特性曲線**　無負荷飽和曲線と三相短絡特性曲線は同期機のもっとも基礎的な特性曲線である。

無負荷飽和曲線（no-load saturation curve）は同期機を無負荷の発電機として定格速度で回転させ，界磁電流に対する端子電圧の値（線間電圧の実効値）を測定して得られる。この特性は主磁束通路の磁気飽和を反映した飽和特性を示す。

三相短絡特性曲線（three-phase short-circuit characteristic curve）は電機子の中性点を除く三相全端子を短絡し，発電機として定格速度で回転させ，界磁電流に対する電機子短絡電流の値（線電流の実効値）を測定して得られる。この特性は主として界磁巻線と電機子巻線の起磁力の平衡を表す特性曲線で，実際上ほとんど完全な直線になる。**図 5.25** にこれらの特性曲線を示す。

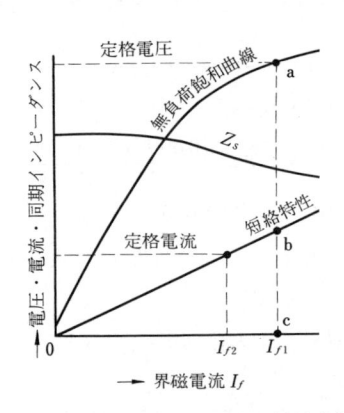

図 5.25　同期機の基礎的な特性曲線

〔2〕 **同期リアクタンス**　同一界磁電流に対する無負荷相電圧と短絡電流との比を計算すると図 5.25 の曲線 Z_s が得られる。Z_s は巻線一相分の内部インピーダンスであって，5.3.1 項に述べた同期インピーダンスである。同期リア

クタンス X_s は電機子抵抗 R_a に比べてはるかに大きいので，小形機以外は同期インピーダンスの値は同期リアクタンスに等しいとしてよい．

無負荷飽和曲線の直線部分の範囲では同期リアクタンスの値は一定であり，これを同期リアクタンスの**不飽和値** (unsaturated value) という．これに対して磁気飽和の影響がある場合の同期リアクタンスは同期リアクタンスの**飽和値** (saturated value) と呼ばれる．

同期リアクタンスの飽和値は界磁電流の大きさによって変わるので，その代表的な値として，無負荷で定格電圧を発生する界磁電流のときの同期リアクタンスが使われている（JEC-2130 同期機，第 2 編 7.1.1 項参照）．この同期リアクタンスは図 5.25 の特性曲線からは

$$X_s \fallingdotseq Z_s = \frac{\overline{\mathrm{ac}}/\sqrt{3}\,[\mathrm{V}]}{\overline{\mathrm{bc}}\,[\mathrm{A}]} \quad [\Omega] \tag{5.16}$$

として算定される．ただし，（電機子端子が短絡されていない）通常の負荷時の同期リアクタンス（電機子端子から見た内部リアクタンス）の値はこれとは少し異なるものである．例えば，定格電圧付近で運転中に電機子電流が多少変化した場合には，主磁気回路の飽和特性のために，電機子起磁力の変化のわりにギャップ磁束の変化は少ない．したがって，この場合の同期リアクタンスは上式の与える値よりも多少（一般に 10％以下の程度）小さい．すなわち，

通常の負荷時の X_s ＜ JEC-2130 の X_s（飽和値）＜ X_s の不飽和値

である．しかし，普通の運転状態に対しては X_s の値に多少の誤差があっても特性計算の結果の誤差はあまり大きくならない場合が多いので，式(5.16)の X_s を特性計算に用いることが広く行われている．

より正確に特性算定を行いたい場合には，無負荷飽和曲線その他のデータから負荷時の同期リアクタンスを算出して用いることになる．

例題 5.4 定格出力 132 000 kV·A，定格力率 80％（遅れ），定格電圧 13 200 V の三相同期発電機がある．この発電機に 870 A の界磁電流を流した場合，無負荷端子電圧は 13 200 V，短絡電流は 6 500 A であった．こ

の発電機において,定格電機子電流に等しい三相短絡電流を流すのに必要な界磁電流の値はいくらか.

【解答】 定格電機子電流は
$$I_{an} = \frac{S}{\sqrt{3}V_t} = \frac{132 \times 10^3 \times 10^3}{\sqrt{3} \times 13.2 \times 10^3} = 5.773 \times 10^3 \quad \text{A}$$
である.三相短絡電流は界磁電流に比例するので,5 773 A を流すのに必要な界磁電流は
$$I_f = 870 \times \frac{5\,773}{6\,500} = 777 \quad \text{A}$$

◇

〔3〕 **同期発電機の負荷特性** 同期発電機の負荷特性を表すためには,直流発電機の場合と同様に**外部特性曲線**が使われる.電機子電流およびその力率を一定に保って発電機として運転した場合の端子電圧と界磁電流との関係を示す曲線を負荷飽和曲線といい,そのうち力率をほぼ零に保った場合を**零力率負荷特性曲線**といい,そのうち電機子電流の大きさを定格電流に保った場合を零力率全負荷飽和曲線 という.一定力率の一定電機子電流のもとで端子電圧を一定に保つために必要な界磁電流を示す特性を界磁調整曲線という.以上の特性曲線を図 **5.26** に示す.

〔4〕 **同期電動機の V 曲線** 同期電動機を一定周波数の一定電圧によって運転し,無負荷または種々の一定出力に対する電機子電流と界磁電流との関係を求めた曲線を **V 曲線** (V-curve) (図 **5.27**) という.力率 1.0 のときに電機子電流は最小であり,界磁電流をそれより増すと(起磁力の平衡をはかるために)電機子は交流電源から進み力率の無効電流を取って減磁作用をし,界磁電流を不足にすると電機子は遅れ力率の無効電流を取って増磁作用をするので V 形の曲線になる.V 曲線を見ると,無負荷の同期電動機は励磁を加減することによって,線路から進みまたは遅れの無効電力を吸収する装置(大容量の可変コンデンサまたは可変リアクトルに相当)として働くことがわかる.この目的のために使用される同期機を**同期調相機**(synchronous condenser)といい,

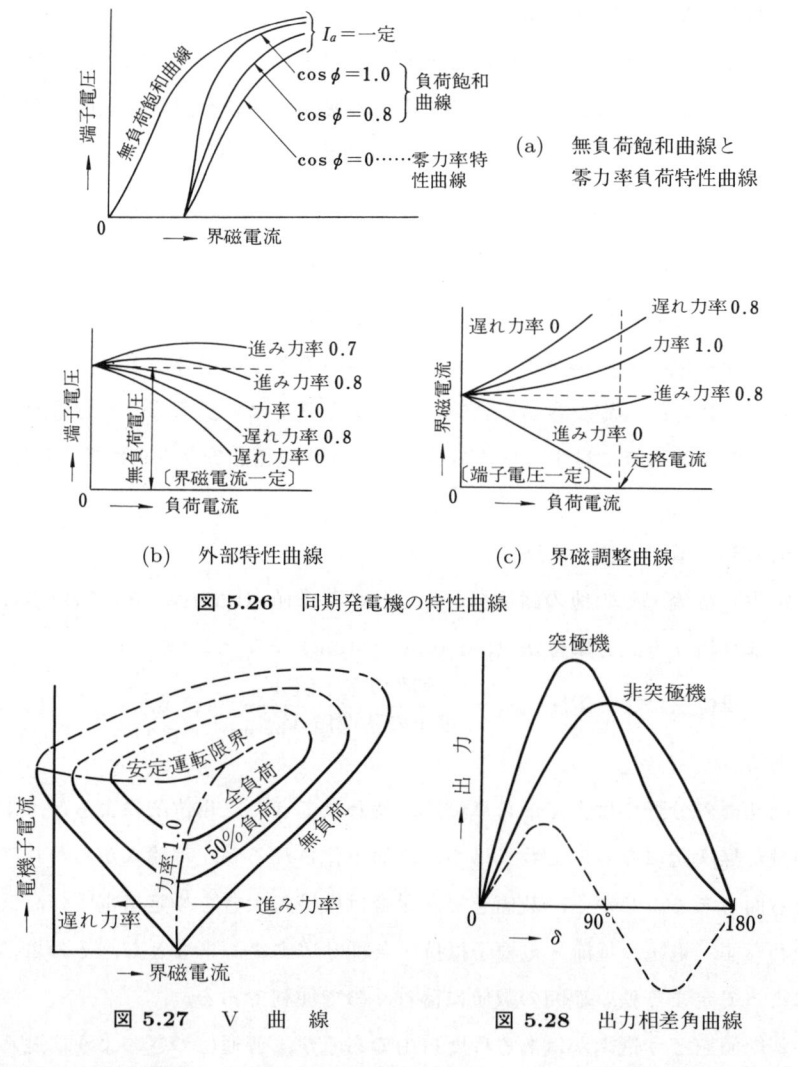

図 5.26 同期発電機の特性曲線
(a) 無負荷飽和曲線と零力率負荷特性曲線
(b) 外部特性曲線
(c) 界磁調整曲線

図 5.27 V 曲線

図 5.28 出力相差角曲線

送電系統の力率の調整，または力率調整の結果としての負荷端子電圧の調整のために利用される。

〔5〕 **出力相差角曲線**　　一定電圧・一定界磁電流のもとで同期機の出力を負荷角の関数として表した曲線を**出力相差角曲線** (power-angle curve) という（図 5.28）。

5.4.2 電圧変動率

同期発電機を定格負荷状態から励磁を調整することなく,回転速度を一定に保ったまま無負荷にした場合の端子電圧の変動の割合を同期発電機の**電圧変動率**といい,定格電圧の百分率で表す。無負荷電圧を V_0,定格電圧を V_n とすると

$$電圧変動率 \quad \epsilon = \frac{V_0 - V_n}{V_n} \times 100 \quad 〔\%〕 \tag{5.17}$$

である。この値は負荷の力率によって大幅に異なる。

同期発電機は大形機が多く,実負荷試験ができない場合が多い。そのような場合は,比較的実施が容易な試験の結果から(定格)負荷時の界磁電流を算定し,その界磁電流に対する無負荷電圧を無負荷飽和曲線から求めて V_0 とする。

5.4.3 単位法

電圧・電流・その他の諸量をそれぞれの基準値(base value)に対する比として取り扱う方式を**単位法**(per-unit system)という。例えば

$$単位法による電圧 \quad v = \frac{実際の電圧値 V}{電圧の基準値 V_{\text{base}}} \quad 〔\text{p.u.}〕 \tag{5.18}$$

である。

同期機の分野では古くから単位法が使われてきた。単位法によると,すべての量が無次元になるので数式はつねに簡単化されるが,理論式がわかりにくくなる面もある。しかし,数値を扱う場合は機械の大きさや定格電圧の高低にかかわらず,電圧・電流・電機子抵抗・各種リアクタンスなどが,その量の種類によって定まる狭い範囲の数値に落着くので便利である。

基準値をどう選ぶかはある程度自由であるが,普通はつぎのように選んでいる。

電機子電圧　　定格電圧に相当する相端子電圧　　V_n 〔V〕
電機子電流　　定格電流 I_n 〔A〕
インピーダンス　　電流 I_n が流れたときの電圧降下が V_n になるようなインピーダンス,$Z_{\text{base}} = V_n/I_n$ 〔Ω〕

電	力	定格時の皮相電力 に相当する電力，三相機では $3V_n I_n$
		〔W, V·A または Var〕
動	力	定格皮相電力と数値的に等しい出力 $3V_n I_n$ 〔W〕

単位法で表した量の記号は小文字にするのが普通である．単位法による値を実際の値に戻すにはその量の基準値をかければよい．

例題 5.5 定格出力 10 000 kV·A，定格電圧 6 600 V，定格力率 0.8 の三相同期発電機がある．励磁を定格状態に保ったとき，この発電機の最大出力はいくらか．ただし，同期リアクタンスは 0.8 （単位法）とし，電機子抵抗は無視する．

【解答】 単位法で表した定格状態のフェーザ線図は**図 5.29** のようになる．

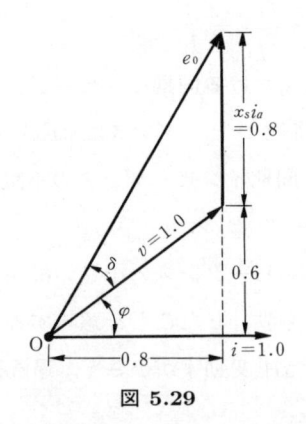

図 5.29

$\cos\varphi = 0.8$ から $\sin\varphi = 0.6$ となる．したがって定格状態の無負荷誘導起電力は

$$e_0 = \sqrt{0.8^2 + (0.6 + 0.8)^2} = 1.61 \ \text{[p. u.]}$$

単位法における発電機の出力は

$$p = \frac{e_0 v}{x_s} \sin\delta \ \text{[p. u.]}$$

である．最大出力は $\sin\delta = 1$ とおいて

$$p_m = 2.01 \ \text{[p. u.]}$$

これを次元量に直すと

$$P_m = (3V_n I_n)p_m = 10\,000 \times 2.01 \ \text{kW} = 20\,100 \ \text{kW}$$

◇

5.4.4 短絡比

無負荷で定格電圧を発生するのに必要な界磁電流と,定格電流に等しい値の三相短絡電流を流すのに必要な界磁電流との比を**短絡比** (short-circuit ratio) という.

図 **5.30** において

$$短絡比 \quad K = \frac{I_{f1}}{I_{f2}} \tag{5.19}$$

である.ところで無負荷で定格電圧を発生する界磁電流における同期インピーダンスは図においては $Z_s = V_n/I$ であるが,これを単位法で表すと

$$z_s = \frac{Z_s}{V_n/I_n} = \frac{I_n}{I} = \frac{I_{f2}}{I_{f1}} = \frac{1}{K} \tag{5.20}$$

となる.すなわち,**単位法における同期インピーダンスは短絡比の逆数に等しい**.ただし,ここでいう同期インピーダンスは JEC-2130 の定義による飽和値 (5.4.1 項参照) であって,同期インピーダンスの不飽和値と短絡比との間には反比例の関係は存在しない.

短絡比の大きい機械はインピーダンスの小さい機械を意味し,これは巻数が少なく,鉄心断面積を大きく設計したことを意味する.このような機械を**鉄機械**といい,寸法が大きく,電圧変動率が小さく,過負荷耐量も大きいが,同時

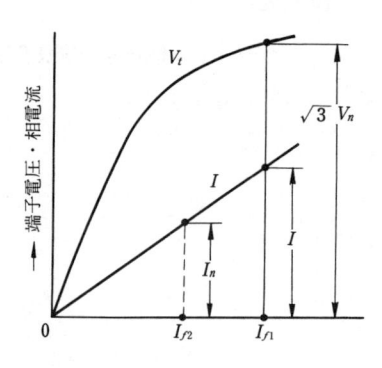

図 **5.30**

に高価である。

短絡比の小さい機械を**銅機械**といい，上記の鉄機械と逆の性格を持っている。最近は自動電圧調整器が発達して，発電機自体の電圧変動率はあまり問題にならなくなったので，短絡比の小さい発電機の作られることが多くなった。短絡比の概数は，水車発電機で 0.9 ～ 1.2 程度，タービン発電機で 0.6 程度である。

例題 5.6　定格出力 10 000 kV·A，定格電圧 6 600 V の三相同期電動機があり，無負荷で定格電圧を発生する界磁電流における三相短絡電流は 950 A であった。この発電機の短絡比はいくらか。

【解答】　この発電機の定格電流は
$$I_n = \frac{S}{\sqrt{3}V_n} = \frac{10\,000 \times 10^3}{\sqrt{3} \times 6.6 \times 10^3} = 874.8 \text{ A}$$
したがって，図 5.26 から
$$K = \frac{I_{f1}}{I_{f2}} = \frac{I}{I_n} = \frac{950}{874.8} = 1.086$$

◇

5.4.5　同期発電機の並行運転

〔1〕**同期発電機の並行運転時の現象**　2 台以上の同期発電機を電気的に並列に接続して共通の負荷に電力を供給するのが同期発電機の並行運転である。並行運転中のある発電機の界磁電流を強めると，その発電機から流れ出る遅れ力率の無効電流が増加し，その分だけ他の発電機から流れ出る遅れ力率の無効電流が減少する。この無効電流の電機子反作用の結果として，他の発電機の容量が大きい場合は一台の発電機だけの界磁電流を強めても負荷の端子電圧はほとんど変化しない。また，並行運転中の同期発電機の有効電力の分担は同期速度において各発電機がそれぞれの原動機から受ける動力によって定まる。2 台の発電機のうち 1 台の出力を増加させたいときは，その原動機の調速機を調整して**図 5.31** の破線のように原動機の速度特性を変える。

242　5. 同期機

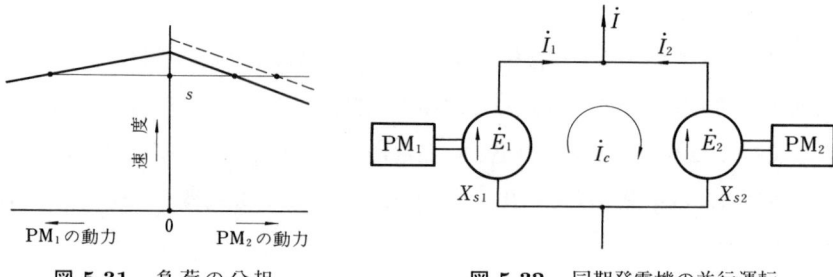

図 5.31 負荷の分担　　　　**図 5.32** 同期発電機の並行運転

〔2〕 循環電流の作用　無負荷誘導起電力 $\dot{E}_1$, $\dot{E}_2$, 同期リアクタンス X_{s1}, X_{s2} の 2 台の三相同期発電機が**図 5.32** のように並行運転して共通負荷に電流 I を供給しているものとする（電機子抵抗は無視する）。この回路から

$$\left. \begin{array}{l} \dot{E}_1 - jX_{s1}\dot{I}_1 = \dot{E}_2 - jX_{s2}\dot{I}_2 \\ \dot{I}_1 + \dot{I}_2 = \dot{I} \end{array} \right\} \quad (5.21)$$

これを $\dot{I}_1$, $\dot{I}_2$ について解けば

$$\left. \begin{array}{l} \dot{I}_1 = \dot{I}_c + \dfrac{X_{s2}}{X_{s1} + X_{s2}}\dot{I} \\ \dot{I}_2 = -\dot{I}_c + \dfrac{X_{s1}}{X_{s1} + X_{s2}}\dot{I} \end{array} \right\} \quad (5.22)$$

$$\dot{I}_c = \frac{\dot{E}_1 - \dot{E}_2}{j(X_{s1} + X_{s2})} \quad (5.23)$$

となる。$\dot{I}_c$ は図からわかるように両発電機間の循環電流とみることができる。

ここで, $\dot{E}_1$ を基準フェーザにとり, $\dot{E}_2$ は大きさが $\dot{E}_1$ の K 倍で, 位相が β だけ遅れているとすれば

$$\dot{E}_1 = E_1, \quad \dot{E}_2 = KE_1 e^{-j\beta} (= KE_1 \cos\beta - jKE_1 \sin\beta)$$

と書くことができ, これを $\dot{I}_c$ の式に代入して $\dot{I}_1$, $\dot{I}_2$ を求めると

$$\dot{I}_1 = -j\frac{E_1}{X_{s1}+X_{s2}}(1 - K\cos\beta) + \frac{E_1}{X_{s1}+X_{s2}}k\sin\beta + \frac{X_{s2}}{X_{s1}+X_{s2}}\dot{I}$$

$$\dot{I}_2 = e^{-j\beta}\frac{E_1 e^{j\beta} - KE_1}{j(X_{s1}+X_{s2})} + \frac{X_{s1}}{X_{s1}+X_{s2}}\dot{I}$$

$$= \mathrm{j}\frac{E_1}{X_{s1}+X_{s2}}(\cos\beta - K)\mathrm{e}^{-\mathrm{j}\beta}$$
$$- \frac{E_1}{X_{s1}+X_{s2}}\sin\beta \mathrm{e}^{-\mathrm{j}\beta} + \frac{X_{s1}}{X_{s1}+X_{s2}}\dot{I}$$

上 2 式の右辺第一項および第二項はそれぞれ式 (5.22) の $\dot{I}_c$ および $-\dot{I}_c$ を二つの成分に分けたもので，これからつぎのことがわかる。

$\dot{I}_1$ の第二項は $\dot{E}_1$ と同相の成分であって，$\dot{I}_c$ による第一の発電機の出力は
$$P_c = 3\frac{KE_1^2}{X_{s1}+X_{s2}}\sin\beta$$
である。一方，$\dot{I}_2$ の第二項は $\dot{E}_2$ と同相の成分であって，$-\dot{I}_c$ による第二の発電機の出力は
$$-3E_2\frac{E_1}{X_{s1}+X_{s2}}\sin\beta = -3\frac{KE_1^2}{X_{s1}+X_{s2}}\sin\beta = -P_c$$
ゆえに，位相差 β があると位相の進んでいるほうの発電機から位相の遅れているほうの発電機に P_c なる有効電力が供給されて，位相の遅れているほうの発電機を加速し，β を減少させようとする。このような作用のために並行運転中の同期機はつねに同期を保って回転しようとする性質がある。

つぎに，位相差 β が小さくて $\cos\beta \fallingdotseq 1$ である場合には，もし $K<1$（すなわち $E_1 > E_2$）ならば $\dot{I}_1$ の第一項は $\dot{E}_1$ より $90°$ 位相の遅れた電流であって，減磁作用をする。一方，$\dot{I}_2$ の第一項は $\dot{E}_2$ より $90°$ 位相の進んだ電流であって増磁作用をする。$K>1$ の場合は逆の作用が起きる。したがって E_1 と E_2 の大きさに差がある場合の $\dot{I}_c$ の無効電流分は電機子反作用によって両機の内部起電力の差を減らすように作用する。

〔3〕**同期発電機の並列化** 電力系統の母線（またはすでに運転している同期発電機）に対して，別の同期発電機を並列に接続して並行運転をさせようとする場合，これから並列に入れようとする発電機の**電圧の大きさ，周波数**および**位相**を，母線（またはすでに運転中の発電機）側と一致するように調整してから電機子回路の三相開閉器を投入することが必要である。

上記の諸量の差異がわずかであれば，同期機の同期化作用によって並行運転に入ることができるが，その差異が大きいと電機子回路の三相開閉器を投入し

たときに大きい過渡電流が流れ，大きい過渡トルクが発生するだけでなく，同期化に失敗して並行運転に入れることができないこともある。

電圧の大きさは電圧計を見ながら発電機の界磁調整器を調整して一致させる。周波数および位相が一致したことを確認するためには，**図 5.33** のような同期検定器（synchroscope）が使われる。並行運転用開閉器 Sw を開いておき，発電機の速度を調整して同期検定器の指針が回転しないようにし，指針が中央位置に来たときに並行運転用開閉器を閉じる。

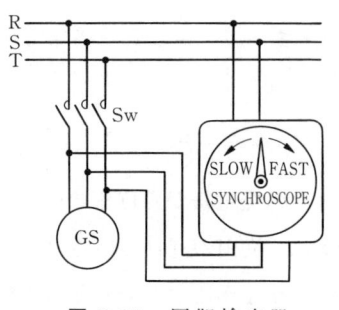

図 5.33　同期検定器　　　　**図 5.34**　同期検定灯

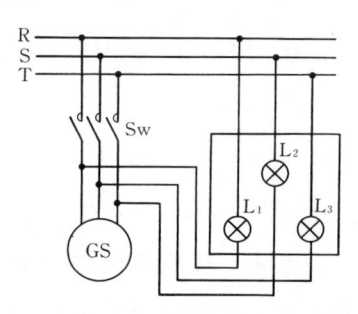

より簡便な同期検定装置として，**図 5.34** に示す同期検定灯がある。3個の白熱電球を三角形に配置して図のように接続する。並行運転用開閉器 Sw を開いておき，発電機の電圧の大きさを母線の電圧に合わせる。発電機の速度を調整して発電機の周波数が母線の周波数とほぼ一致すると白熱電球が順次に点滅し，その光がゆっくり回転して見える。光の回転が止まって，電球 L_1 が消灯し，電球 L_2 および L_3 が点灯し続けたときは周波数と位相が一致したときなので，その瞬間に並行運転用開閉器を閉じる。

5.4.6　界磁電流算定法

同期機の負荷時の界磁電流値は効率，電圧変動率および温度上昇に関係するので，その算定法は重要である。同期機の**界磁電流算定法**は**起電力法**と**起磁力法**に大別される。JEC の同期機の規格では 1954 年に起電力法を廃止して起磁力法を採用したが，現在の起磁力法も必ずしもつねに十分に正確であるとはい

えないので，実務面では起電力法をも参考にすることがある。

〔1〕**起電力法**　図 5.35 において，OL を無負荷飽和曲線，MN を零力率全負荷飽和曲線とする。任意の界磁電流 $\overline{\mathrm{Oc}}$ に対する遅れ指定力率 $\cos\phi$ における端子電圧 $\overline{\mathrm{cp}}$ は，図 (b) のような起電力線図を描いて得られる。

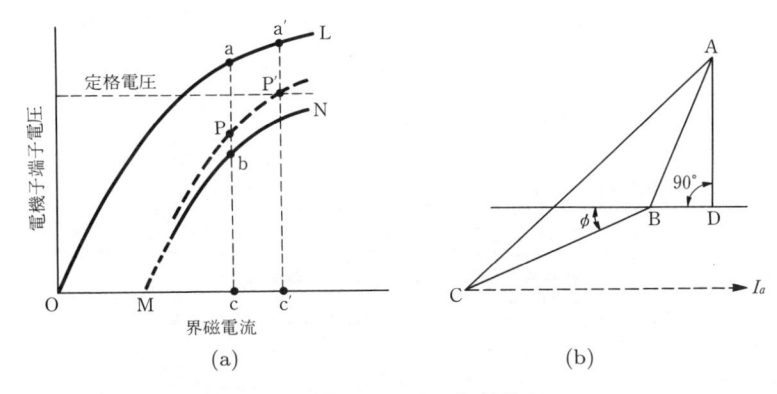

図 5.35　起電力法

図 (b) において $\overline{\mathrm{BA}}$ および $\overline{\mathrm{AC}}$ をそれぞれ $\overline{\mathrm{ba}}$ および $\overline{\mathrm{ac}}$ に等しく取る。このようにして得た長さ $\overline{\mathrm{CB}}$ に等しく図 (a) において $\overline{\mathrm{cp}}$ を取って点 p を得る。このような点を多数見出すと，力率 $\cos\phi$ に対して曲線 Mpp′ が得られる。求める界磁電流は，$\overline{\mathrm{p'c'}}$ がちょうど定格電圧になるような界磁電流 $\overline{\mathrm{Oc'}}$ に等しい。なお，図 (b) の C 点から右側に水平に電機子電流のフェーザを描けば，図 (b) が非突極形同期発電機のフェーザ線図であることがわかる。

〔2〕**JEC-2130 の界磁電流算定法（その 1）**　この方法は現在わが国で最も広く使われている方法である。この方法では

$$I_f = \sqrt{I_{f1}^2 + k^2 I_{f2}^2 + 2k I_{f1} I_{f2} \sin\phi} \quad [\mathrm{A}] \tag{5.24}$$

によって負荷時の界磁電流を算定する。ここに，v を定格電圧，i を指定の電機子電流，r を基準巻線温度における電機子抵抗（いずれも単位法による値）とするとき

　　I_{f1}：無負荷飽和曲線上の $v + ir$ （電動機の場合は $v - ir$）に相当する界磁電流

I_{f2}：短絡曲線上の i に相当する界磁電流

$\cos\phi$：定格力率

k：表 5.1 による値

である．上式は，三角形の 2 辺が I_{f1} および kI_{f2} で，両辺のなす角が $90°+\phi$ であるときに，余弦定理によってその斜辺の長さを計算する式である．

表 5.1　k の値

$\cos\phi$	1.0	0.95	0.9	0.85	0.8	0
突極形	1.0	1.1	1.15	1.2	1.25	$1+\sigma$
円筒形	1.0	1.0	1.05	1.1	1.15	$1+\sigma$

〔注〕(1) 表に掲載していない力率については，表中の最も近い力率に対する k の値をとる．
(2) σ は無負荷飽和曲線上の $1.2v$ の電圧における飽和係数．
(3) $1+\sigma$ が 1.25 以下の場合は力率零のとき一律に $k=1.25$ とする．

〔3〕 **JEC-2130 の界磁電流算定法（その 2）**　この方法は突極性を無視している点以外は理論的根拠が明確な方法であるが，どのような方法で求めたポーシェリアクタンスを用いるのがよいかについては十分な結論が出ていない．この方法では図 5.36 に基づいて

$$I_f = \sqrt{I_{fe}^2 + I_{fa}^2 + 2I_{fe}I_{fa}\sin\delta_i} \quad \text{〔A〕} \tag{5.25}$$

によって負荷時の界磁電流を算定する．ここに，I_{fe} は負荷時の内部起電力 e に等しい電圧を発生するための無負荷飽和曲線上の界磁電流，I_{fa} は電機子電流 i による電機子反作用を打ち消すのに必要な界磁電流，δ_i は e と i との間の位相差である．

e は負荷時の主磁束通路の磁気飽和を考慮した等価的な電機子漏れリアクタ

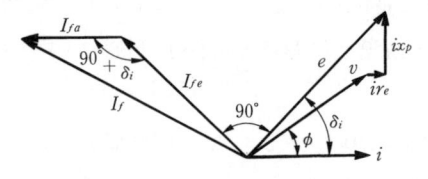

図 5.36　界磁電流算定法（その 2）

ンスとしてのポーシェリアクタンス x_p （これは電機子漏れリアクタンスの真値よりも大きい）を用いて次式で計算する．

$$e = \sqrt{(v\cos\phi + ir_a)^2 + (v\sin\phi + ix_p)^2} \tag{5.26}$$

また，$\sin\delta_i$ は次式から計算する．

$$\sin\delta_i = \frac{v\sin\phi + ix_p}{e} \tag{5.27}$$

無負荷飽和曲線からポーシェリアクタンス降下 ix_p に対応する界磁電流 I_{fx} を求めると，I_{fa} は次式で決定される．

$$I_{fa} = I_{f2} - I_{fx} \quad 〔\mathrm{A}〕 \tag{5.28}$$

発電機では ϕ は遅れ力率の場合に正とし，ir_a は正とする．電動機ではその逆である．

ポーシェリアクタンスとしては，JEC-2130 では直軸過渡リアクタンスで代用する方法と設計データから算出する方法を与えている[†]．

JEC-2130 では，このほかに「界磁電流算定法（その3）」（ASA 線図法と呼ばれているもの）を規定しているが，本書では省略する．

5.5 突極形同期機の理論

5.5.1 二反作用理論

これまで述べた円筒界磁形同期機の理論は突極形同期機に対しては近似的にしか成り立たない．突極形同期機の定常状態をより正確に解析する方法として二反作用理論がある．

突極機では回転子軸に垂直な平面内で界磁極の中心線を通る方向を**直軸** (direct axis) といい，直軸と直角の方向（多極機では電気角で 90° ずれた方向）を**横軸** (quadrature axis) という．

[†] 無負荷飽和曲線と零力率全負荷飽和曲線とから三角形を作図してポーシェリアクタンス降下を求める方法が知られているが，零力率の定格電圧・定格電流における界磁電流という定格負荷状態に比べてはるかに大きい界磁電流の場合の測定結果によって定格力率の定格負荷時の磁気飽和の影響を考慮することおよび作図方法の妥当性に疑問がある．

5. 同期機

三相電機子の任意の 1 相の電流 $\dot{I}_a$ を，その相の無負荷誘導起電力 $\dot{E}_0$ と同相の成分（電動機では $\dot{E}_0$ と逆相の成分） $\dot{I}_q$ と位相差 90° の成分 $\dot{I}_d$ とに分解する。図 5.37 は $\dot{I}_d$ が $\dot{E}_0$ より 90° 進み位相の場合を示す。

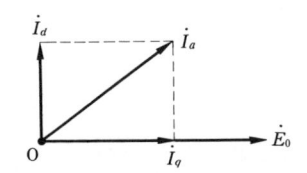

図 5.37 電機子電流の直軸分と横軸分

$\dot{I}_q$ は図 5.38 (a) のように界磁を横方向に磁化する電流であって**横軸電機子電流**と呼ばれ，$\dot{I}_q$ による磁化作用（交差磁化作用）を**横軸電機子反作用**という。$\dot{I}_d$ は図 5.38 (b), (c) のように直軸方向に起磁力を発生する電流であって**直軸電機子電流**と呼ばれ，その磁化作用（増磁作用または減磁作用）を**直軸電機子反作用**という。

このように電機子電流による電機子反作用を二つの成分に分けて定常状態の同期機の理論を立てる方法を（ブロンデルの）**二反作用理論**（two-reaction theory）という。

$\dot{I}_d$ に対する励磁リアクタンスは直軸方向に磁化する場合の励磁リアクタンスであって，これを**直軸電機子反作用リアクタンス**といい，X_{ad} で表す。$\dot{I}_q$ に対する励磁リアクタンスは横軸方向に磁化する場合の励磁リアクタンスであって，

(a) 交差磁化作用
($\dot{I}_q$ と $\dot{E}_0$ は同相)

(b) 減磁作用
($\dot{I}_d$ は $\dot{E}_0$ より 90° 遅相)

(c) 増磁作用
($\dot{I}_d$ は $\dot{E}_0$ より 90° 進相)

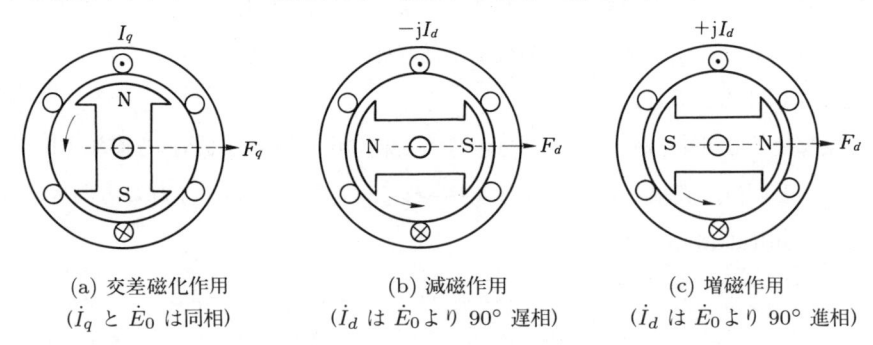

図 5.38 同期発電機の電機子反作用

これを**横軸電機子反作用リアクタンス**といい，X_{aq} で表す。そして

$$X_d = X_l + X_{ad} \tag{5.29}$$

を**直軸同期リアクタンス**といい

$$X_q = X_l + X_{aq} \tag{5.30}$$

を**横軸同期リアクタンス**という。

円筒界磁形同期機では，電機子電流 I_a に対するリアクタンス降下が $jX_s\dot{I}_a$ であったのに対して，突極形同期機では電流が

$$\dot{I}_a = \dot{I}_q + \dot{I}_d \tag{5.31}$$

のときのリアクタンス降下を

$$jX_q\dot{I}_q + jX_d\dot{I}_d \tag{5.32}$$

として回路計算を行えばよい。

5.5.2　突極形同期発電機のフェーザ線図

二反作用理論に基づく同期発電機のフェーザ線図は図 **5.39** (a) のようになる。フェーザ線図において，V, I_a, $\cos\varphi$, X_d, X_q, R_a が与えられて E_0 を求めたい場合は図 (b) のように作図すればよい。すなわち，原点 O から

$$\dot{V} + R_a\dot{I}_a + jX_q\dot{I}_a$$

のベクトル和を作図して Q 点を定め，つぎに

$$\dot{V} + R_a\dot{I}_a + jX_d\dot{I}_a$$

によって点 R を定め，R から $\overline{OQ}$ に垂線を下ろすと，その交点がフェーザ E_0 の先端である。

なお，$\dot{E}_0$ を基準フェーザにとれば

$$\dot{E}_0 = E_0, \quad \dot{I}_q = I_q, \quad \dot{I}_d = jI_d$$

となり（I_d は E_0 より 90° 進み位相のとき正とする），式 (5.32) はつぎのよ

250   5. 同　期　機

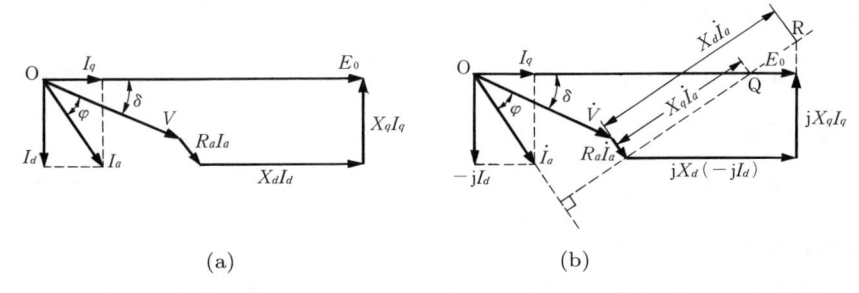

図 5.39　突極形同期発電機のフェーザ線図（遅れ力率，$\dot{I}_a = I_q - jI_d$ の場合）

うに書ける．

$$jX_q \dot{I}_q + jX_d \dot{I}_d = jX_q(I_q + jI_d) - (X_d - X_q)I_d \tag{5.33}$$

図 5.19 の X_s の部分を（電圧降下が上式を満足するように）書き換えることにより**図 5.40** (a) が得られる．これが二反作用理論に基づく突極形同期発電機の等価回路である．なお，同期電動機の場合は図 (b) になる．

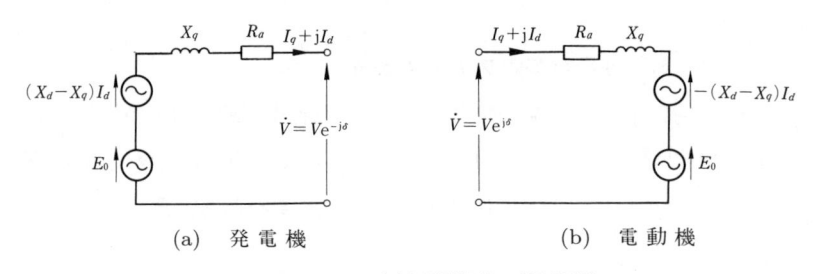

図 5.40　突極形同期機の等価回路

5.5.3　突極形同期機の出力とトルク

三相同期発電機において $\dot{E}_0$ を基準フェーザにすると

$$\dot{E}_0 = E_0, \quad \dot{I}_a = I_q + jI_d, \quad \dot{V} = Ve^{-j\delta}$$

であるからその出力は

$$P = \mathrm{Re}[3\overline{\dot{V}}\dot{I}_a] = \mathrm{Re}[3Ve^{j\delta}(I_q + jI_d)] = 3(VI_q\cos\delta - VI_d\sin\delta)$$

となる．I_d, I_q を求めるために電機子回路の電圧方程式を作ると

$$E_0 = R_a(I_q + \mathrm{j}I_d) + \mathrm{j}X_q I_q + \mathrm{j}X_d \mathrm{j}I_d + V\mathrm{e}^{-\mathrm{j}\delta}$$

小形機以外は $R_a \ll X_d,\ X_q$ であって R_a を無視することができるので

$$E_0 = -X_d I_d + V\cos\delta$$

$$0 = X_q I_q - V\sin\delta$$

上式から I_d, I_q を求めて出力の式に入れると

$$P = 3\left\{\frac{VE_0}{X_d}\sin\delta + \frac{1}{2}\left(\frac{1}{X_q} - \frac{1}{X_d}\right)V^2\sin 2\delta\right\} \quad [\mathrm{W}] \quad (5.34)$$

となる．これが突極形三相同期発電機の出力に関する公式である．

三相同期電動機の出力（発生動力）は

$$P = \mathrm{Re}[3\overline{V}\dot{I}_a] - 3R_a I_a^2$$

によって計算されるが，R_a を無視した場合は式 (5.34) とまったく同じ結果になる．したがって同期電動機の発生トルクは

$$T = \frac{3}{\omega_S}\left\{\frac{VE_0}{X_d}\sin\delta + \frac{1}{2}\left(\frac{1}{X_q} - \frac{1}{X_d}\right)V^2\sin 2\delta\right\} \quad [\mathrm{N\cdot m}] \quad (5.35)$$

となる．ω_S は同期角速度である．

上式の { } 内の第二項は突極構造に基づくトルクで，これは $E_0 = 0$ すなわち，直流励磁のない場合にも存在する．このトルクを**反作用トルク** (reluctance torque) という．界磁巻線を持たない突極形同期電動機を**反作用電動機** (reluctance motor) または**リラクタンスモータ**といい，構造が簡単で保守が容易であるので，同期運転が必要な場合に定格出力数 kW 程度までのものが使われている．

なお，電機子抵抗を考慮した場合の三相同期発電機の出力は

$$P = 3\left\{\frac{X_q\sin\delta + R_a\cos\delta}{X_d X_q + R_a^2}VE_0 \right.$$

$$\left. + \frac{(X_d - X_q)\sin 2\delta - 2R_a}{2(X_d X_q + R_a^2)}V^2\right\} \quad [\mathrm{W}] \quad (5.36)$$

である．

252   5. 同期機

突極形同期機の最大出力は，通常 $\delta = 60° \sim 70°$ のときに発生する。

同期電動機では最大出力のときは最大トルクを発生している。このトルクを**脱出トルク**（pull-out torque）といい，これを超える負荷トルクが軸にかかると，電動機は同期速度での運転を継続できず，**同期はずれ**（pull out, step out）を起こす。

5.5.4　横軸同期リアクタンス X_q の測定法

5.4.1項の式 (5.15) によって求めた同期リアクタンスは，突極機の場合は，直軸同期リアクタンス X_d である。これは三相短絡時に流れる電機子電流は，界磁起磁力との平衡を保とうとして，直軸方向に減磁起磁力を発生するからである。

横軸同期リアクタンス X_q の測定法として最も広く用いられているのは，IEC 34-4 にも採用されている**滑り法**（low slip method）である。滑り法では，同期機の界磁巻線を閉路して電機子に低い三相電圧を加えて，できるだけ小さい滑りで回転させ，界磁巻線を開路して，図 5.41 のように界磁巻線端子電圧 v_f，電機子電圧 v_a および電機子電流 i_a の波形を測定する。

v_f が最大値を取ったときの v_a の値を $V_{\min}$ とし，そのときの i_a の値を $I_{\max}$ とすると，横軸同期リアクタンスの不飽和値 X_{qu} は

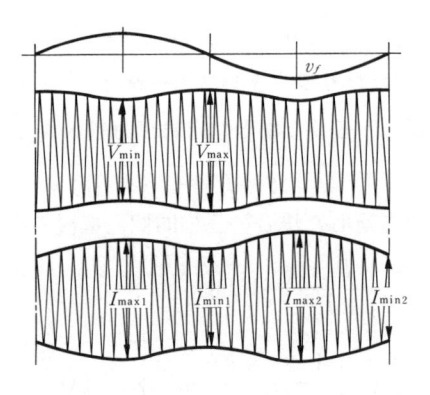

図 5.41　滑り法の電圧・電流波形

$$X_{qu} = \frac{V_{\min}/\sqrt{3}}{I_{\max}} \quad [\Omega] \tag{5.37}$$

である。また，v_f が最小値を取ったときの v_a の値を $V_{\max}$ とし，そのときの i_a の値を $I_{\min}$ とすると，直軸同期リアクタンスの不飽和値 X_{du} は

$$X_{du} = \frac{V_{\max}/\sqrt{3}}{I_{\min}} \quad [\Omega] \tag{5.38}$$

である。

同期機の残留電圧 V_{res} が大きい場合には，図の $I_{\max 1}$, $I_{\max 2}$ のように，電機子電流の包絡線の隣り合った最大値が異なる値となり，また，$I_{\min 1}$, $I_{\min 2}$ のように，電機子電流の包絡線の隣り合った最小値が異なる値となる。その場合は

$$I_{\min} = \frac{1}{2}(I_{\min 1} + I_{\min 2}) \quad [\mathrm{A}] \tag{5.39}$$

$$I_{av} = \frac{1}{2}(I_{\max 1} + I_{\max 2}) \tag{5.40}$$

$$I_{\max} = \sqrt{I_{av}{}^2 - \left(\frac{V_{\mathrm{res}}}{\sqrt{3}X_{du}}\right)^2} \quad [\mathrm{A}] \tag{5.41}$$

として上記の計算を行う。

滑り法によって求めた X_{du} が無負荷飽和曲線と三相短絡特性曲線とから求めた直軸同期リアクタンスの不飽和値と一致しない場合は，残留磁気に対する減磁操作を行うか，または滑りがさらに小さくなるように調整して再度滑り法の試験を繰り返す必要がある。なお，横軸同期リアクタンスの飽和値 X_q を簡単な試験によって求めることはできないので，直軸同期リアクタンスの飽和値 X_d を使って近似的に

$$X_q = \frac{X_{qu}}{X_{du}} X_d \quad [\Omega] \tag{5.42}$$

とすることがあるが，横軸同期リアクタンスの飽和値は横軸主磁束の大きさによっても変わるものであり，X_d 自体も負荷状態によって変化するものであるから，上式は近似的なものにすぎない。

5.6 同期機運転上の諸現象

5.6.1 自己励磁現象

同期発電機の端子に三相コンデンサを接続すると，そのとき流れ出る進み電流が磁化作用をして端子電圧を高め，そのためさらに進み電流が増すという過程を繰り返して，端子電圧が著しく増大することがある。これを同期発電機の自己励磁現象という。

無負荷の長距離送電線に同期発電機を接続した場合には，無励磁（界磁電流が零）のままでも自己励磁によって定格電圧を超える電圧が発生することもあるので注意しなければならない。

電機子の零力率進み電流に対する端子電圧は図 **5.42** の曲線 O′A のような飽和特性を示す。その直線部分 Og の傾斜を α とする。1相のキャパシタンス C の三相負荷の電圧電流特性を OL とすれば，その傾斜は

$$\tan \beta = \frac{\sqrt{3}}{\omega C}$$

であり，図の場合は自己励磁によって点 P まで電圧が上昇する。

無励磁の同期発電機が自己励磁によって過電圧を発生しないためには，O′A と OL とが交わらないことが必要で

$$\tan \beta > \tan \alpha \tag{5.43}$$

であればよい。

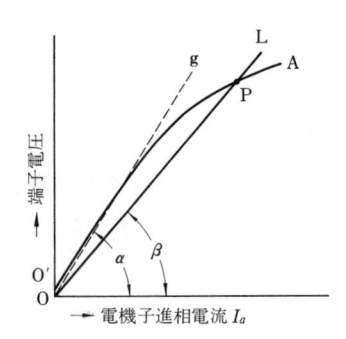

図 **5.42** 進相電流による自己励磁

5.6.2 同期機の運動方程式

同期電動機では図 5.43 のように負荷角 δ の正方向を回転磁界に対して遅れる向きにとるから,任意時刻における界磁位置 θ は

$$\theta = \omega_S t - \frac{\delta}{p} \tag{5.44}$$

と表すことができる。したがって瞬間角速度は

$$\omega_m = \frac{d\theta}{dt} = \omega_S - \frac{1}{p}\frac{d\delta}{dt} \tag{5.45}$$

となる。$\omega_m = \omega_S(1-s)$ とおけば s は瞬間滑りであって

$$s = \frac{1}{p\omega_S}\frac{d\delta}{dt} = \frac{1}{2\pi f}\frac{d\delta}{dt} \tag{5.46}$$

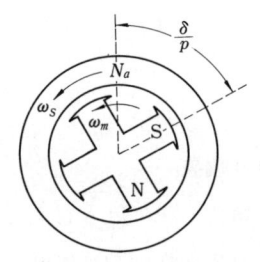

図 5.43 $2p$ 極機の負荷角 δ と界磁位置

小さい滑り s_0 のときの誘導電動機作用によるトルクを T_{i0} とおけば,滑り s のときの誘導電動機トルクは近似的に次式で与えられる。

$$T_i = \frac{s}{s_0} T_{i0}$$

以上のことから,負荷トルクを T_l,電動機および負荷の合成慣性モーメントを J 〔kg·m^2〕とし,突極性を無視した場合の運動方程式は

$$\frac{1}{2\pi f}\frac{T_{i0}}{s_0}\frac{d\delta}{dt} + 3\frac{E_0 V}{\omega_S X_s}\sin\delta = J\frac{d\omega_m}{dt} + T_l$$

したがって

$$\frac{J}{p}\frac{d^2\delta}{dt^2} + \gamma\frac{d\delta}{dt} + T_m \sin\delta = T_l \quad 〔\text{N·m}〕 \tag{5.47}$$

ただし

$$\gamma = \frac{T_{i0}}{2\pi f s_0}, \quad T_m = 3\frac{E_0 V}{\omega_S X_s}$$

上式は同期電動機について導出したが，同期発電機では $\theta = \omega_S t + \delta/p$ として出発し，原動機トルクを T_l とすることにより，まったく同じ結果に達する。

$$t = \tau\sqrt{\frac{J}{pT_m}} \tag{5.48}$$

とおけば式 (5.47) はつぎのように基準化される。

$$\frac{\mathrm{d}^2\delta}{\mathrm{d}\tau^2} + k\frac{\mathrm{d}\delta}{\mathrm{d}\tau} + \sin\delta = \beta \tag{5.47'}$$

ただし

$$k = \frac{T_{i0}}{2\pi f s_0}\sqrt{\frac{p}{JT_m}}, \quad \beta = \frac{T_l}{T_m}$$

である。

5.6.3　負荷の急変に伴う現象

同期機の負荷が急変した場合，負荷角 δ は新しい負荷に相当する値まで変化する必要があるが，回転部分の慣性のために直ちに新しい負荷角に達することはできず，慣性と同期トルク $T_m\sin\delta$ との相互作用によって負荷角の振動が起こり，これがしだいに減衰して新しい負荷角に落ち着く。負荷の変化量が大きいときは新しい負荷角に落ち着くことができず，同期はずれを起こすこともある。

発電機がある負荷で運転している場合，負荷の急変，線路の開閉，短絡故障などの**外乱**（disturbance）によって過渡現象を生じ，その過渡現象の経過後において，なお安定な運転を継続し得る度合を**過渡安定度**（transient stability）という。また，系統内の同期機が同期はずれを起こすことなく外乱に耐え得る外乱発生前の負荷電力を**過渡安定極限電力**（transient stability limit）といい，この極限電力は外乱の種類・大きさ・持続時間によって異なるものである。

同期発電機または電動機の負荷が急変したとき，安定に運転を続けることができるかどうかを判定する方法に**等面積法**（equal-area method）がある。

図 **5.44** において，同期電動機が負荷角 δ_0，トルク T_0 で運転しているとき，

負荷が急変して負荷トルクが T_l に変化したものとする．このとき，図の T_l の下側の斜線部分の面積と，T_l の上側の斜線部分の面積とが等しくなるような δ_2 が存在すれば，電動機は同期運転を継続できるが，そのような δ_2 が存在しない場合は同期はずれを起こす．

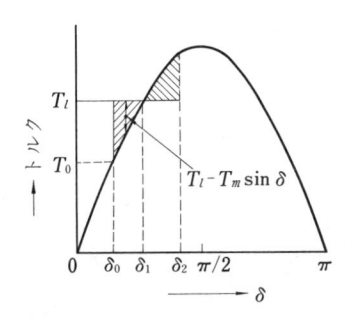

図 5.44　等面積法

同期発電機の場合は原動機から供給されるトルクが T_0 から T_l に変わると考えればよく，これは発生電力（有効電力）が $P_0 = \omega_S T_0$ から $P_1 = \omega_S T_1$ に急変することを意味する．

式 (5.47′) において制動トルクの項を無視すると
$$\frac{d^2\delta}{d\tau^2} = \frac{1}{2}\frac{d}{d\delta}\left(\frac{d\delta}{d\tau}\right)^2 = \beta - \sin\delta$$

同期機が安定であれば最大変位角 δ_2 が存在し，そのとき $d\delta/dt$ は零である．また，慣性のために角速度 ω_m の不連続な変化は許されないから，現象の出発点の $\delta = \delta_0$ のときにも $d\delta/dt = 0$ である．したがって

$$\int_{\delta_0}^{\delta_2} \frac{1}{2}\frac{d}{d\delta}\left(\frac{d\delta}{d\tau}\right)^2 d\delta = \left[\frac{1}{2}\left(\frac{d\delta}{d\tau}\right)^2\right]_{\delta_0}^{\delta_2} = 0 = \int_{\delta_0}^{\delta_2}(\beta - \sin\delta)d\delta$$

$$\therefore \quad \int_{\delta_0}^{\delta_2}(T_l - T_m\sin\delta)d\delta = 0 \tag{5.49}$$

上式は図 5.42 の T_l の上下の斜線部分の面積が等しいことを意味している．

5.6.4　同期機の負荷角の振動現象

負荷の変動その他の外乱により，負荷角が平衡点 δ_0 から δ_p だけの小さい変

化を起こしたとする。すなわち

$$\delta = \delta_0 + \delta_p \tag{5.50}$$

これを運動方程式に代入すると

$$\frac{J}{p}\frac{\mathrm{d}^2\delta_p}{\mathrm{d}t^2} + \gamma\frac{\mathrm{d}\delta_p}{\mathrm{d}t} + T_m\sin(\delta_0 + \delta_p) = T_l$$

ここで δ_p が小さいことから

$$T_m\sin(\delta_0 + \delta_p) = T_m(\sin\delta_0\cos\delta_p + \cos\delta_0\sin\delta_p) \fallingdotseq T_m\sin\delta_0 + T_s\delta_p$$

と近似することができる。ここに，$T_s = T_m\cos\delta_0$ は**同期化トルク係数**（synchronizing torque coefficient）と呼ばれる。

外乱後において T_l が一定であるとすれば

$$T_m\sin\delta_0 = T_l$$

であるから，変化分 δ_p に対して次式が成り立つ。

$$\frac{J}{p}\frac{\mathrm{d}^2\delta_p}{\mathrm{d}t^2} + \gamma\frac{\mathrm{d}\delta_p}{\mathrm{d}t} + T_s\delta_p = 0 \tag{5.51}$$

同期機では制動係数 γ が小さいので，δ_p は振動解となり，$t=0$ で $\delta_p = 0$ として上式を解くと

$$\delta_p = \delta_{p\max}\,\mathrm{e}^{-\frac{p\gamma}{2J}t}\sin\sqrt{\frac{pT_s}{J} - \left(\frac{p\gamma}{2J}\right)^2}\,t \tag{5.52}$$

となる。

$$f_n = \frac{1}{2\pi}\sqrt{\frac{pT_s}{J} - \left(\frac{p\gamma}{2J}\right)^2} \tag{5.53}$$

は同期機と連結機械とを含めた機械系の自由振動の周波数，すなわち**固有周波数**（natural frequency）である。

運動方程式における γ および T_s は定常状態のトルクを基礎としたものであって，これは δ_p の変化（周波数）が電機子側周波数に対してきわめてゆっくりしたものであることを前提としている。ところが実際の場合 f_n は 4 Hz 前後であって，50 Hz，60 Hz に対して十分に小さくはない。そのために上式から求めた f_n の値は実際の振動周波数とは多少異なったものになる。

また，制動トルク係数 γ は以上の議論ではつねに正として考えてきたが，厳密な理論によれば負値をとることもあり得る．そのときは自励振動が起こり，脈動トルクが加わらなくても δ の持続的振動が発生する．その状態を同期機の**乱調** (hunting) といい，電機子抵抗の大きい同期機が軽負荷で運転しているときなどに経験される．エンジン発電機または往復圧縮機を駆動する同期電動機の場合には連結機械のトルクは

$$T = T_0 + \sum_\nu T_\nu \cos(\omega_\nu t + \phi_\nu)$$

のように平均値 T_0 と脈動分 T_ν からなる．この場合には強制振動の現象が起こり得る．トルクの第 ν 調波に対する運動方程式は

$$\frac{J}{p}\frac{d^2\delta_p}{dt^2} + \gamma\frac{d\delta_p}{dt} + T_s\delta_p = T_\nu \cos(\omega_\nu t + \varphi_\nu) \tag{5.54}$$

である．この式の定常解を求めると

$$\delta_p = \frac{T_\nu}{\sqrt{\{(J/p)(\omega_c^2 - \omega_\nu^2)\}^2 + \omega_\nu^2\gamma^2}} \cos(\omega_\nu t + \phi_\nu)$$

$$\omega_c = \sqrt{\frac{pT_s}{J}}$$

となる．δ_p の振幅は $\omega_c = \omega_\nu$ のときに最大となる．すなわち

$$f_c = \frac{1}{2\pi}\sqrt{\frac{pT_s}{J}} \quad \text{[Hz]} \tag{5.55}$$

はこの機械系の**共振周波数**である．共振現象が起こると δ_p の振幅が非常に大きくなるため，発電機では出力電圧が大きく脈動し，電動機では入力電流が著しく脈動してぐあいが悪い．それゆえ，往復機械直結同期機においては回転部分に十分な大きさの慣性モーメントを持たせて共振を避けるようにしている．

5.6.5 同期電動機の同期引込み

界磁に直流励磁を加えて同期化させることを**同期引込み** (pull in) という．

$t = 0$ において突然直流励磁を与えた場合の非突極同期電動機の運動方程式の近似式は式 (5.47′) において界磁巻線回路の時定数 T_f を考慮に入れて

$$\frac{\mathrm{d}^2\delta}{\mathrm{d}\tau^2} + k\frac{\mathrm{d}\delta}{\mathrm{d}\tau} + \left(1 - \mathrm{e}^{-t/T_f}\right)\sin\delta = \beta$$

となるが，この式は数値計算（計算機）によって解かれる．δ が一定の値に落ち着けば同期引込みが行われたことになる．界磁時定数を無視して計算して得られた同期引込み可能の条件は

$$k > \beta \quad \text{すなわち}, \quad \frac{T_{i0}}{2\pi f s_0}\sqrt{\frac{p}{JT_m}} > \frac{T_l}{T_m} \tag{5.56}$$

である．

同期速度を n_S 〔min^{-1}〕，脱出トルク T_m に対応する最大出力を P_m 〔kW〕とし，s_0 を直流励磁を与えるときの滑りとすれば，$T_{i0} = T_l$ であり，上式はつぎのように変形される．

$$s_0 < \frac{121}{n_S}\sqrt{\frac{P_m}{Jf}} \tag{5.56}$$

同期引込みに失敗したときは直流励磁によって $(1-s)f$ 〔Hz〕の発電作用が行われるので電機子に大きな短絡電流が流れ，電動機は減速してしまう．

5.7 特殊同期機

5.7.1 単相同期発電機

単相交流電力を発生する同期発電機である．電機子は全スロット数の約 2/3 に単相巻線を施こす．それは全スロットを利用しても巻線係数の関係で巻線抵抗が大きくなる割に電圧はあまり高くならないからである．そのため，同一鉄心で三相機とした場合に比べて出力は 2/3 以下となり，漂遊負荷損が大きいので効率も低い．

単相機の電機子反作用は空間的に固定された交番磁界である．これは振幅が 1/2 でたがいに逆方向に回転する二つの回転磁界に分解できる．そのうち，界磁と同方向に回転する成分（正相分磁界）は三相機の場合と同様な電機子反作用を与える．逆方向に回転する成分は界磁巻線を同期速度の 2 倍の速度で切り，界磁巻線に 2 倍周波数の電流を流す．界磁巻線の第二調波電流により，電機子に

は第三調波電圧が発生する。その結果電機子に第三調波電流が流れると界磁には第四調波電流が流れる。以下同様のメカニズムで無数の高調波が発生し，出力電圧波形は著しくひずんだものになる。このような多重反射現象の起こる原因は，電機子巻線も界磁巻線もともに単相であるために，両巻線の磁気軸が一致した位置以外では（巻線）起磁力の平衡が行えないためである。

単相同期発電機は電圧波形のひずみを減らすために，界磁に強力な（低抵抗の）制動巻線を設け，また，電機子巻線の高調波に対する巻線係数をできるだけ小さくする。

単相電力を取ると，原動機から取るトルクは電圧周波数の 2 倍の周波数で脈動するので，ベースと固定子わくとの間に強力なばねを入れて機械的振動を吸収する。

5.7.2 正弦波発電機

負荷時にもひずみのきわめて少ない正弦波電圧を得るために，円筒形界磁を用いてギャップを一様にし，界磁巻線を平衡多相巻（例えば二相巻線とし，両巻線を並列にして使う）として界磁起磁力の分布を正弦波に近づけるとともに逆相分電圧を吸収できるようにし，さらに電機子巻線も高調波に対する巻線係数をできるだけ小さくなるようにして作った発電機である。単相機が多く，電気鉄板の損失測定用その他の試験・研究用電源として使われる。

章 末 問 題

(1) 同期機の同期リアクタンスは $X_s = X_l + X_a$ で表される。X_l および X_a の意味を説明せよ。

(2) 三相同期発電機の結線は一般に Y 接続として△接続を使わず，また，単相変圧器の三相結線には Y-Y 接続を使用しない。その理由を述べよ（電験昭和 30 年 3 種）。

(3) 同期リアクタンスが $8.66\,\Omega$ の三相同期発電機が力率 0.8（遅れ）の負荷に 3 000 V, 750 kV·A の電力を供給している。この発電機の無負荷誘導起電力 E_0〔V〕

の値はいくらか。ただし、電機子抵抗による電圧降下は無視できるものとする。

(4) 定格電圧 6 000 V、容量 5 000 kV·A の三相交流発電機において、励磁電流 200 A に相当する無負荷端子電圧は 6 000 V であり、短絡電流は 600 A であるとする。この発電機の短絡比および同期リアクタンスを求めよ（電験昭和 26 年 2 種）。

(5) 定格出力 132 000 kV·A、定格力率 80 %（遅れ）、定格電圧 6 600 V の三相同期発電機がある。この発電機に 900 A の界磁電流を流した場合、無負荷端子電圧は 6 600 V、短絡電流は 13 800 A であった。この発電機において、定格電機子電流に等しい三相短絡電流を流すのに必要な界磁電流の値はいくらか。

(6) 非突極同期発電機で、端子電圧 V、電機子電流 I、力率 $\cos\varphi$ のときの負荷角 δ を求めよ。ただし、電機子抵抗を無視し、同期リアクタンスを X_s とする。

(7) 同期発電機において短絡比の大小は機械の特性その他にいかなる相違を生じるかを述べよ。

(8) 三相、60 Hz、220 V、45 kV·A、6 極の同期発電機を試験してつぎの結果を得た。短絡比および同期リアクタンスを求めよ。
　　　　無負荷試験　　$I_f = 2.84$ A, $V_t = 220$ V
　　　　短絡試験　　$I_f = 2.20$ A, $I_a = 118$ A
ただし、I_f は界磁電流、V_t は線間電圧、I_a は相電流。

(9) 同一定格の 2 台の同期発電機が並列運転を行い、遅れ力率 0.8、電流 400 A の負荷に供給している。いま、1 機の励磁を増加してその電流を 250 A とした。負荷に変化がないものとして各機の力率を求めよ（電験昭和 25 年 1 種）。

(10) 三相同期発電機があり、その端子電圧は 3 000 V、端子間の無負荷誘導起電力は 4 200 V、1 相の同期リアクタンスは 5.00 Ω である。この発電機が負荷角（内部相差角）30°で運転しているときの出力は何キロワットか。ただし、電機子抵抗による電圧降下は無視できるものとする。

(11) 突極形三相同期発電機が力率 $\cos\varphi$（遅れ）で運転しているときのフェーザ線図を示し、かつ、相端子電圧 V、電機子電流 I_a、電機子抵抗 R_a、直軸同期リアクタンス X_d、横軸同期リアクタンス X_q が与えられたとき、無負荷誘導起電力 E_0 を決定する手順を述べよ。

(12) 励磁電流一定の非突極同期電動機が全負荷で運転して負荷角が 30°であるとき供給端子電圧が 70 % に下降すると運転状態はどう変わるか。また、この負荷で何 % まで電圧が下降すると脱調するか。ただし、この電動機の脱出トルクは全負荷トルクの 200 % とする。

(13) 同期電動機の同期化の運動方程式はつぎの近似式で表される。ただし，θ は同期回転磁界と磁極との間の位相角である。
$$A\frac{\mathrm{d}^2\theta}{\mathrm{d}t^2} + B\frac{\mathrm{d}\theta}{\mathrm{d}t} + C\sin\theta = D$$

上式の A，B，C，D はどのような意味を持つか説明せよ（電験昭和 27 年 1 種）。

6 小形モータ・特殊機器

　自動制御・自動運転の普及，家電機器・事務機器の高性能化，パーソナルコンピュータ，ＡＶ機器の発展等に伴って，今日ではきわめて多種類のおびただしい数の小形モータが使用されるようになった。小形モータには，普通の動力用電動機と同じ方法で速度制御を行うもの，精密な速度制御および回転角制御を行うサーボモータ，入力パルスの数およびパルス周波数によって回転角制御および精密な速度制御を行うステッピングモータがある。また，特殊な電気機器として，回転角を伝達する指示シンクロ，直線運動の形で動力を発生するリニアモータ等がある。

6.1 小形モータ

　小形モータと一般の動力用電動機の出力の大きさによる区分は場合によって異なるが，一般に，広い意味では出力 1 kW 以下の電動機を，狭い意味では出力 70 W 未満の電動機を小形モータといっている。また，そのうち，入力 3 W 未満の電動機をマイクロモータということがある。

表 6.1　小形モータの分類

電源の種類	総称	モータの種類
直流電源	DC モータ	ブラシ付き DC モータ ブラシレス DC モータ
交流電源	AC モータ	シンクロナスモータ インダクションモータ ユニバーサルモータ
パルス電源	ステッピングモータ	VR 形 PM 形 ハイブリッド形

今日ではきわめて多種多様な小形モータが使われており，その分類方法もいろいろあるが，一般に，電動機の電源による分類が基本的な分類と考えられている。これを**表 6.1**に示す。

これらの小形モータは，同一機種であっても，比較的単純な動力源として使われる場合と，サーボモータのように複雑な制御装置で駆動される動力源として使われる場合とがある。

6.2 DC モータ

6.2.1 ブラシ付き DC モータ

原理的には普通の直流電動機であるが，用途に応じていろいろな機械的構造のものが作られている。

超小形の DC モータ（入力数ワット以下）として古くから使われてきたのは，**図 6.1**に示す 2 極 3 スロットの直流電動機である。界磁は 2 極で，一般にフェライト磁石が使われ，ブラシは黒鉛質または金属黒鉛質が多いが，金属ブラシも使われる。制御用 IC と組み合わせて電圧制御による速度制御を行うものもある。

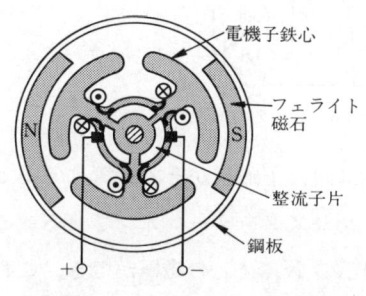

図 6.1 3スロット直流電動機   **図 6.2** 薄形モータの電機子

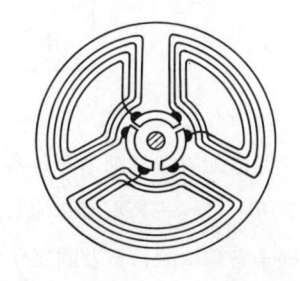

図 6.1 の電機子の巻線部分を**図 6.2**のように絶縁物円板上に展開して設け，その円板に整流子を取り付けたものを永久磁石と継鉄ではさんだ構造にすると薄形モータになる。

6.2.2 ブラシレス DC モータ

ブラシレス DC モータは，直流電源に接続して運転するブラシを使わない電動機である。電動機本体は永久磁石を使った界磁と三相電機子巻線を持った**磁石同期電動機**である。回転子磁極の位置を検出する位置検出器を電機子側に設け，その信号によってトランジスタを制御して三相電機子巻線に流れる電流を切り換える。この電動機は普通の直流電動機の整流子とブラシをトランジスタで置き換えたものと見ることができ，かつてはトランジスタモータと呼ばれていた。

磁極位置検出器としては，高度な制御を行わない場合は寸法が小さくて安価なホール素子が広く用いられているが，サーボモータでは光学式回転エンコーダなどの高性能の検出器が使われる。

図 **6.3** はホール素子を用いたブラシレス DC モータの回路図である。

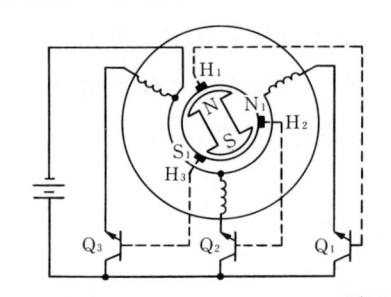

図 6.3 ブラシレス DC モータの原理

固定子側に配置されたホール素子 H_1 は回転子磁極がその位置にくるとトランジスタ Q_1 にベース電流を流してトランジスタをターンオンさせる。この電流が電機子巻線に流れると固定子側に図示の N_1，S_1 の磁極ができ，これらの磁極と回転子の磁極との吸引力によって回転子は左回りに回転する。以下，回転子の回転につれてトランジスタ Q_2，Q_3 が順次にターンオンし，回転子は左回りに回転し続ける。

この場合のトランジスタ回路は，直流電源の電力を三相巻線に切り換えて供給する回路であるので，磁極位置検出器によって制御されるインバータ回路で

ある．ただし，この回路では電機子巻線に一方向だけしか電流が流れないので，巻線の利用率が悪い．実際には磁極位置検出器によって制御される三相ブリッジ接続のインバータ回路を使うことが多い．この装置を大形のものとし，トランジスタをサイリスタで置き換えたものが 5.2.4 項で述べたサイリスタモータである．

6.3 AC モータ

AC モータ は，交流電源に接続して運転する小形モータである．小形モータの分野では，同期電動機をシンクロナスモータ，誘導電動機をインダクションモータ，単相直巻整流子電動機をユニバーサルモータと呼ぶことが多い．シンクロナスモータおよびインダクションモータで速度制御を必要とする場合には電源に可変電圧可変周波数インバータ（VVVF インバータ）を用いる．

〔1〕 **インダクションモータ**　動力用のインダクションモータには三相のものもあるが，単相誘導電動機が多い．制御用のインダクションモータはインバータによって駆動される三相機になるが，永久磁石を使ったシンクロナスモータに比べて，励磁電流が必要であることと，固定子・回転子の両方で銅損が発生することが弱点で，小形モータの分野ではあまり使われない．

〔2〕 **シンクロナスモータ**　動力用のシンクロナスモータには三相のものもあるが，単相同期電動機が多い．単相機の固定子は一般にコンデンサ誘導電動機と同じコンデンサ分相形とする．

回転子に永久磁石を埋め込んだ磁石同期電動機が交流サーボモータとしてもしばしば使われている．

界磁巻線も永久磁石も使わない突極形界磁を使用する**リラクタンスモータ**は，安価であるので，比較的小出力の場合に使われるが，特性は磁石同期電動機よりも劣る．

回転子鉄心の表面に多数の回転軸に平行な溝を設けた**インダクタモータ**（誘導子形同期電動機）は電源周波数に正確に比例した低速度が得られる．

超小形の各種シンクロナスモータは**タイミングモータ**として（減速歯車装置と組み合わせて）記録計器の紙送り，シーケンス制御におけるタイマ，電気時計などに使われる。

〔3〕 **ユニバーサルモータ** 単相直巻整流子電動機は，界磁巻線が直流直巻電動機と同様に整流子付電機子と直列に接続された電動機である。小形の単相直巻整流子電動機は商用周波数の交流または直流の同じ大きさの電圧を加えたとき，ほぼ同じ速度特性で動作する。このような電動機を**交直両用電動機**というが，一般にはユニバーサルモータと呼ばれている。

ユニバーサルモータはつぎのような点に考慮を払って作られる。

(i) 固定子鉄心は交番磁束が通るので，けい素鋼板の積層構造にする。

(ii) 界磁巻線のインダクタンスが大きいと大きなリアクタンス降下が生じて，力率を低下させるとともに出力を減少させるので，界磁巻数を直流機に比べて少なく設計する。

整流を受ける電機子コイル中には，界磁巻線からの変圧器作用によって変圧器電圧が発生するので，やや強いブラシ火花が発生するが，小形機であるために回路中のエネルギーが小さく，ブラシと整流子が急速に消耗することはない。

ユニバーサルモータにおいて，交流電源電圧を $\dot{V}$，界磁巻線の全インピーダンスを $r_s + \mathrm{j}x_s$，電機子巻線の全インピーダンスを $r_a + \mathrm{j}x_a$ とし，電機子電流（＝励磁電流）$\dot{I}$ によってブラシ間に発生する速度起電力を $\dot{E}_v = k\dot{I}\omega_m$ とおけば，次式が成り立つ。

$$\dot{V} = (r_s + \mathrm{j}x_s)\dot{I} + (r_a + \mathrm{j}x_s) + k\dot{I}\omega_m$$

ゆえに

$$\dot{I} = \frac{\dot{V}}{R + k\omega_m + \mathrm{j}X}, \quad R = r_s + r_a, \quad X = x_s + x_a$$

したがって発生動力は

$$P = \mathrm{Re}(\dot{E}_v{}^*\dot{I}) = \frac{k\omega_m V^2}{(R + k\omega_m)^2 + X^2} \quad \text{〔W〕}$$

上式から発生トルクは

$$T = \frac{P}{\omega_m} = \frac{kV^2}{(R + k\omega_m)^2 + X^2} \quad \text{〔N·m〕}$$

となり，この式からトルクの減少とともに ω_m が増大すること，すなわち，この電動機が直巻特性であることがわかる．なお，磁気飽和を無視できない場合は k は定数ではなくなる．

ユニバーサルモータは古くから使われてきた小形モータで，家庭用のミシン，ミキサ，掃除機，電動工具その他に使われている．

6.4　ステッピングモータ

ステッピングモータ（stepping motor）とは，固定子の各コイルを定められた順番に励磁すると，そのたびに回転子が一定角度ずつ回転する電動機である．コイルに流れる電流がパルス状であることからパルスモータと呼ばれることもある．この電動機の回転角は加えられた励磁電流のパルス数に正確に比例し，その回転速度はパルス周波数（パルスレートという）に正確に比例する．したがって，フィードバック制御を行わずに正確な位置定めおよび正確な速度制御ができる．ステッピングモータの歴史は 1907 年のアメリカ特許に始まり，自動制御・自動運転技術の発展とともに用途が拡大し，パーソナルコンピュータの普及とともにその生産台数が急増した．

ステッピングモータは，その構造からつぎの 3 種類に区分される．

（ⅰ）バリアブルレラクタンス形（VR 形）

（ⅱ）パーマネントマグネット形（PM 形）

（ⅲ）ハイブリッド形（HB 形）

ステッピングモータは，複写機，ファクシミリ，プリンタ，プロッタ，フロッピーディスクドライブ，ハードディスクドライブなどに広く使われている．ただし，同じ用途でもフィードバック制御のブラシレス DC モータが使われることもある．

VR 形は構造が簡単であるが，永久磁石を使っていないために無励磁時の保持トルク（detent torque）がないことが弱点で，あまり多くは使われない．PM 形は構造がきわめて簡単で安価であり，比較的特性がよいので超小形のものが

多数使われている。HB 形は構造が複雑で高価であるが，特性がよく，ステップ角の小さいものが得られるので最も一般的に使われている。

〔1〕 **VR 形ステッピングモータ** この電動機の最も簡単なものを図 6.4 に示す。固定子の 6 個の磁極に三相巻線が設けられており，回転子は巻線がなくて，4 個の突極を持っている。固定子の A 相，B 相，C 相の順に電流を流すと，1 パルスごとに 30° ずつ左回りに回転する。固定子および回転子の極数を 2 倍にすれば 1 パルスあたり 15° ずつ回転する。3 個の回転子鉄心を磁極の 3 分の 1 ピッチずつずらせて同一軸上に串形に組み立てた多層形のものもある。なお，バリアブルレラクタンスは可変磁気抵抗の意味である。

図 6.4 VR 形ステッピングモータ

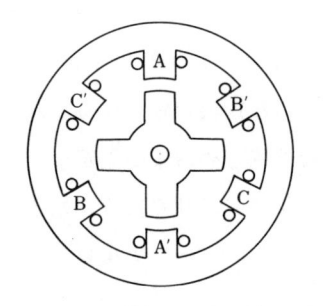

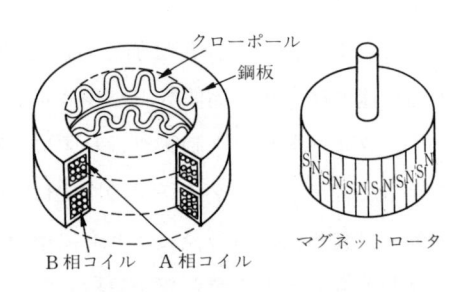

図 6.5 PM 形ステッピングモータ

〔2〕 **PM 形ステッピングモータ** 図 6.5 のように，円周方向に多極に着磁した永久磁石を持った回転子を使う電動機である。固定子の巻線はドーナツ状に巻かれた 2 個の巻線であり，各巻線に対する固定子鉄心は円板状の軟鋼板の内側から直角に切り起こされた多数のクローポール（爪形磁極）を持つ継鉄板である。A 相の継鉄板の磁極と B 相の継鉄板の磁極はたがいに電気角で 90° ずらして取りつけてある。2 個の巻線に流す電流の極性を，A 相 (+) B 相 (+)，A 相 (−) B 相 (+)，A 相 (−) B 相 (−)，A 相 (+) B 相 (−) と切り換えることにより，回転子は電気角で 90° ずつ回転する。

〔3〕 **HB 形ステッピングモータ** これは VR 形と PM 形の両方の構造を持った電動機である（図 6.6）。回転子は表面に多数の歯を持った円筒形の鉄心を 2 個同一軸上に永久磁石をはさんで組み立てたもので，両鉄心の歯はたが

いに 2 分の 1 ピッチだけずらして作られていることが多い．固定子は励磁巻線を設けた 4 ないし 16 極の磁極を持ち，各磁極は回転子とほぼ同じピッチの歯を持っている．固定子巻線は 2 相，4 相または 5 相に接続される．固定子の通電方式は，1 相ずつ通電する 1 相励磁方式，2 相ずつ通電する 2 相励磁方式，2 相通電と 3 相通電を交互に行う 2-3 相励磁方式などがある．回転子の歯数が 50 の 2 相励磁方式では，ステップ角は 1.8° である．

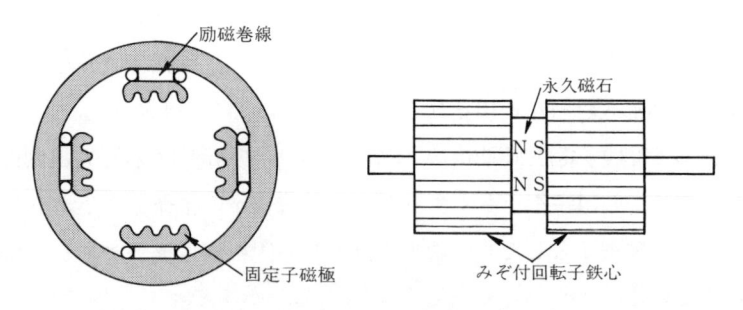

図 6.6 HB 形ステッピングモータ

6.5 サーボモータ

6.5.1 概　　説

　機械的な位置・角度などを目標値の変化に追従して変化させる自動制御系をサーボ機構といい，その位置・角度などを定めるための動力源となる機械をサーボモータ (servomotor) といっている．

　サーボモータには電気式・油圧式・空気圧式があるが，自動制御の実施が容易であることから電気式のものが広く使われている．電気式サーボモータは，電動機本体の構造によって DC サーボモータと AC サーボモータに分類される．

　サーボモータは通常の動力用の電動機と比べてつぎのような点が異なっている．

(i) 制御指令への追従性をよくするために慣性モーメントをできるだけ小さくしてある．

(ⅱ) 始動・停止・逆転がひんぱんに繰り返され，微速運転をする場合が多いので耐熱性を考慮してある。

サーボモータはフィードバック制御によって制御されるもので，速度および位置の検出器とフィードバック制御回路を組み合わせて運転される。

6.5.2 DC サーボモータ

DC サーボモータは原理的には直流電動機であり，ブラシと整流子を持ったサーボモータである。小形・軽量化を図るとともに，運転時の発熱を減らすために界磁には永久磁石が使用される。

速度制御は電機子電圧制御によって行い，トルク制御は電機子電流制御によって行う。電機子の慣性を小さくするために，電機子の半径を著しく小さくして軸方向に長い電機子としたり，鉄心を持たない円板形電機子とするなどの工夫がなされている。

自動制御のサーボ機構など，速い速度変化を必要とする用途には，回転部分の慣性をできるだけ小さくした電動機が使われる。代表的なものは，波巻電機子巻線の半分を形成するようなパターンを打ち抜いた銅板を絶縁物の薄い円板の両面に貼り合わせ，その銅板の外周部および内周部で表裏のコイルを接続して波巻とした構造の薄形電動機で，一般に**プリントモータ**と呼ばれている。この銅円板の中心に近い部分に黒鉛ブラシを接触させる。界磁は多極に着磁したフェライトである。この電動機は産業用ロボットその他に使われている。

DC サーボモータは精密な制御が容易で，安価であるので広く使われてきたが，ブラシと整流子があるために保守および信頼性の問題があり，今日では AC サーボモータの採用が増加してきている。

6.5.3 AC サーボモータ

AC サーボモータには同期電動機形と誘導電動機形とがある。同期電動機形は 6.1.3 項で述べたブラシレス DC モータをサーボモータとして使うものである。誘導電動機形は，インバータで駆動される三相誘導電動機をサーボモータ

として使うものであり，ベクトル制御で運転されることが多い。

6.5.4　回転速度および回転角度の検出

　一般の動力用の電動機の精密な速度制御には，回転速度の検出器を用いたフィードバック制御が行われる。回転速度の検出器としては，磁石直流発電機および磁石同期発電機が広く使われてきた。これらの発電機を**速度発電機**または**タコメータ発電機**と呼んでいる。

　タコメータ発電機は，頑丈で信頼性が高く，回転速度に正確に比例したアナログ電圧が得られるので，制御回路の構成が簡単になることが特徴であるが，回転角度の検出はできない。

　サーボモータの運転では，自動組立機械，工作機械，溶接ロボット，OA用プリンタの駆動など，回転速度の制御だけでなく，回転角度の検出・制御も必要な場合が多い。そのための検出器として現在広く使われているのは磁気式エンコーダと光学式エンコーダである。

　磁気ドラム形エンコーダは**図 6.7**のような構造で，A相パルスをカウンタに入れて回転角度を検出する。B相パルスはA相よりも90°位相のずれたパルスでA相パルスと比較して回転方向を判定する。Z相は1回転に1回の出力で，回転数を検出する。

　図 6.8は光学式エンコーダの例で，透明な円板の表面に円周方向のしま模様

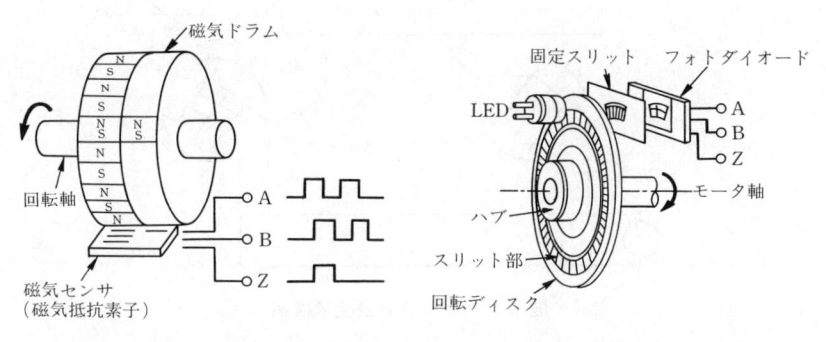

図 6.7　磁気ドラム形エンコーダ　　　　**図 6.8**　光学式エンコーダ

のパターンを何種類か同心円状に印刷してあり，これを透過した光によって，回転速度・回転方向・回転角度を検出する。ACサーボモータ用の光学式エンコーダでは磁極位置検出用に電気角で120°ずつずれた三相の方形波信号を得るためのパターンを円板上に追加したものもある。一般に使われているエンコーダはインクリメンタル形といって，運転開始からの回転角度の増減は検出できるが，停電時にはそれまでの回転角度の情報が失われるものである。製造工程のロボットなどでは停電および非常停止からの復帰時にただちに作業を継続できるように，回転角度の情報をICメモリに記憶させ，停電時には蓄電池でメモリをバックアップするようにしたエンコーダが使われる。これを絶対値エンコーダといっている。

6.6 シンクロ

シンクロ (synchro) は，機械的に連結することが困難な2軸を電気的に連結するための回転機（動力シンクロ・指示シンクロ）または角位置を電気的信号に変えて伝達するための回転機である。

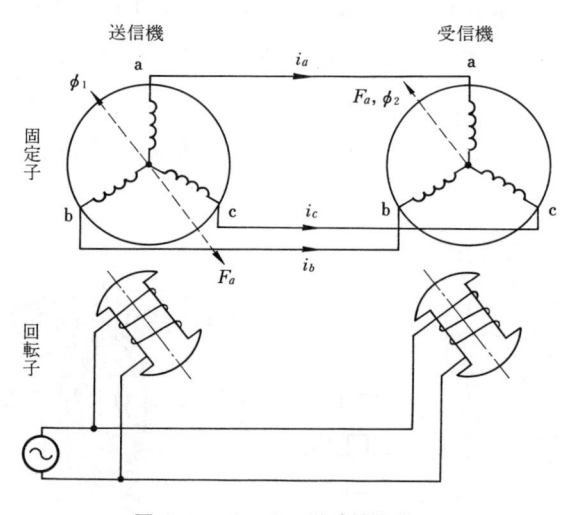

図6.9 シンクロ送受信機系

6.6 シンクロ

　指示シンクロはシンクロ送信機とシンクロ受信機とで構成され，図 **6.9** のように結線される。両機ともに固定子は誘導電動機のような三相電機子巻線をもち，回転子は突極形で単相交流で励磁される。その状態で送信機がある角度だけ回転すると受信機もそれに追従して同じ角度だけ回転する。ただし，受信機側の回転にトルクを要する場合には誤差が生じる。図において，送信機回転子電流によりギャップ磁束 ϕ_1 が生じたとする。二次巻線としての送信機固定子の電流による起磁力 F_a は ϕ_1 と逆方向に生ずる。この電流が受信機固定子に流れ込むと逆方向起磁力となり，結局，ϕ_1 と同方向に ϕ_2 を発生させる。ϕ_2 は受信機回転子の磁極軸を ϕ_2 の方向に一致させるように作用する。シンクロ受信機の発生トルクは送信機との角度差に対しておよそ正弦波状に変化する。シンクロ受信機は慣性のために行過ぎや乱調を起こすおそれがあるので，軸に機械的ダンパを取り付けてある。

　指示シンクロではシンクロ受信機の摩擦トルクないし負荷トルクによって指示角に誤差が生じ，精度をあまり高くできない。そこで，制御系においては角偏位を電気信号に変換して取り出して利用することが多い。この場合に使われるシンクロをシンクロ制御変圧機といい，回転子が円筒形であること以外は普通のシンクロと同じであり，図 **6.10** のような構成で使われる。

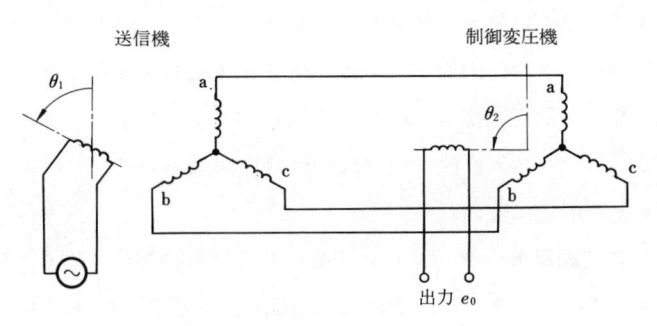

図 **6.10**　シンクロ制御変圧機系

6.7 リニアモータ

回転形の電動機の固定子および回転子をギャップに沿って直線状に展開した形の電動機を**リニアモータ** (linear electromagnetic motor) という。作業が直線運動によって行われる機械的負荷の駆動にリニアモータを用いると，回転運動を直線運動に変換する装置が不要であるので，用途によっては大きな利点がもたらされる。ただし，一般的な用途には回転形電動機の方が経済的である場合が多いので，現在の電動機の主流は回転形電動機である。

リニアモータの動作原理は回転形電動機とほぼ同じであって，その動作原理によってつぎのように分類される。

　　リニア直流モータ（LDM）　(linear d.c. motor)

　　リニア誘導モータ（LIM）　(linear induction motor)

　　リニア同期モータ（LSM）　(linear synchronous motor)

　　リニアパルスモータ（LPM）　(linear pulse motor)

〔1〕**リニア直流モータ**　回転形直流電動機を直線状に展開したものは，ブラシと整流子の保守の問題があるので実用的でない。スピーカのボイスコイルの原理を利用してコイルを運動させるリニア直流モータはボイスコイルモータと呼ばれており，磁気ディスクおよび光ディスクのヘッドの位置決めになどに使われている。また，円筒形コイルの中で永久磁石を運動させる可動磁石形リニア直流モータは可動部分への給電の問題がなく，ストロークがやや長い場合に適している。リニア直流モータは制御特性がよいので，リニアサーボモータとして種々の用途に使われている。

〔2〕**リニア誘導モータ**　リニアモータでは可動部分は短く，静止部分は長い。リニア誘導モータでは一次側（給電側）が可動部分にある場合を短一次形といい，一次側が静止部分にある場合を短二次形という。

短一次形は可動部分に給電する必要があるが，静止部分の構造が簡単で，安価であり，保守も容易であるので，移動距離が長い場合に有利で，大都市の地下鉄の一部で電車の駆動用に使われている。一般には**図 6.11** のように，二次

側（静止部分）はシート状の鋼板に渦電流通路としての銅板を重ねたものが使われているが，二次側の平板状の鉄心にスロットを設けて，かご形巻線に相当する電気回路を納めた構造にする方が特性がよい．なお，短一次形の一次側鉄心の長さは前端と後端でそれぞれ約 0.5 磁極ピッチだけ長くしておくと，高速走行時の有害な過渡現象が軽減されることがわかっている．

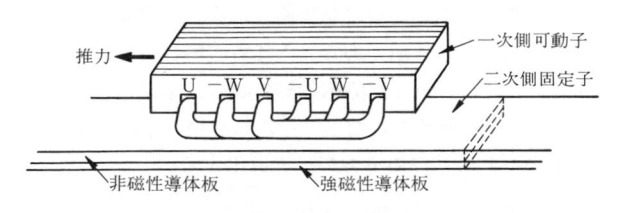

図 6.11 リニア誘導モータ

短二次形はストローク全長にわたって静止電機子コイルを配置する必要があるので設備費は高くなるが，可動部分への給電の問題がないので，工場，駅，病院などの構内の搬送装置，自動倉庫などの移動距離が小さい場合に使われている．

〔3〕 **リニア同期モータ** 可動部分を電機子とし，静止部分を界磁とした形式は移動距離が長い場合は設備費が少なくてすむが，可動部分への給電の問題がある．電機子に非接触給電を行う方式の搬送装置の実用例がある．

可動部分を永久磁石からなる界磁とし，電機子を静止部分とした可動界磁形は，可動部分の移動とともに静止部分の電機子コイルの電流を切り換えて運転する．可動部分への給電の問題がないので，各種の搬送装置に使われている．

可動部分を超伝導電磁石としたリニア同期モータは，可動部への給電を必要としないことから，わが国で超高速電気鉄道への応用が研究され，リニアモータとしての実用性はすでに実験的に確認されている．

〔4〕 **リニアパルスモータ** これはステッピングモータをリニアモータにしたものである．ステッピングモータに対応して，VR形，PM形，ハイブリッド形の各形式がある．工作機械の高精度位置決め，スポット溶接システム，プリンタなどに使われている．

7

交流回転機の解析理論の基礎

　誘導電動機を使用する場合の交流電源の電圧は一般に完全な対称三相電圧ではなく，多少の不平衡があるのが普通である．同期発電機の負荷電流にも多少の不平衡があるのが普通である．それらの場合の解析に必要な対称座標法を説明する．ついで，近年交流電動機の制御にも使われるようになった三相二相変換および dq 変換を説明し，それらを用いて同期機および誘導機の過渡現象解析のための基礎微分方程式を導出する．

7.1 三相対称座標法

7.1.1 誘導機への適用

　対称三相構造の三相誘導電動機の一次電流（フェーザ）を $\dot{I}_a, \dot{I}_b, \dot{I}_c$ とする．これを

$$\left.\begin{aligned}\dot{I}_1 &= \frac{1}{3}(\dot{I}_a + a\dot{I}_b + a^2\dot{I}_c) \\ \dot{I}_2 &= \frac{1}{3}(\dot{I}_a + a^2\dot{I}_b + a\dot{I}_c) \\ \dot{I}_0 &= \frac{1}{3}(\dot{I}_a + \dot{I}_b + \dot{I}_c)\end{aligned}\right\} \tag{7.1}$$

によって新しい変数 $\dot{I}_1, \dot{I}_2, \dot{I}_0$ に変換する．上式から相電流を求めると

$$\left.\begin{aligned}\dot{I}_a &= \dot{I}_1 + \dot{I}_2 + \dot{I}_0 \\ \dot{I}_b &= a^2\dot{I}_1 + a\dot{I}_2 + \dot{I}_0 \\ \dot{I}_c &= a\dot{I}_1 + a^2\dot{I}_2 + \dot{I}_0\end{aligned}\right\} \tag{7.2}$$

となる．ここに

$$a = -\frac{1}{2} + j\frac{\sqrt{3}}{2} (= e^{j2\pi/3}) \tag{7.3}$$

は複素平面上で絶対値が 1 で，偏角が 120° のベクトルで表される．したがって，他の複素ベクトルに a を乗じると，大きさはそのままで，偏角が 120° 増加する．

$$a^2 = -\frac{1}{2} - \mathrm{j}\frac{\sqrt{3}}{2} \tag{7.4}$$

であり，また

$$a^3 = 1, \qquad 1 + a + a^2 = 0 \tag{7.5}$$

の関係がある。

式 (7.2) の右辺を縦方向に眺めると，$\dot{I}_1$ は a 相，b 相，c 相の順（アルファベット順）に位相が 120° ずつ遅れる電流で，対称三相電源で運転する場合に流れる電流と同じ性質の電流である。すなわち，$\dot{I}_1$ は正方向に回転する回転磁界を作る電流成分であり，これを電流の正相分または**正相電流**という。$\dot{I}_2$ は a 相，c 相，b 相の順に位相が 120° ずつ遅れる電流で，逆方向に回転する回転磁界を作る電流成分であり，これを電流の逆相分または**逆相電流**という。$\dot{I}_0$ は三相の巻線に同じ大きさの同じ位相で流れる電流で，それによる合成起磁力は零で，ギャップに磁界を作らない成分である。この成分を**零相電流**という。

この誘導電動機に加わる星形換算の相電圧を $\dot{V}_a, \dot{V}_b, \dot{V}_c$ とする。これを電流の場合と同様に

$$\left.\begin{aligned}\dot{V}_1 &= \frac{1}{3}(\dot{V}_a + a\dot{V}_b + a^2\dot{V}_c) \\ \dot{V}_2 &= \frac{1}{3}(\dot{V}_a + a^2\dot{V}_b + a\dot{V}_c) \\ \dot{V}_0 &= \frac{1}{3}(\dot{V}_a + \dot{V}_b + \dot{V}_c)\end{aligned}\right\} \tag{7.6}$$

によって新しい変数 $\dot{V}_1, \dot{V}_2, \dot{V}_0$ に変換する。上式から相電圧を求めると

$$\left.\begin{aligned}\dot{V}_a &= \dot{V}_1 + \dot{V}_2 + \dot{V}_0 \\ \dot{V}_b &= a^2\dot{V}_1 + a\dot{V}_2 + \dot{V}_0 \\ \dot{V}_c &= a\dot{V}_1 + a^2\dot{V}_2 + \dot{V}_0\end{aligned}\right\} \tag{7.7}$$

となる。

相順 a,b,c の電流は相順 a,b,c の電圧によって流れると考えられるので，$\dot{V}_1$ は正相電流 $\dot{I}_1$ を流す電圧であり，これを**正相電圧**という。同様に $\dot{V}_2$ および $\dot{V}_0$ はそれぞれ $\dot{I}_2$ および $\dot{I}_0$ を流す電流であり，それぞれ**逆相電圧**および**零相**

電圧と呼ばれる。ただし，誘導電動機は通常は中性点を接地しないで運転されるので，その場合は

$$\dot{I}_a + \dot{I}_b + \dot{I}_c \equiv 0, \quad \dot{I}_0 = 0 \tag{7.8}$$

であり，$\dot{V}_0$ および $\dot{I}_0$ を考える必要はない。

$\dot{V}_1$ と $\dot{I}_1$ に関しては電動機は正規の運転状態と同じように動作するので，図 7.1 (a) の等価回路が成り立つ。この等価回路の入力端子から見たインピーダンス (Z_1) を誘導電動機の**正相インピーダンス**という。電動機が正方向回転磁界に対して滑り s で回転しているときは逆方向回転磁界に対しては滑り $2-s$ で回転していることになるので，$\dot{V}_2$ と $\dot{I}_2$ に関しては図 7.1 (b) の等価回路が成り立つ。

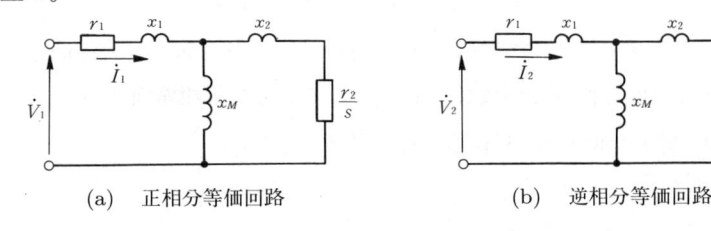

(a) 正相分等価回路　　(b) 逆相分等価回路

図 **7.1**

この等価回路の入力端子から見たインピーダンス (Z_2) を誘導電動機の**逆相インピーダンス**という。以上の関係を式で表せば

$$\left.\begin{array}{l}\dot{V}_1 = \dot{Z}_1 \dot{I}_1 \\ \dot{V}_2 = \dot{Z}_2 \dot{I}_2\end{array}\right\} \tag{7.9}$$

となる。例えば $\dot{V}_1$ および $\dot{V}_2$ が与えられたとき，図 7.1 によって $\dot{I}_1$ および $\dot{I}_2$ を計算し，その結果を式 (7.2) に代入すれば相電流 $\dot{I}_a, \dot{I}_b, \dot{I}_c$ の値が決定される。

Z_2 は Z_1 に比べてかなり小さいので，わずかの逆相電圧によっても比較的大きい逆相電流が流れ，一次電流に大きい不平衡を生じることがある。

なお，式 (7.9) のように正相分に関する方程式と逆相分に対する方程式とが独立になるのは，回転機が対称多相構造である場合に限られるものである。かご

形回転子は等価な対称三相回転子に変換することができるので，かご形三相誘導電動機は対称三相構造であると考えてよい．対称三相構造の誘導電動機について相電圧・相電流に関する電圧方程式を立て，それを対称座標法によって変換すると式 (7.9) が成り立つことが証明される．

式 (7.2) と式 (7.7) から複素電力は

$$\dot{P} = \dot{V}_a{}^* \dot{I}_a + \dot{V}_b{}^* \dot{I}_b + \dot{V}_c{}^* \dot{I}_c = 3(\dot{V}_1{}^* \dot{I}_1 + \dot{V}_2{}^* \dot{I}_2 + \dot{V}_0{}^* \dot{I}_0) \qquad (7.10)$$

となる．ここに，*は複素共役である．電動機の入力はこの式で計算すればよい．上式の右辺の係数 3 は 3 相分を意味している．

逆相電流による回転磁界は逆方向トルクを発生させるので，電動機のトルクは正相分トルクから逆相分トルクを差し引いてつぎのように計算する．

$$T = \frac{3}{\omega_S} \left(I_1'^2 \frac{r_2}{s} - I_2'^2 \frac{r_2}{2-s} \right) \quad [\text{N} \cdot \text{m}] \qquad (7.11)$$

交流電圧計で三相 3 線式の電源電圧を測定した場合，三つの線間電圧の絶対値しか得られない．これから電圧の正相分および逆相分を求めるにはつぎのようにする．

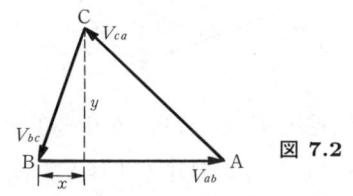

図 7.2

測定した三つの線間電圧 V_{ab}, V_{bc}, V_{ca} を図 7.2 の三角形 ABC の各辺とし，V_{ab} を基準フェーザとする．C から $\overline{\text{AB}}$ に垂線を下ろし，その足を D とする．$\overline{\text{BD}} = x$，$\overline{\text{CD}} = y$ とおく．

$$\left. \begin{array}{l} x^2 + y^2 = V_{bc}{}^2 \\ (V_{ab} - x)^2 + y^2 = V_{ca}{}^2 \end{array} \right\} \qquad (7.12)$$

を解いて x および y を求めれば

$$\dot{V}_{ab} = V_{ab}, \quad \dot{V}_{bc} = -x - \text{j}y, \quad \dot{V}_{ca} = -(V_{ab} - x) + \text{j}y \qquad (7.13)$$

として線間電圧のフェーザが決定される．線間電圧の正相分 $\dot{V}_{l1}$ および逆相分

$\dot{V}_{l2}$ を次式で求める．

$$\left.\begin{array}{l}\dot{V}_{l1} = \dfrac{1}{3}(\dot{V}_{ab} + a\dot{V}_{bc} + a^2\dot{V}_{ca}) \\ \dot{V}_{l2} = \dfrac{1}{3}(\dot{V}_{ab} + a^2\dot{V}_{bc} + a\dot{V}_{ca}) \end{array}\right\} \tag{7.14}$$

なお，線間電圧の三つのフェーザは複素平面上で閉じた三角形を形成するので，その総和は 0 であり，**線間電圧には零相分は存在しない**．式 (7.14) の結果を用いて星形換算の相電圧の正相分および逆相分を次式で求める．

$$\dot{V}_1 = \frac{1}{\sqrt{3}}\dot{V}_{l1}\mathrm{e}^{-\mathrm{j}\pi/6}, \quad \dot{V}_2 = \frac{1}{\sqrt{3}}\dot{V}_{l2}\mathrm{e}^{\mathrm{j}\pi/6}, \tag{7.15}$$

線間電圧の正相分および逆相分は**図 7.3** の作図によって求めることもできる (JEC-2130 による)．

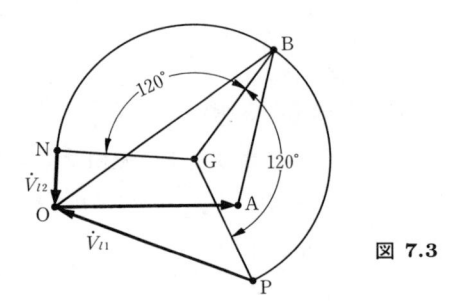

図 7.3

測定した三つの線間電圧 V_{ab}, V_{bc}, V_{ca} を用いて図の三角形 OAB を描く．この三角形の重心 G を中心として $\overline{\mathrm{BG}}$ を半径とする円を描き，その円周上で ∠BGN=∠ BGP =120° となるように点 N，点 P を求めると，$\overline{\mathrm{OP}}$ は線間電圧の正相分を，$\overline{\mathrm{ON}}$ は線間電圧の逆相分を与える．

7.1.2　同期機への適用

三相同期機に対称座標法を適用する場合，電機子の三相電流および三相電圧は前項の誘導機の場合と同じ変換式によって正相分，逆相分および零相分に変換される．それらの逆変換についても同様である．

同期機の電機子に正相電流が流れるときの電機子端子から見た 1 相分の内部インピーダンスを（同期機の）**正相インピーダンス** (Z_1) という．これは同期イ

ンピーダンス (Z_s) に等しい.

　同期機の電機子に逆相電流が流れるときの電機子端子から見た1相分の内部インピーダンスを**逆相インピーダンス** (Z_2) という．これは回転子（界磁）が滑り2で回転しているときに電機子端子から見た1相分の内部インピーダンスであるので，Z_1 に比べてかなり小さい．

　同期機の電機子に零相電流が流れるときの電機子端子から見た1相分の内部インピーダンスを**零相インピーダンス** (Z_0) という．零相電流は主磁束を作らないので，零相インピーダンスは電機子抵抗と零相リアクタンスとの合成インピーダンスで，Z_2 よりもさらに小さい．

　同期発電機の端子電圧は，内部の誘導起電力から内部インピーダンスによる電圧降下を差し引いたものであるが，同期機内部に発生する起電力は正相分起電力 E_1（正規の運転時の無負荷誘導起電力 E_0）だけであって，逆相分起電力および零相分起電力は原理的に発生しないから，非対称運転時の同期発電機の電圧方程式はつぎのようになる．

$$\left.\begin{aligned}\dot{V}_1 &= \dot{E}_1 - \dot{Z}_1 \dot{I}_1 \\ \dot{V}_2 &= -\dot{Z}_2 \dot{I}_2 \\ \dot{V}_0 &= -\dot{Z}_0 \dot{I}_0\end{aligned}\right\} \qquad (7.16)$$

　上式は**対称座標法における交流発電機の基本式**と呼ばれ，送電系統の短絡事故時の電圧・電流の計算などに用いられている．

　式 (7.9) および式 (7.16) に見るように，対称座標法の変数を使うと各対称分（正相分，逆相分，零相分）の方程式がたがいに独立になっており，各対称分電流を容易に計算できることがわかる．ただし，このような独立性は無条件で成り立つものではなく，すでに式 (7.9) について述べたように回転機が対称多相構造のものであることが前提である．三相同期機は電機子は対称三相構造であるが，界磁巻線が単相巻線であることと制動巻線が不完全なかご形巻線であることから界磁側は対称多相構造ではなく，突極形の場合は突極構造も非対称多相構造である．したがって，正弦波発電機以外の一般の同期機に対しては式 (7.16)

は近似的にしか成り立たない。しかし，対称座標法を使わないと，同期機の外部回路の電圧・電流・インピーダンスが非対称な場合の解析がきわめて困難なものになるので，同期機の界磁側の非対称構造を無視して近似的に式 (7.16) を適用している。同期機の電機子に逆相電流が流れると，界磁側には 2 倍周波数の非対称（二相）電流が流れ，その影響で電機子には第 3 調波電流が流れるのであるが，対称座標法ではこのことを無視して取り扱う。

7.2　三相二相変換

三相交流機の電機子巻線を二相巻線に変換すると，変数の数が減って解析が容易になる。図 7.4 (a) の三相固定子巻線を同図 (b) の二相固定子巻線に変換することを考える。ただし，ギャップ磁束およびギャップに作用する起磁力の空間高調波分はすべて無視し，空間基本波分だけを考慮する。以下，回転機は電動機として動作しているものとして取り扱う。変換された電流を含めて，すべての電機子電流 i を $-i$ で置き換えれば発電機に関する理論になる。

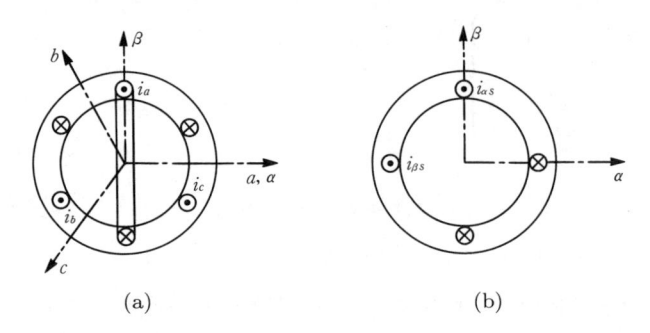

図 7.4　三相巻線から二相巻線への変換

図 (a) において，各相のコイルは a 相を基準にして左回り（数学的正方向）に 120° ずつずれた位置に b 相，c 相の順に配置されている。a, b, c と付記した矢印は各相コイルによって発生した起磁力の中心軸（磁気軸）を示す。図 (a) の各相コイルの巻数を w_3 とし，図 (b) の各相コイルの巻数を w_2 とする。図 (b) における水平方向の起磁力を，図 (a) における水平方向の起磁力の c_f 倍

7.2 三相二相変換

(c_f は任意定数であるが, $c_f = 1$ として説明している本が多い)にするものとすると

$$i_{\alpha s} = c_f \frac{w_3}{w_2}\left(i_a - \frac{1}{2}i_b - \frac{1}{2}i_c\right) \tag{7.17}$$

でなければならない。添え字 s は固定子を意味する。上式右辺の係数 $c_f w_3/w_2$ の値として，伝統的に使われてきた係数 2/3 を使うことにする ($c_f = 1$ ならば $w_2 = 1.5w_3$ であると考えることになる)。図 (a), (b) における垂直方向の起磁力についても同様に考え，かつ，ギャップ磁界に関係がない電流成分として零相電流瞬時値 i_{0s} を追加すれば，つぎの電流変換式が得られる。

$$\left.\begin{aligned} i_{\alpha s} &= \frac{2}{3}\left(i_a - \frac{1}{2}i_b - \frac{1}{2}i_c\right) \\ i_{\beta s} &= \frac{2}{3}\left(\frac{\sqrt{3}}{2}i_b - \frac{\sqrt{3}}{2}i_c\right) \\ i_{0s} &= \frac{1}{3}(i_a + i_b + i_c) \end{aligned}\right\} \tag{7.18}$$

この変換は E.Clarke によって提案されたもので，クラーク変換という。この変換の逆変換は

$$\left.\begin{aligned} i_a &= i_{\alpha s} + i_{0s} \\ i_b &= -\frac{1}{2}i_{\alpha s} + \frac{\sqrt{3}}{2}i_\beta + i_{0s} \\ i_c &= -\frac{1}{2}i_{\alpha s}i_a - \frac{\sqrt{3}}{2}i_\beta + i_{0s} \end{aligned}\right\} \tag{7.19}$$

上式の第 1 式から，零相電流がない場合には αs 相の電流は a 相電流と等しいことがわかる。これは係数 2/3 を使ったことによる特徴の一つである。

対称座標法の場合と同様に，電圧に対しても電流と同じ形式の変換を行うことにする。すなわち

$$\left.\begin{aligned} v_{\alpha s} &= \frac{2}{3}\left(v_a - \frac{1}{2}v_b - \frac{1}{2}v_c\right) \\ v_{\beta s} &= \frac{2}{3}\left(\frac{\sqrt{3}}{2}v_b - \frac{\sqrt{3}}{2}v_c\right) \\ v_{0s} &= \frac{1}{3}(v_a + v_b + v_c) \end{aligned}\right\} \tag{7.20}$$

とする.この変換の逆変換は式 (7.19) の i をすべて v に書き換えることによって得られる.

式 (7.18) と式 (7.20) とから次式が得られる.

$$v_{\alpha s} i_{\alpha s} + v_{\beta s} i_{\beta s} = \frac{2}{3}(v_a i_a + v_b i_b + v_c i_c - 3v_{0s} i_{0s}) \tag{7.21}$$

すなわち,**零相電力を除いた変換前の三相機の 1 相当りの平均の電力は変換後の二相機の 1 相当りの平均の電力に等しい**.これが係数 2/3 を使った変換の基本的な特徴である.したがって,変換後の二相機について計算した入力の 3/2 倍に三相分の零相電力を加えたものが三相機の全入力であり,二相機について計算したトルクの 3/2 倍が三相機のトルクである[†].

図 7.4 (a) の三相機の 1 相の巻線抵抗を r_s,1 相通電時の 1 相の漏れインダクタンスを l_{s1},他の相との間の相互漏れインダクタンスを $-l_m$ ($l_m > 0$) とすると,a 相巻線の電圧方程式は

$$\begin{aligned} v_a &= (r_s + \mathrm{p}l_{s1})i_a - \mathrm{p}l_m(i_b + i_c) + \mathrm{p}\lambda_{ma} \\ &= (r_s + \mathrm{p}l_s)i_a - 3\mathrm{p}l_m i_{0s} + \mathrm{p}\lambda_{ma} \end{aligned} \tag{7.22}$$

となる.ここに,$\mathrm{p} = \mathrm{d}/\mathrm{d}t$ であり

$$l_s = l_{s1} + l_m \tag{7.23}$$

は三相通電時の 1 相の漏れインダクタンスであり,λ_{ma} は主磁束による a 相巻線の磁束鎖交数である.b 相および c 相についても同様に計算すると

$$\left. \begin{aligned} v_a &= (r_s + \mathrm{p}l_s)i_a - 3\mathrm{p}l_m i_{0s} + \mathrm{p}\lambda_{ma} \\ v_b &= (r_s + \mathrm{p}l_s)i_b - 3\mathrm{p}l_m i_{0s} + \mathrm{p}\lambda_{mb} \\ v_c &= (r_s + \mathrm{p}l_s)i_c - 3\mathrm{p}l_m i_{0s} + \mathrm{p}\lambda_{mc} \end{aligned} \right\} \tag{7.24}$$

となる.なお,l の添え字 m は相互 (mutual) を意味し,λ の添え字 m は主磁束 (main flux) を意味する.式 (7.24) を式 (7.20) に代入すると,クラーク変換における電圧方程式として次式が得られる.

[†] 係数 2/3 の代わりに $\sqrt{2/3}$ を使うと零相電力を除いた全電力が不変の変換になる.次節で述べる dq 変換についても同様である.そのような変換を好む人々もいる.

$$\left.\begin{aligned} v_{\alpha s} &= (r_s + \mathrm{p}l_s)i_{\alpha s} + \mathrm{p}\lambda_{m\alpha s} \\ v_{\beta s} &= (r_s + \mathrm{p}l_s)i_{\beta s} + \mathrm{p}\lambda_{m\beta s} \\ v_{0s} &= (r_s + \mathrm{p}l_{0s})i_{0s} \end{aligned}\right\} \tag{7.25}$$

ここに

$$l_{0s} = l_{s1} - 2l_m = l_s - 3l_m \tag{7.26}$$

は固定子巻線の1相の**零相インダクタンス**であり，$\lambda_{m\alpha s}$ および $\lambda_{m\beta s}$ はそれぞれ αs 巻線および βs 巻線の主磁束による磁束鎖交数である．これらの磁束鎖交数は回転子電流によっても変化するので，ここではその内容に立ち入らない．

電動機としての発生動力は，例えばギャップ磁束を回転子とともに回転する直交座標系で表し，その磁束を使って αs 相および βs 相の誘導起電力中の速度起電力を求め，それらの速度起電力に逆らって外部から供給される有効電力として求められる．トルクはその発生動力を回転の角速度で除して得られる．三相機としてのトルクは次式で与えられる．

$$T = \frac{3}{2}(\lambda_{m\alpha s}i_{\beta s} - \lambda_{m\beta s}i_{\alpha s}) = \frac{3}{2}(\lambda_{\alpha s}i_{\beta s} - \lambda_{\beta s}i_{\alpha s}) \tag{7.27}$$

ここに，$\lambda_{\alpha s}$ および $\lambda_{\beta s}$ はそれぞれ αs 相および βs 相の全磁束鎖交数（漏れ磁束による磁束鎖交数をも含んだもの）である．

7.3　二軸理論（dq 変換）

7.3.1　三相巻線の dq 変換

二軸理論（two-axis theory）は，突極形同期発電機の突発短絡時の過渡現象を解析するために，1929 年に R.H.Park によって，ブロンデルの二反作用理論の拡張として発表された解析法であり，その後同期機の非定常運転の解析に広く用いられるとともに，誘導電動機の過渡現象解析にも用いられてきた．

二軸理論では，同期機の界磁の磁束分布の中心軸を**直軸**（d 軸）（direct axis）と呼び，直軸と電気角で 90° の方向に考えた軸を**横軸**（q 軸）（quadrature axis）と呼ぶ．パークの提案した二軸理論は，図 **7.5** (a) の三相固定子巻線を図 (b) における回転子と同じ速度で回転する仮想的な二相巻線（d 軸および q 軸上の

巻線）に変換して解析する方法である．図 (a) はパークが用いた記述方法を示す．回転の正方向は反時計回りとし，a 相，b 相，c 相の巻線の磁気軸の順序を反時計回りにとり，q 軸は d 軸よりも 90° 反時計方向に進んだ方向に取っている[†]．

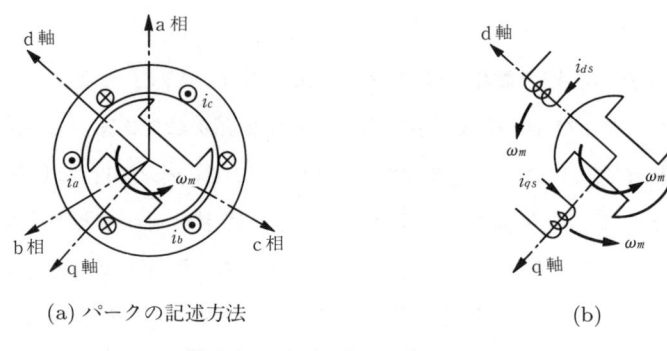

図 7.5　d q 変 換

(a) パークの記述方法　　　　(b)

7.2 節のクラーク変換の場合と同様に，図 (a) の各相巻線の巻数を w_3 とし，図 (b) の各軸上の巻線の巻数を w_2 とする．ただし，クラーク変換の場合と同様に，ギャップ磁束およびギャップに作用する起磁力の空間高調波分はすべて無視し，空間基本波分だけを考慮する．図 (b) における d 軸方向の起磁力を，図 (a) における d 軸方向の起磁力の c_f 倍（c_f は任意定数）にするものとすると

$$i_{ds} = c_f \frac{w_3}{w_2} \{i_a \cos\theta + i_b \cos(120° - \theta) + i_c \cos(240° - \theta)\} \quad (7.28)$$

となる．ここで，上式右辺の係数 $c_f w_3/w_2$ の値をパークに従って 2/3 に取ることにし，q 軸についても同様に考え，さらに零相電流瞬時値 i_{0s} の式を追加すれば，つぎの電流変換式が得られる．

[†] IEC 34-10(1975) "Conventions for description of synchronous machines" では q 軸の正方向をパークと反対方向に定めてきたが，この規格は 2004 年 2 月で廃止されることになったので，今後はパークの記述方法を使うことが望ましいと考える．

$$\left.\begin{aligned} i_{ds} &= \frac{2}{3}\{i_a\cos\theta + i_b\cos(\theta-120°) + i_c\cos(\theta-240°)\} \\ i_{qs} &= \frac{2}{3}\{-i_a\sin\theta - i_b\sin(\theta-120°) - i_c\sin(\theta-240°)\} \\ i_{0s} &= \frac{1}{3}(i_a + i_b + i_c) \end{aligned}\right\} \quad (7.29)$$

この変換を dq0 変換または dq 変換という。この変換の逆変換は次式で与えられる。

$$\left.\begin{aligned} i_a &= (i_{ds}\cos\theta - i_{qs}\sin\theta + i_{0s}) \\ i_b &= \{i_{ds}\cos(\theta-120°) - i_{qs}\sin(\theta-120°) + i_{0s}\} \\ i_c &= \{i_{ds}\cos(\theta-240°) - i_{qs}\sin(\theta-240°) + i_{0s}\} \end{aligned}\right\} \quad (7.30)$$

固定子電圧に対しても同じ形式の変換を行う。したがって

$$\left.\begin{aligned} v_{ds} &= \frac{2}{3}\{v_a\cos\theta + v_b\cos(\theta-120°) + v_c\cos(\theta-240°)\} \\ v_{qs} &= \frac{2}{3}\{-v_a\sin\theta - v_b\sin(\theta-120°) - v_c\sin(\theta-240°)\} \\ v_{0s} &= \frac{1}{3}(v_a + v_b + v_c) \end{aligned}\right\} \quad (7.31)$$

回転機が電動機として動作しているものとし，式 (7.24) を上式に代入して計算すると，dq 成分に関する電圧方程式として次式が得られる。

$$\left.\begin{aligned} v_{ds} &= r_s i_{ds} + \mathrm{p}\lambda_{ds} - \omega_m\lambda_{qs} \\ v_{qs} &= r_s i_{qs} + \mathrm{p}\lambda_{qs} + \omega_m\lambda_{ds} \\ v_{0s} &= (r_s + \mathrm{p}l_{0s})i_{0s} \end{aligned}\right\} \quad (7.32)$$

ここに，ω_m は回転子の角速度であり，零相インダクタンス l_{0s} は式 (7.26) によって定義されたものであり

$$\left.\begin{aligned} \lambda_{ds} &= l_s i_{ds} + \lambda_{mds} \\ \lambda_{qs} &= l_s i_{qs} + \lambda_{mqs} \end{aligned}\right\} \quad (7.33)$$

はそれぞれ ds 巻線および qs 巻線の全磁束鎖交数であり

$$\left.\begin{aligned}\lambda_{mds} &= \frac{2}{3}\{\lambda_{ma}\cos\theta + \lambda_{mb}\cos(\theta-120°)\\ &\quad +\lambda_{mc}\cos(\theta-240°)\}\\ \lambda_{mqs} &= -\frac{2}{3}\{\lambda_{ma}\sin\theta + \lambda_{mb}\sin(\theta-120°)\\ &\quad +\lambda_{mc}\sin(\theta-240°)\}\end{aligned}\right\} \quad (7.34)$$

はそれぞれ ds 巻線および qs 巻線の主磁束による磁束鎖交数である。

この変換においては 7.2 節における三相二相変換と同様に，零相電力を除いた変換前の三相巻線の 1 相当りの平均の電力は変換後の二相巻線の 1 相当りの平均の電力に等しい。

トルクは速度起電力（電圧方程式において回転角速度 ω_m に比例する項）に逆らって外部から供給される有効電力を回転の角速度で除して得られ，二軸理論における三相機としてのトルクは次式で与えられる。

$$T = \frac{3}{2}(\lambda_{ds}i_{qs} - \lambda_{qs}i_{ds}) \quad (7.35)$$

7.3.2　同期発電機の基礎微分方程式

同期発電機の場合には式 (7.32) はつぎのようになる。

$$\left.\begin{aligned}v_{ds} &= -r_s i_{ds} + \mathrm{p}\lambda_{ds} - \omega_m \lambda_{qs}\\ v_{qs} &= -r_s i_{qs} + \mathrm{p}\lambda_{qs} + \omega_m \lambda_{ds}\\ v_{0s} &= -(r_s + \mathrm{p}l_{0s})i_{0s}\end{aligned}\right\} \quad (7.36)$$

界磁巻線（添え字 ff で表す）の電圧方程式は

$$v_{ff} = r_{ff}i_{ff} + \mathrm{p}\lambda_{ff} \quad (7.37)$$

で表され，制動巻線は近似的に各 1 個の直軸分制動巻線（添え字 hh で表す）と横軸分制動巻線（添え字 kk で表す）で表せるものとすると，それらの電圧方程式は

$$0 = r_{hh}i_{hh} + \mathrm{p}\lambda_{hh} \quad (7.38)$$

$$0 = r_{kk}i_{kk} + \mathrm{p}\lambda_{kk} \quad (7.39)$$

となる．ここに，λ_{ff} 等は各巻線の漏れ磁束と空間基本波分磁束に関する全磁束鎖交数である．

同期機の過渡現象等の解析は，一般に図 7.6 のような dq 軸等価回路を基礎として行われる．dq 軸電機子巻線側に換算した界磁側諸量を $v_f, i_f, r_f, r_h, \lambda_f, \cdots$ で表すことにすると，以上の界磁側の各式は

$$v_f = r_f i_f + \mathrm{p}\lambda_f \tag{7.37'}$$

$$0 = r_h i_h + \mathrm{p}\lambda_h \tag{7.38'}$$

$$0 = r_k i_k + \mathrm{p}\lambda_k \tag{7.39'}$$

となる．

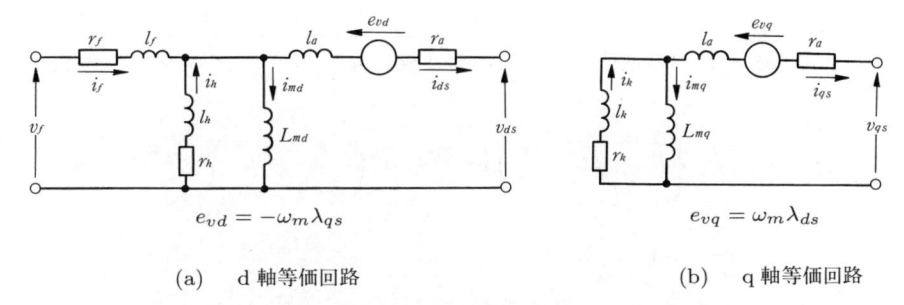

(a) d 軸等価回路　　　　(b) q 軸等価回路

図 7.6 同期発電機の dq 軸等価回路（e_{vd} および e_{vq} は速度起電力）

各巻線の全磁束鎖交数を図 7.6 の等価回路の定数を使って表すと

$$\left.\begin{aligned}
\lambda_{ds} &= -L_d i_{ds} + L_{md} i_f + L_{md} i_h \\
\lambda_{qs} &= -L_q i_{qs} + L_{mq} i_k \\
\lambda_f &= L_f i_f - L_{md} i_{ds} + L_{md} i_h \\
\lambda_h &= L_h i_h - L_{md} i_{ds} + L_{md} i_f \\
\lambda_k &= L_k i_k - L_{mq} i_{qs}
\end{aligned}\right\} \tag{7.40}$$

となる．ただし，$L_d = l_a + L_{md}, L_q = l_a + L_{mq}, L_f = l_f + L_{md}, \cdots$ である．

回転速度が一定の場合の同期発電機の電気的過渡現象は以上の連立微分方程式をラプラス変換で解いて解析する．回転速度が時間の未知関数の場合は非線形微分方程式になるので，運動方程式

$$T_D = J\frac{\mathrm{d}\omega_m}{\mathrm{d}t} + \frac{3}{2}(\lambda_{ds}i_{qs} - \lambda_{qs}i_{ds}) \tag{7.41}$$

と組み合わせて数値的に解く.ここに,T_D は原動機トルク,J は回転部分の全慣性モーメントである.

7.3.3 同期発電機の突発三相短絡電流

三相同期発電機が無負荷で一定速度で運転し,その a 相端子電圧が

$$v_a = \sqrt{2}E_o\cos(\omega t + \alpha) \tag{7.42}$$

で表されるものとする.$t=0$ において三相短絡が起こったときの a 相短絡電流は前項の基礎微分方程式において $v_{ds} = v_{qs} = 0$ とし,$t=0$ において $i_{ds} = i_{qs} = i_h = i_k = 0$ の初期条件のもとで解くことによって求められる.ラプラス変換と若干の近似を使ってかなり長い計算を行うとつぎの結果が得られる.

$$\begin{aligned}
i_a &= \sqrt{2}E_o\left\{\left(\frac{1}{X_d''} - \frac{1}{X_d'}\right)\mathrm{e}^{-t/T_d''} + \left(\frac{1}{X_d'} - \frac{1}{X_d}\right)\mathrm{e}^{-t/T_d'}\right.\\
&\quad \left. + \frac{1}{X_d}\right\}\sin(\omega t + \alpha)\\
&\quad - \sqrt{2}E_o\frac{1}{2}\left(\frac{1}{X_d''} + \frac{1}{X_q''}\right)\mathrm{e}^{-t/T_a}\sin\alpha\\
&\quad - \sqrt{2}E_o\frac{1}{2}\left(\frac{1}{X_d''} - \frac{1}{X_q''}\right)\mathrm{e}^{-t/T_a}\sin(2\omega t + \alpha)
\end{aligned} \tag{7.43}$$

上式右辺の第 1 項は基本波交流分,第 2 項は直流分(非振動分),第 3 項は第 2 調波交流分と呼ばれる.一般に第 3 項の振幅はかなり小さい.

b 相および c 相の電流は上式の α を $\alpha - 2\pi/3$,$\alpha - 4\pi/3$ で置き換えることによって得られる.

上式中の各リアクタンスと時定数の名称と定義式はつぎのとおりである.

直軸初期過渡リアクタンス $\quad X_d'' = \omega\left(l_a + \dfrac{L_{md}l_h l_f}{L_{md}l_h + l_h l_f + l_f L_{md}}\right)$

$$\tag{7.44}$$

直軸過渡リアクタンス　$X_d' = \omega\left(l_a + \dfrac{L_{md}\,l_f}{L_{md}+l_f}\right)$ (7.45)

直軸同期リアクタンス　$X_d = \omega(l_a + L_{md})$ (7.46)

横軸初期過渡リアクタンス　$X_q'' = \omega\left(l_a + \dfrac{L_{mq}\,l_k}{L_{mq}+l_k}\right)$ (7.47)

直軸短絡初期過渡時定数　$T_d'' = \dfrac{1}{r_h}\left(l_h + \dfrac{L_{md}\,l_a}{L_{md}+l_a}\right)$ (7.48)

直軸短絡過渡時定数　$T_d' = \dfrac{1}{r_f}\left(l_f + \dfrac{L_{md}\,l_a}{L_{md}+l_a}\right)$ (7.49)

電機子時定数　$T_a = \dfrac{1}{\omega r_a}\dfrac{2X_d''X_q''}{X_d''+X_q''} = \dfrac{X_N/\omega}{r_a}$ (7.50)

最後の式中の X_N は逆相リアクタンス,$r_a(=r_s)$ は電機子巻線抵抗である.

7.3.4　二相巻線の dq 変換

つぎに二相巻線の二軸理論による変換を説明する.図 **7.7** (a) の二相回転子巻線を d 軸および q 軸方向に起磁力を発生する仮想的な二相巻線に変換するものとする.このような仮想巻線は図 (b) に示す二組のブラシを持った整流子巻線に近いものである.

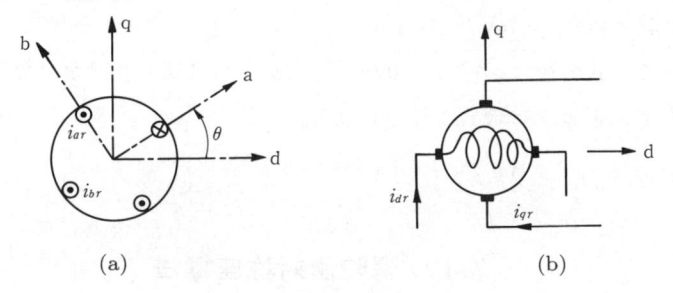

図 **7.7**　二相巻線の dq 変換

今回の変換は二相巻線から二相巻線への変換であるから,図 (a) と図 (b) において d 軸方向と q 軸方向のギャップ起磁力が不変であるという条件 ($c_f = 1$) のもとに変換する.この条件を式に表すと

294   7. 交流回転機の解析理論の基礎

$$\left.\begin{array}{l}i_{dr} = i_{ar}\cos\theta - i_{br}\sin\theta \\ i_{qr} = i_{ar}\sin\theta + i_{br}\cos\theta\end{array}\right\} \quad (7.51)$$

となる。この変換の逆変換はつぎのようになる。

$$\left.\begin{array}{l}i_{ar} = i_{dr}\cos\theta + i_{qr}\sin\theta \\ i_{br} = -i_{dr}\sin\theta + i_{qr}\cos\theta\end{array}\right\} \quad (7.52)$$

端子電圧の変換を電流の変換と同じ形式で行うことにすれば

$$\left.\begin{array}{l}v_{dr} = v_{ar}\cos\theta - v_{br}\sin\theta \\ v_{qr} = v_{ar}\sin\theta + v_{br}\cos\theta\end{array}\right\} \quad (7.53)$$

となる。式 (7.51) と式 (7.53) から電力を計算すると

$$v_{dr}i_{dr} + v_{qr}i_{qr} = v_{ar}i_{ar} + v_{br}i_{br} \quad (7.54)$$

となるので、この変換は二相分の**全電力が不変の変換**である。

図 (a) の二相巻線の電圧方程式を

$$\left.\begin{array}{l}v_{ar} = (r_r + \mathrm{p}l_r)i_{ar} + \mathrm{p}\lambda_{mar} = r_r i_{ar} + \mathrm{p}\lambda_{ar} \\ v_{br} = (r_r + \mathrm{p}l_r)i_{br} + \mathrm{p}\lambda_{mbr} = r_r i_{br} + \mathrm{p}\lambda_{br}\end{array}\right\} \quad (7.55)$$

とすれば、図 (b) の二相巻線の電圧方程式は

$$\left.\begin{array}{l}v_{dr} = r_r i_{dr} + \mathrm{p}\lambda_{dr} + \omega_m \lambda_{qr} \\ v_{qr} = r_r i_{qr} + \mathrm{p}\lambda_{qr} - \omega_m \lambda_{dr}\end{array}\right\} \quad (7.56)$$

となり、この式の速度起電力の項から発生動力およびトルクを計算できる。二相機としてのトルクは次式で与えられる。

$$T = \lambda_{qr} i_{dr} - \lambda_{dr} i_{qr} \quad (7.57)$$

7.4　瞬時値対称座標法

7.4.1　変数変換式と誘導電動機の基礎微分方程式

三相固定子電流の瞬時値（実数であって、複素数ではない）i_a, i_b, i_c に対してつぎのように対称座標法と形式的に同じ変換を行う。

$$\left.\begin{array}{l}i_{sp} = \dfrac{1}{3}(i_a + a i_b + a^2 i_c) \\[4pt] i_{sn} = \dfrac{1}{3}(i_a + a^2 i_b + a i_c) \\[4pt] i_{0s} = \dfrac{1}{3}(i_a + i_b + i_c) \\[4pt] a = -\dfrac{1}{2} + \mathrm{j}\dfrac{\sqrt{3}}{2}\end{array}\right\} \tag{7.58}$$

ここに,添え字 s は固定子を意味し,添え字 p は瞬時値正相分を意味する。i_{0s} は対称座標法における零相電流の瞬時値である。

電圧についても同じ変換を行う。

このような変数を用いて回転機の解析を行う方法を瞬時値対称座標法という。この方法は対称三相構造の回転機に適用すると微分方程式が簡単になるので,主として誘導電動機の過渡現象の解析に用いられてきた。

この変換には

$$i_{sn}{}^{*} \equiv i_{sp}$$

の性質があるので,解析は i_{sp} についてだけ行えばよい。

以下に三相誘導機の基礎微分方程式の導出を行う。

i_{sp} の式に a の数値を代入し,式 (7.18) を参照すれば

$$i_{sp} = \dfrac{1}{3}\left\{ i_a + \left(-\dfrac{1}{2} + \mathrm{j}\dfrac{\sqrt{3}}{2}\right) i_b + \left(-\dfrac{1}{2} - \mathrm{j}\dfrac{\sqrt{3}}{2}\right) i_c \right\}$$

$$= \dfrac{1}{2}(i_{\alpha s} + \mathrm{j} i_{\beta s}) \tag{7.59}$$

となる。電圧の瞬時値正相分 v_{sp} についても同様に計算し,式 (7.20) を参照すれば

$$v_{sp} = \dfrac{1}{2}(v_{\alpha s} + \mathrm{j} v_{\beta s}) \tag{7.60}$$

が得られる。$v_{\alpha s}$ および $v_{\beta s}$ は式 (7.25) から

$$\left.\begin{array}{l} v_{\alpha s} = r_s i_{\alpha s} + \mathrm{p}\lambda_{\alpha s} \\[4pt] v_{\beta s} = r_s i_{\beta s} + \mathrm{p}\lambda_{\beta s} \end{array}\right\} \tag{7.61}$$

であるが,これらの式中の磁束鎖交数を電流の関数として表現するためには,回

転子電流についての考察が必要である。

回転子巻線は三相巻線またはかご形巻線であるものとし，その巻線を回転子とともに回転する二相巻線に変換したものとする。この二相巻線に dq 変換を行って αs 方向および βs 方向に起磁力を発生する仮想的な二相回転子巻線に変換し，その電流を $i_{\alpha r}$ および $i_{\beta r}$ とする。この仮想的な二相回転子巻線の電圧方程式は式 (7.56) において添え字 d を α に，q を β にそれぞれ置き換えて得られ

$$\left.\begin{array}{l} v_{\alpha r} = r_r i_{\alpha r} + \mathrm{p}\lambda_{\alpha r} + \omega_m \lambda_{\beta r} \\ v_{\beta r} = r_r i_{\beta r} + \mathrm{p}\lambda_{\beta r} - \omega_m \lambda_{\alpha r} \end{array}\right\} \quad (7.62)$$

となる。

固定子漏れインダクタンスを l_s，励磁インダクタンスを L_m，固定子側に換算した回転子漏れインダクタンスを l_r とし

$$L_s = l_s + L_m$$

$$L_r = l_r + L_m$$

とおくと各磁束鎖交数は次式で与えられる。

$$\left.\begin{array}{l} \lambda_{\alpha s} = L_s i_{\alpha s} + L_m i_{\alpha r} \\ \lambda_{\beta s} = L_s i_{\beta s} + L_m i_{\beta r} \end{array}\right\} \quad (7.63)$$

$$\left.\begin{array}{l} \lambda_{\alpha r} = L_r i_{\alpha r} + L_m i_{\alpha s} \\ \lambda_{\beta r} = L_r i_{\beta r} + L_m i_{\beta s} \end{array}\right\} \quad (7.64)$$

変換された仮想二相巻線の電圧および電流の瞬時値正相分は

$$\left.\begin{array}{l} v_{rp} = \dfrac{1}{2}(v_{\alpha r} + \mathrm{j}\, v_{\beta r}) \\ i_{rp} = \dfrac{1}{2}(i_{\alpha r} + \mathrm{j}\, i_{\beta r}) \end{array}\right\} \quad (7.65)$$

で定義される。

以上の各式から磁束鎖交数および電圧・電流の $\alpha\beta$ 成分を消去して v_{sp} および v_{rp} を求めれば

$$\left.\begin{array}{l} v_{sp} = (r_s + \mathrm{p}L_s)i_{sp} + \mathrm{p}L_m i_{rp} \\ v_{rp} = (\mathrm{p} - \mathrm{j}\omega_m)L_m i_{sp} + \{r_r + (\mathrm{p} - \mathrm{j}\omega_m)L_r\}i_{rp} \end{array}\right\} \quad (7.66)$$

が得られる。これが瞬時値対称座標法における誘導電動機の基礎微分方程式である。電圧を与えて電流を求める問題の場合,未知変数は i_{sp} と i_{rp} の2個だけなので,比較的容易に解析できる。

7.4.2 誘導電動機の始動時の過渡電流

停止している三相誘導電動機に,星形接続換算の相電圧

$$\left.\begin{array}{l} v_a = \sqrt{2}V_1 \cos(\omega t + \xi) \\ v_b = \sqrt{2}V_1 \cos(\omega t + \xi - 2\pi/3) \\ v_c = \sqrt{2}V_1 \cos(\omega t + \xi - 4\pi/3) \end{array}\right\} \quad (7.67)$$

を加えたときの過渡電流を調べよう。

式 (7.66) に $\omega_m = 0$,$v_{rp} = 0$ を代入して整理すると

$$\left.\begin{array}{l} v_{1p} = (r_1 + \mathrm{p}l_1)i_{1p} + \mathrm{p}L_m(i_{1p} + i_{2p}) \\ 0 = (r_2 + \mathrm{p}l_2)i_{2p} + \mathrm{p}L_m(i_{1p} + i_{2p}) \end{array}\right\} \quad (7.68)$$

となる。ただし,r, l, v, i の添え字は s を 1 に,r を 2 に変更した。上式で L_m を含む項を消去したあとで,励磁電流が十分小さいものとして $i_{2p} = -i_{1p}$ と置く(これは L_m を ∞ としたことに相当する)と

$$v_{1p} = (V_1/\sqrt{2})\mathrm{e}^{-\mathrm{j}(\omega t+\xi)} = \{(r_1 + r_2) + \mathrm{p}(l_1 + l_2)\}i_{1p} \quad (7.69)$$

この微分方程式を $t = 0$ で $i_{1p} = 0$ の初期条件のもとで解き,i_{1p} を a 相電流に変換すると

$$\begin{aligned} i_a &= i_{1p} + i_{1n} = 2\mathrm{Re}(i_{1p}) \\ &= \frac{\sqrt{2}V_1}{\sqrt{R^2 + X^2}} \left\{ \cos(\omega t + \xi - \varphi) - \mathrm{e}^{-t/T_s} \cos(\xi - \varphi) \right\} \end{aligned} \quad (7.70)$$

となる。ここに

$$R = r_1 + r_2, \quad X = \omega(l_1 + l_2), \quad \varphi = \tan^{-1}(X/R), \quad T_s = (l_1 + l_2)/R$$

である。式 (7.70) 右辺の { } 内の第 1 項は全電圧始動電流(定常値)を与え,第

2 項は過渡電流を与える。b，c 相の電流は式 (7.70) の ξ を $\xi - 2\pi/3$, $\xi - 4\pi/3$ で置き換えて得られる。一般に $\xi - \varphi$, $\xi - \varphi - 2\pi/3$, $\xi - \varphi - 4\pi/3$ のいずれかが 0 または $\pm\pi$ に近い値になるので，始動電流のピーク値は全電圧始動電流（定常値）のピーク値のおよそ 2 倍になる。

7.5 空間ベクトル法

近年，誘導電動機の過渡現象の解析に**空間ベクトル法**がしばしば用いられるようになった。空間ベクトル法では瞬時値対称座標法の正相分の大きさを 2 倍にした変数を使う。すなわち，三相固定子電流の瞬時値が i_a, i_b, i_c であるとき

$$\mathbf{i}_s = \frac{2}{3}(i_a + ai_b + a^2 i_c) \tag{7.71}$$

を変数として使用し，これを電流の空間ベクトルという。図 **7.8** のように回転機の回転子軸に垂直な複素平面をとり，a 相の磁気軸を実軸に一致させたとき，各相の巻数を 1 と見なすと，各相電流 i_a, i_b, i_c による起磁力はそれぞれ図中に示したベクトル i_a, ai_b, $a^2 i_c$ で表され，それらの合成起磁力は上式右辺の $i_a + ai_b + a^2 i_c$ で表されることになる。添え字 s は固定子を意味する。上式の係数 2/3 はパークおよびクラークにならったものと考えられる。

電圧については

$$\mathbf{v}_s = \frac{2}{3}(v_a + av_b + a^2 v_c) \tag{7.72}$$

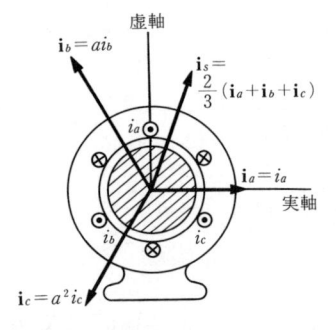

図 **7.8** 電流の空間ベクトル

とし，これを電圧の空間ベクトルと呼ぶ．

このように変数を複素平面内のベクトルとしたことによる利点は，回転座標変換が簡単に行えることである．**図 7.9** において $\mathbf{i}_s$ を固定子電流による合成空間ベクトルとする．これを静止座標系で表現すれば

$$\mathbf{i}_s = i_s \mathrm{e}^{\mathrm{j}\alpha} \tag{7.73}$$

となる．ただし，i_s はこのベクトルの絶対値である．

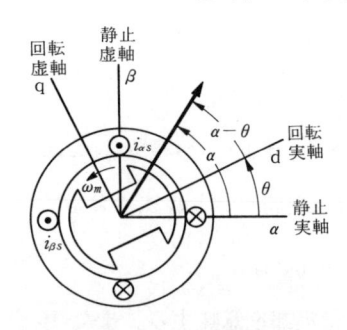

図 7.9 回転座標変換

この電流ベクトルを静止座標系に対して角速度 ω_m で反時計方向に回転している回転座標系（dq 軸による座標系）で表現したものを $\mathbf{i}_s{}^r$ と書くことにすると図から明らかなように

$$\mathbf{i}_s{}^r = i_s \mathrm{e}^{\mathrm{j}(\alpha-\theta)} = \mathbf{i}_s \mathrm{e}^{-\mathrm{j}\theta} \tag{7.74}$$

となる．ここに

$$\theta = \omega_m t + \theta_0 \tag{7.75}$$

である．すなわち，静止座標系から回転子とともに回転する座標系への変数変換（dq 変換）はもとの変数に $\mathrm{e}^{-\mathrm{j}\theta}$ を乗じるだけですむ．

逆に，回転子に固定された座標系で表現した電流ベクトルを $\mathbf{i}_r$ とするとき，これを静止座標系における変数に変換したものを $\mathbf{i}_r{}^s$ と書くことにすれば

$$\mathbf{i}_r{}^s = \mathbf{i}_r \mathrm{e}^{\mathrm{j}\theta} \tag{7.76}$$

となる．

このような変換を使って三相誘導電動機の基礎微分方程式を容易に導出できるが，その結果は変数の記号が異なる点以外は式 (7.66) と同じになる。

空間ベクトル法における電力およびトルクの式は，クラーク変換を利用してつぎのように導出される。

式 (7.18) を参照すれば

$$\mathbf{i}_s = i_{\alpha s} + \mathrm{j} i_{\beta s} \tag{7.77}$$

であり，その他の変数についても同様である。

$$\begin{aligned}\mathbf{v}_s{}^*\mathbf{i}_s &= (v_{\alpha s} - \mathrm{j} v_{\beta s})(i_{\alpha s} + \mathrm{j} i_{\beta s}) \\ &= v_{\alpha s} i_{\alpha s} + v_{\beta s} i_{\beta s} + \mathrm{j}(v_{\alpha s} i_{\beta s} - v_{\beta s} i_{\alpha s})\end{aligned} \tag{7.78}$$

であるから，三相機の電力は空間ベクトル法においては

$$p_e = \frac{3}{2}\mathrm{Re}(\mathbf{v}_s{}^*\mathbf{i}_s) + 3v_{0s}i_{0s} \tag{7.79}$$

によって計算できる。Re は実部を意味する。また

$$\lambda_s{}^*\mathbf{i}_s = \lambda_{\alpha s} i_{\alpha s} + \lambda_{\beta s} i_{\beta s} + \mathrm{j}(\lambda_{\alpha s} i_{\beta s} - \lambda_{\beta s} i_{\alpha s}) \tag{7.80}$$

であるから，三相機のトルクは次式で計算できる。Im は虚部を意味する。

$$T = \frac{3}{2}\mathrm{Im}(\lambda_s{}^*\mathbf{i}_s) \tag{7.81}$$

章末問題の答

1章
(1)　14.0 N·m

2章
(7)　160 V, 32 kW
(8)　804 min^{-1}
(9)　5.17 kW

3章
(3)　巻数比　$a = 28.25$
(4)　0.207 A
(5)　2.79 %
(6)　6 797 V
(7)　$q_r = 0.417\%$, $q_x = 6.89\%$, $\epsilon = 4.47\%$
(8)　15 kVA
(9)　3 270 kVA
(11)　50.7 A
(12)　主座変圧器：巻数比 16.5, 電流 7 A, 容量 23.1 kVA,
　　　T 座変圧器：巻数比 14.3, 電流 7 A, 容量 20 kVA
(13)　20 kVA
(14)　97.15 %
(15)　(1) 鉄損 66.7 W, 銅損 267 W, (2) 4 kW, (3) 96.8 %
(16)　$\dot{I}_c = \dfrac{w_s}{w_c + w_s}\dot{I}_l - \dfrac{w_c}{w_c + w_s}\dot{I}_0$

4章
(1)　拘束試験の等価リアクタンスを X_s とし, $x_1 = X_s/2$ と仮定すると
　　　$r_1 = 1.376\ \Omega$, $x_1 = 1.65\ \Omega$
　　　$r_2 = 1.472\ \Omega$, $x_2 = 1.678\ \Omega$
　　　$r_M = 3.26\ \Omega$, $x_M = 38.3\ \Omega$
(2)　98 kW
(3)　84.6 %
(4)　二次入力 97.0 kW, 出力 93.8 kW
(5)　1 281 r/min
(7)　0.96 Ω

(8) 101.4 A
(9) 107.6 kgm

5章

(3) 2676 V
(4) 短絡比 1.247, 同期リアクタンス 5.77 Ω
(5) 753 A
(6) $\delta = \tan^{-1} \dfrac{X_s I \cos\varphi}{V/\sqrt{3} + X_s I \sin\varphi}$
(8) 短絡比 1.29, 同期リアクタンス 0.834 Ω
(9) 64 %, 96 %
(10) 1260 kW
(12) 電圧が 70 % に下がると負荷角は 30° から 45°35′ に変わる。電圧が 50 % に下がると脱調する。

索　　引

〔ア〕

油入変圧器　　　　　　　　83

〔イ〕

一次周波数制御　　　　　　169
一次抵抗始動　　　　　　　166
一次電圧制御　　　　　　　169
一次巻線
　　変圧器の―　　　　　　73
　　誘導機の―　　　　　　137
一般用インバータ　　　　　173
一般用電動機　　　　　　　162
イルグナ方式　　　　　59, 62
インピーダンス電圧（変
　　圧器の）　　　　　　　98

〔ウ〕

運動方程式（同期機の）　　255

〔エ〕

エンコーダ
　　光学式―　　　　　　　273
　　磁気ドラム形―　　　　273
エンジン発電機　　　　　　220
円筒界磁形同期機　　　　　215

〔オ〕

温度試験　　　　　　　　　67
温度上昇限度　　　　　　　27

〔カ〕

界磁　　　　　　　　　　9, 10

―極　　　　　　　　　　　12
―コイル　　　　　　　　　11
―鉄心　　　　　　　　　　11
―巻線　　　　　　　　　　10
界磁制御　　　　　　　　　58
界磁電流算定法　　　　　　244
回生制動
　　直流機の―　　　　　　65
　　誘導機の―　　　　　　168
外鉄形　　　　　　　　　　80
回転機　　　　　　　　　　3
回転子　　　　　　　　　　9
回転磁界　　　　　　　　　133
回転磁化ヒステリシス損　　25
外部特性曲線
　　直流機の―　　　　　　41
　　同期機の―　　　　　　236
開放スロット　　　　　　　14
かご形誘導電動機　　　　　144
かさ形発電機　　　　　　　219
重ね巻　　　　　　　　　　21
ガス入変圧器　　　　　　　84
可変速発電電動機　　　　　180
簡易等価回路
　　変圧器の―　　　　　　92
　　誘導機の―　　　　　　154
乾式変圧器　　　　　　　　84
環状巻　　　　　　　　　　32

〔キ〕

機械損　　　　　　　　　　24
機械損の決定
　　直流機の―　　　　　　66
　　誘導機の―　　　　　　158
機械的中性軸　　　　　　　37
基準値（単位法の）　　　　238
基準巻線温度
　　回転機の―　　　　　　158

変圧器の―　　　　　　　　104
起磁力法　　　　　　　　　244
基礎微分方程式
　　同期発電機の―　　　　290
　　誘導電動機の―　　　　297
起電力法　　　　　　　　　244
逆回転法　　　　　　　　　190
規約効率　　　　　　　　　26
逆相インピーダンス
　　同期機の―　　　　　　283
　　誘導機の―　　　　　　280
逆相電流　　　　　　　　　279
逆相電流（単相誘導
　　電動機の）　　　　　　203
逆転
　　直流機の―　　　　　　63
　　誘導機の―　　　　　　167
逆転制動
　　直流機の―　　　　　　64
　　誘導機の―　　　　　　167
ギャップ　　　　　　　　　9
極数切換電動機　　　　　　169
許容最高温度　　　　　　　26

〔ク〕

空間ベクトル法　　　　　　298
くさび　　　　　　　　　　15
鎖巻　　　　　　　　　21, 23
くま取リコイル形
　　誘導電動機　　　　　　201
クラーク変換　　　　　　　285
クレーマ方式　　　　　　　171

〔ケ〕

計器用変圧器　　　　　　　123
計器用変成器　　　　　　　122
けい素鋼板　　　　　　　　16

継鉄	11	
減磁作用	228	

〔コ〕

コイル端	14	
——漏れリアクタンス	147	
コイル辺	14	
交差磁化作用		
直流機の——	37	
同期機の——	228	
拘束試験	159	
高調波漏れリアクタンス	148	
効率	25	
規約——	25	
実測——	25	
鼓状巻	21, 32	
固定子	9	
固有周波数	258	
コンサベータ	86	
コンデンサ始動コンデンサ誘導電動機	200	
コンデンサ始動誘導電動機	199	
コンデンサモータ	199, 204	
コンデンサ誘導電動機	200	

〔サ〕

サーボモータ	271	
AC——	272	
DC——	272	
最大エネルギー積	18	
最大効率	104	
サイリスタモータ	224	
サイリスタ励磁方式	222	
三相結線	110	
三相対称座標法	278	
三相短絡特性曲線	234	
三相二相変換	284	
三相変圧器	89	
三巻線変圧器	90	

〔シ〕

磁化電流	93	
磁気漏れ変圧器	127	
磁極片	11	
軸受	9, 10	
自己励磁	40, 44	
自己励磁現象	254	
実測効率	25	
始動		
直流機の——	55	
誘導機の——	162	
自動電圧調整器	49	
始動電動機	223	
始動電流	163	
最大——	163	
始動トルク	163	
最小——	163	
遮へい付変圧器	91	
集中巻	140	
主磁束（変圧器の）	76	
出力相差角曲線	237	
瞬時値対称座標法	294	
昇圧機方式	59	
自励交流発電機	222	
シンクロ	274	

〔ス〕

水車発電機	217	
スコット結線	117	
スターデルタ始動	164	
ステッピングモータ	269	
滑り	138	
任意出力に対する——	156	
滑り法	252	
スリップリング	9	
スロット	12	
スロット漏れリアクタンス	147	

〔セ〕

正弦波発電機	261	
静止器	3	
静止セルビウス方式	177	
静止レオナード方式	59, 61	
正相インピーダンス		
同期機の——	282	
誘導機の——	280	
正相電流	279	
単相誘導電動機の——	203	
制動	64, 167	
制動巻線	216	
整流（直流機の）	38	
整流子	9, 15	
——巻線	23	
整流子片	15	
セルビウス方式	170	
全日効率	105	
全節巻	141	
全電圧始動	164	

〔ソ〕

増磁作用	227	
速度起電力	3	
速度制御		
直流電動機の——	58	
誘導電動機の——	169	
速度特性曲線		
直流機の——	50	
誘導機の——	160	
速度発電機	273	
速度変動率	55	
損失	24	

〔タ〕

タービン発電機	216	
対称座標法		
三相——	278	
二相——	201	
耐熱クラス	26	
タコメータ発電機	273	
脱出トルク	252	
タップ切換	87	
他励直流発電機	41	
他励電動機	51	
単位法	238	
段絶縁	91	
短節係数	142	
短節巻	141	
単相制動	168	
単相同期発電機	260	
単巻変圧器	119	
短絡インピーダンス	99	
短絡試験（変圧器の）	95	
短絡比	240	

〔チ〕

超同期セルビウス方式	179	
直軸	247, 287	

索　引　305

直軸同期リアクタンス　249
直接冷却方式　217
直巻電動機　53
直巻発電機　45
直流電気動力計　68
直流電動機　49
直流発電機　40
直列巻線
　　単巻変圧器の—　119
　　誘導電圧調整器の—　207

〔テ〕

定格　27
定格一次電圧（変圧器の）　97
定格容量（変圧器の）　97
低減電圧始動（直流機の）　57
抵抗制御　58
抵抗測定（変圧器の）　95
抵抗損　24
低周波拘束試験　185
低周波始動法　223
停動トルク　156, 160
鉄機械　240
鉄損　24
　　変圧器の—　102
　　誘導機の—　158
鉄損電流（変圧器の）　93
電圧確立　44
電圧制御　58
電圧整流　40
電圧調整　49
電圧変動率
　　直流機の—　47
　　同期機の—　238
　　変圧器の—　98
電気角　12, 140
電機子　9, 12
　　—鉄心　12
　　—巻線　12
　　—巻線法　21
電機子反作用
　　直流機の—　36
　　同期機の—　227
電機子反作用リアクタンス　226
電機子巻線抵抗　226
電機子漏れリアクタンス　226

電気制動　64
電磁トルク　7
電磁誘導　3
電動機　2
電力変換装置　2

〔ト〕

等価回路
　　同期機の—　225
　　特殊かご形誘導電動機の—　153
　　普通かご形誘導電動機の—　148
　　変圧器の—　75, 91
等価正弦波電流　93
同期インピーダンス　227
同期運転（誘導電動機の）　171
銅機械　241
同期検定器　244
同期検定灯　244
同期始動法　223
同期速度　135, 212
同期調相機　236
同期はずれ　252
同期引込み　222, 259
同期リアクタンス　226, 234
銅損　24
等面積法　256
動力シンクロ　172
特殊かご形誘導電動機　144
突極形同期機　215
突発三相短絡電流（同期発電機の）　292
トルク　7
トルク速度特性曲線　160
トルク特性曲線　50

〔ナ〕

内鉄形　80
内部起電力　226
内部相差角　228
内部同期リアクタンス電圧　226
斜めスロット　143
斜めスロット係数　143
波巻　21

〔ニ〕

二軸理論　287
二次抵抗始動　166
二次抵抗制御　170
二次入力　151
二次巻線
　　誘導機の—　137
　　変圧器の—　73
二重かご形誘導電動機　145
二次励磁制御　178
二相対称座標法　201
二層巻　14
二相誘導電動機　201
二反作用理論　247

〔ネ〕

ネオジウム鉄ほう素磁石　17

〔ハ〕

歯　13
バインド線　15
発生動力　151
発生トルク　152
発電機　2
発電制動
　　直流機の—　64
　　誘導機の—　167
発電電動機　180
反作用電動機　251

〔ヒ〕

引入れトルク　222
非突極形同期機　215
百分率インピーダンス降下　98
漂遊負荷損　24
　　変圧器の—　96
　　誘導機の—　189
比例推移　161

〔フ〕

フェーザ線図
　　突極同期発電機の—　249

索引

円筒界磁形同期発電
　機の—— 228
フェライト磁石 17
負荷角 228, 229
負荷時タップ切換変圧器 88
負荷時電圧調整変圧器 88
負荷損（変圧器の）96, 103
深溝かご形誘導電動機 145
複巻電動機 55
複巻発電機 46
負担 123
普通かご形誘導電動機 144
ブッシング 86
不平衡制動 167
不変回転磁界 134
不飽和値 235
ブラシ 10
ブラシレス励磁方式 221
プルアップトルク 163
分相始動誘導電動機 198
分布係数 140
分布巻 140
分巻電動機 51
分巻発電機 43
分路巻線
　単巻変圧器の—— 119
　誘導電圧調整器の—— 207

〔ヘ〕

並行運転
　直流発電機の—— 47
　同期発電機の—— 241
　変圧器の—— 108
ベクトル制御（誘導電動
　機の） 174
変圧器起電力 3
変圧器油 85
変圧比 98
返還負荷法 67
変流器 123

〔ホ〕

飽和値 235
補極 31
補償器始動 164
補償巻線 31

〔マ〕

巻数比（変圧器の） 74
巻線形誘導電動機 146
巻線係数 144

〔ム〕

無負荷試験（変圧器の） 95
無負荷飽和曲線
　直流機の—— 41
　同期機の—— 234
無負荷誘導起電力 226

〔モ〕

モールド変圧器 84
漏れインピーダンス 93
漏れ磁束（変圧器の） 76
漏れリアクタンス
　変圧器の—— 93
　誘導機の—— 147

〔ユ〕

有効巻数 144
誘導起電力
　直流機の—— 33
　同期機の—— 214
　変圧器の—— 94
　誘導機の—— 143
誘導電圧調整器 207
誘導電動機 144
誘導同期電動機 223
誘導発電機 208
誘導ブレーキ 168
ユニバーサルモータ 268

〔ヨ〕

横軸 247, 287
横軸同期リアクタンス 249

〔リ〕

リアクトル 71
リアクトル始動 166
リコイル比透磁率 18
理想変圧器 72
リニアモータ 276
リラクタンスモータ 251
臨界抵抗 45

〔レ〕

励磁アドミタンス（変圧
　器の） 92
励磁コンダクタンス 92
励磁サセプタンス 92
励磁装置（同期機の） 220
励磁電流（変圧器の） 93
励磁リアクタンス（誘
　導機の） 148
零相インダクタンス 287
零相インピーダンス 283
零相電流 279
冷媒温度 26
零力率負荷飽和曲線 236
レンツの法則 5

〔ワ〕

ワード・レオナード
　方式 59, 60

〔A, D, H, …〕

AC モータ 267

DC モータ
　ブラシ付き—— 265
　ブラシレス—— 266
dq 変換 287

h 定数法 185

PWM 制御 173

V/f 一定制御 172
V 曲線 236
V 結線 114

――著者略歴――

1953 年	東京大学工学部電気工学科卒業
1955 年	東京大学大学院数物系研究科修士課程修了
1960 年	中央大学助教授
1976 年	工学博士（東京大学）
1977 年	中央大学教授
	（1989 年～1993 年　中央大学理工学部長）
2002 年	中央大学名誉教授
2009 年	逝　去

新版　電気機械学
Electric Machinery, Second Edition　　　　　© Takehisa Igari 1970, 1980, 2001

1970 年 7 月 20 日　初版第 1 刷発行
1980 年 4 月 30 日　初版第 9 刷発行（訂正版）
2000 年 3 月 10 日　初版第 30 刷発行（訂正版）
2001 年 5 月 7 日　新版第 1 刷発行
2020 年 9 月 10 日　新版第 14 刷発行

検印省略

著　者　　猪　狩　武　尚
発行者　　株式会社　コロナ社
　　　　　代表者　牛来真也
印刷所　　壮光舎印刷株式会社
製本所　　株式会社　グリーン

112-0011　東京都文京区千石 4-46-10
発　行　所　株式会社　コロナ社
CORONA PUBLISHING CO., LTD.
Tokyo Japan
振替00140-8-14844・電話(03)3941-3131(代)
ホームページ　https://www.coronasha.co.jp

ISBN 978-4-339-00733-6　C3054　Printed in Japan　　　　（富田）

JCOPY　＜出版者著作権管理機構　委託出版物＞
本書の無断複製は著作権法上での例外を除き禁じられています。複製される場合は，そのつど事前に，
出版者著作権管理機構（電話 03-5244-5088，FAX 03-5244-5089，e-mail: info@jcopy.or.jp）の許諾を
得てください。

本書のコピー，スキャン，デジタル化等の無断複製・転載は著作権法上での例外を除き禁じられています。
購入者以外の第三者による本書の電子データ化及び電子書籍化は，いかなる場合も認めていません。
落丁・乱丁はお取替えいたします。

電子情報通信レクチャーシリーズ

(各巻B5判，欠番は品切または未発行です)

■電子情報通信学会編

共通

記号	配本順	タイトル	著者	頁	本体
A-1	(第30回)	電子情報通信と産業	西村吉雄著	272	4700円
A-2	(第14回)	電子情報通信技術史 —おもに日本を中心としたマイルストーン—	「技術と歴史」研究会編	276	4700円
A-3	(第26回)	情報社会・セキュリティ・倫理	辻井重男著	172	3000円
A-5	(第6回)	情報リテラシーとプレゼンテーション	青木由直著	216	3400円
A-6	(第29回)	コンピュータの基礎	村岡洋一著	160	2800円
A-7	(第19回)	情報通信ネットワーク	水澤純一著	192	3000円
A-9	(第38回)	電子物性とデバイス	益田一哉・天川修平共著		近刊

基礎

記号	配本順	タイトル	著者	頁	本体
B-5	(第33回)	論理回路	安浦寛人著	140	2400円
B-6	(第9回)	オートマトン・言語と計算理論	岩間一雄著	186	3000円
B-7		コンピュータプログラミング	富樫敦著		
B-8	(第35回)	データ構造とアルゴリズム	岩沼宏治他著	208	3300円
B-9	(第36回)	ネットワーク工学	田中村野敬裕介・仙石正和共著	156	2700円
B-10	(第1回)	電磁気学	後藤尚久著	186	2900円
B-11	(第20回)	基礎電子物性工学 —量子力学の基本と応用—	阿部正紀著	154	2700円
B-12	(第4回)	波動解析基礎	小柴正則著	162	2600円
B-13	(第2回)	電磁気計測	岩崎俊著	182	2900円

基盤

記号	配本順	タイトル	著者	頁	本体
C-1	(第13回)	情報・符号・暗号の理論	今井秀樹著	220	3500円
C-3	(第25回)	電子回路	関根慶太郎著	190	3300円
C-4	(第21回)	数理計画法	山下信雄・福島雅夫共著	192	3000円

配本順			著者	頁	本体
C-6	(第17回)	インターネット工学	後藤滋樹・外山勝保 共著	162	2800円
C-7	(第3回)	画像・メディア工学	吹抜敬彦 著	182	2900円
C-8	(第32回)	音声・言語処理	広瀬啓吉 著	140	2400円
C-9	(第11回)	コンピュータアーキテクチャ	坂井修一 著	158	2700円
C-13	(第31回)	集積回路設計	浅田邦博 著	208	3600円
C-14	(第27回)	電子デバイス	和保孝夫 著	198	3200円
C-15	(第8回)	光・電磁波工学	鹿子嶋憲一 著	200	3300円
C-16	(第28回)	電子物性工学	奥村次徳 著	160	2800円

展開

D-3	(第22回)	非線形理論	香田徹 著	208	3600円
D-5	(第23回)	モバイルコミュニケーション	中川正雄・大槻知明 共著	176	3000円
D-8	(第12回)	現代暗号の基礎数理	黒澤馨・尾形わかは 共著	198	3100円
D-11	(第18回)	結像光学の基礎	本田捷夫 著	174	3000円
D-14	(第5回)	並列分散処理	谷口秀夫 著	148	2300円
D-15	(第37回)	電波システム工学	唐沢好男・藤井威生 共著	228	3900円
D-16		電磁環境工学	徳田正満 著		
D-17	(第16回)	VLSI工学 ―基礎・設計編―	岩田穆 著	182	3100円
D-18	(第10回)	超高速エレクトロニクス	中村徹・三島友義 共著	158	2600円
D-23	(第24回)	バイオ情報学 ―パーソナルゲノム解析から生体シミュレーションまで―	小長谷明彦 著	172	3000円
D-24	(第7回)	脳工学	武田常広 著	240	3800円
D-25	(第34回)	福祉工学の基礎	伊福部達 著	236	4100円
D-27	(第15回)	VLSI工学 ―製造プロセス編―	角南英夫 著	204	3300円

定価は本体価格+税です。
定価は変更されることがありますのでご了承下さい。

図書目録進呈◆

電気・電子系教科書シリーズ

(各巻A5判)

- ■編集委員長　高橋　寛
- ■幹　事　湯田幸八
- ■編集委員　江間　敏・竹下鉄夫・多田泰芳
　　　　　　中澤達夫・西山明彦

配本順		書名	著者	頁	本体
1.	(16回)	電 気 基 礎	柴田尚志・皆藤新芳・田多泰志 共著	252	3000円
2.	(14回)	電 磁 気 学	多田泰芳・柴田尚志 共著	304	3600円
3.	(21回)	電 気 回 路 Ⅰ	柴田　尚志 著	248	3000円
4.	(3回)	電 気 回 路 Ⅱ	遠藤　勲・鈴木靖純・吉木純雄・降矢巳之彦 共著	208	2600円
5.	(29回)	電気・電子計測工学(改訂版) —新SI対応—	吉澤昌純・福田典彦・高矢恵拓・下村和明・奥西二・青木郎正 共著	222	2800円
6.	(8回)	制 御 工 学	奥西・青木・堀 俊鎮 共著	216	2600円
7.	(18回)	ディジタル制御	青木・木俊・西堀立幸 共著	202	2500円
8.	(25回)	ロボット工学	白水達次 著	240	3000円
9.	(1回)	電 子 工 学 基 礎	中澤・藤原 達勝夫幸 共著	174	2200円
10.	(6回)	半 導 体 工 学	渡辺英夫 著	160	2000円
11.	(15回)	電気・電子材料	中澤・森田・押田・山田・服部英原 共著	208	2500円
12.	(13回)	電 子 回 路	須田健二 共著	238	2800円
13.	(2回)	ディジタル回路	伊原充弘・若海博昌夫・吉澤純也・室賀進巌 共著	240	2800円
14.	(11回)	情報リテラシー入門	山下 共著	176	2200円
15.	(19回)	C++プログラミング入門	湯田幸八 著	256	2800円
16.	(22回)	マイクロコンピュータ制御 プログラミング入門	柚賀正光・千代谷慶 共著	244	3000円
17.	(17回)	計算機システム(改訂版)	春日健・舘泉雄治 共著	240	2800円
18.	(10回)	アルゴリズムとデータ構造	湯田幸八博 共著	252	3000円
19.	(7回)	電 気 機 器 工 学	前田勉・新谷邦弘 共著	222	2700円
20.	(9回)	パワーエレクトロニクス	江間敏・高橋勲 共著	202	2500円
21.	(28回)	電 力 工 学(改訂版)	江間敏・甲斐隆章彦 共著	296	3000円
22.	(5回)	情 報 理 論	三木成英機 共著	216	2600円
23.	(26回)	通 信 工 学	吉川・竹下鉄夫・吉田豊機 共著	198	2500円
24.	(24回)	電 波 工 学	松田豊稔・宮田克正・南部幸久 共著	238	2800円
25.	(23回)	情報通信システム(改訂版)	岡田裕史・桑原唯史 共著	206	2500円
26.	(20回)	高 電 圧 工 学	植月唯夫・松原孝史・箕田充志 共著	216	2800円

定価は本体価格+税です。
定価は変更されることがありますのでご了承下さい。

図書目録進呈◆